学以致用 ●系列丛书

Office
2013 综合应用

智云科技　编著

U0353878

清华大学出版社
北　京

内 容 简 介

本书是《学以致用》丛书中的《Office 2013综合应用》，全书共分13章，主要内容包括Office共性知识、Word组件应用、Excel组件应用、PowerPoint组件应用、Office协同应用以及综合实战应用6个部分。通过本书的学习，不仅能让读者学会各种软件操作，还可以举一反三，在实战工作中用得更好。

此外，本书还提供了丰富的栏目板块，如专家提醒、核心妙招和长知识，这些板块不仅丰富了本书的知识，还可以教会读者更多常用的技巧，从而提高读者的实战操作能力。

本书主要定位于希望快速掌握Word、Excel和PowerPoint办公操作的初、中级用户，特别适合不同年龄段的办公人员、文秘、财务人员、国家公务员。此外，本书也适合各类家庭用户、社会培训学员使用，或作为各大中专院校及各类电脑培训班的教材使用。

图书在版编目(CIP)数据

Office 2013综合应用 / 智云科技编著.--北京：清华大学出版社，2015
(学以致用系列丛书)
ISBN 978-7-302-37981-2

Ⅰ.①O… Ⅱ.①智… Ⅲ.①办公自动化—应用软件 Ⅳ.①TP317.1

中国版本图书馆CIP数据核字(2014)第209516号

责任编辑：李玉萍
封面设计：杨玉兰
责任校对：马素伟
责任印制：刘海龙

出版发行：清华大学出版社
  网 址：http://www.tup.com.cn，http://www.wqbook.com
  地 址：北京清华大学学研大厦 A 座 邮 编：100084
  社 总 机：010-62770175 邮 购：010-62786544
  投稿与读者服务：010-62776969，c-service@tup.tsinghua.edu.cn
  质 量 反 馈：010-62772015，zhiliang@tup.tsinghua.edu.cn
  课 件 下 载：http://www.tup.com.cn，010-62791865
印 刷 者：北京鑫丰华彩印有限公司
装 订 者：三河市新茂装订有限公司
经 销：全国新华书店
开 本：203mm×260mm 印 张：20.75 字 数：563 千字
     （附 DVD1 张）
版 次：2015 年 1 月第 1 版 印 次：2015 年 1 月第 1 次印刷
印 数：1～3000
定 价：49.00 元

产品编号：057911-01

前言
Preface

关于本丛书

如今，学会使用电脑已不再是为了休闲娱乐，在生活、工作节奏不断加快的今天，电脑已成为各类人士工作中不可替代的一种办公用具。然而仅仅学会如何使用电脑操作一些常见的软件已经不能满足人们当下的工作需求了。高效率、高品质的电脑办公已经显得越来越重要。

为了让更多的初学者学会电脑和办公软件的操作，让工作内容更符合当下的职场和行业要求，我们经过精心策划，创作了"学以致用系列"这套丛书。

本丛书包含了电脑基础与入门、网上开店、Office办公软件、图形图像和网页设计等领域内的精华内容，每本书的内容和讲解方式都根据其特有的应用要求进行了量身打造，目的是让读者真正学得会，用得好。本丛书具体包括如下书目。

- ◆ 《新手学电脑》
- ◆ 《中老年人学电脑》
- ◆ 《电脑组装、维护与故障排除》
- ◆ 《电脑安全与黑客攻防》
- ◆ 《网上开店、装修与推广》
- ◆ 《Office 2013综合应用》

- ◆ 《Excel财务应用》
- ◆ 《PowerPoint 2013设计与制作》
- ◆ 《AutoCAD 2014中文版绘图基础》
- ◆ 《Flash CC动画设计与制作》
- ◆ 《Dreamweaver CC网页设计与制作》
- ◆ 《Dreamweaver+Flash+Photoshop网页设计综合应用》

丛书两大特色

本丛书之所以称为"学以致用"，主要体现了我们的"理论知识和操作学得会，实战工作中能够用得好"这个策划和创作宗旨。

理论知识和操作学得会

◆ 讲解上——实用为先，语言精练

本丛书在内容挑选方面注重3个"最"——内容最实用，操作最常见，案例最典型，并用精炼的文字讲解理论部分，用最通俗的语言将知识讲解清楚，提高读者的阅读和学习效率。

◆ 外观上——单双混排，全彩图解

本丛书采用灵活的单双混排方式，全程图解式操作，每个操作步骤在内容和配图上逐一对应，力求让整个操作更清晰，让读者能够轻松和快速地掌握。

◆ 结构上——布局科学，学习、解惑、巩固三不误

本丛书在每章的知识结构安排上，采取"主体知识+实战问答+思考与练习"的结构，其中，"主体知识"是针对当前章节中涉及的所有理论知识进行讲解；"实战问答"是针对实战工作中的常见问题进行答疑，为读者扫清工作中的"拦路虎"；"思考与练习"中列举了各种类型的习题，如填空题、判断题、操作题等，目的是帮助读者巩固本章所学知识和操作。

◆ 信息上——栏目丰富，延展学习

本丛书在知识讲解过程中，还穿插了各种栏目板块，如专家提醒、核心妙招、长知识等。通过这些栏目，扩展读者的学习宽度，帮助读者掌握更多实用的技巧操作。

实战工作中能够用得好

本丛书在讲解过程中，采用"知识点+实例操作"的结构来讲解，为了让读者清楚这些知识在实战中的具体应用，所有的案例均是实战中的典型案例。通过这种讲解方式，让读者在真实的环境中体会知识的应用，从而达到举一反三，在工作中用得好的目的。

关于本书内容

本书是"学以致用系列丛书"中的一本，全书共13章，主要内容包括Office共性知识、Word组件应用、Excel组件应用、PowerPoint组件应用、Office协同应用以及综合实战应用6个部分，各部分的具体内容如下。

Office共性知识

　　该部分是本书的第1章，其具体内容包括：了解Office 2013的新增功能，认识Office 2013的各组件，了解Office 2013软件界面，启动与退出操作，操作环境的自定义以及文件的共性操作等。通过对本部分内容的学习，可以为后面的具体学习奠定基础。

Word组件应用

　　该部分是本书的第2~4章，其具体内容包括：文档制作的常见操作，使用图片、文本框、艺术字、形状、表格、图表等对象制作图文混排的文档，以及在文档中使用样式、审阅文档、打印文档的相关操作等。通过对本部分内容的学习，读者可以熟练掌握Word办公软件中各种文档的编排操作。

Excel组件应用

　　该部分是本书的第5~8章，其具体内容包括：使用存储数据的一般操作，利用公式、函数和名称计算数据，使用排序、筛选、分类汇总、条件格式等管理数据，以及使用图表分析直观展示数据的各种操作。通过对本部分内容的学习，读者可以熟练掌握Excel办公软件中各种数据的存储、管理与分析操作。

PowerPoint组件应用

　　该部分是本书的第9~11章，其具体内容包括：创建商务演示文稿的必会操作，通过切换效果、动画、添加音频和视频文件制作视听效果丰富的演示文稿，以及如何放映、控制放映过程和分享幻灯片的各种操作。通过对本部分内容的学习，读者可以熟练掌握使用PowerPoint工具辅助商务展示的各种操作。

Office协同应用

　　该部分是本书的第12章，其具体内容包括：如何在Word和Excel中互调数据，以及如何在Word文档和幻灯片中互用内容。通过对本部分内容的学习，读者可以掌握各个组件之间数据的相互使用和转换。

综合实战应用

　　该部分是本书的第13章，其中包括3个综合案例，分别是制作复印机说明书文档、分析投入与获利数据以及制作节日贺卡。通过对本部分内容的学习，读者可以掌握各种组件在实战办公中的具体应用。

关于读者对象

　　本书主要定位于希望快速掌握Word、Excel和PowerPoint办公操作的初、中级用户，特别适合不同年龄段的办公人员、文秘、财务人员、国家公务员。此外，本书也适合各类家庭用户、社会培训学员使用，或作为各大中专院校及各类电脑培训班的教材使用。

关于创作团队

本书由智云科技编著，参与本书编写的人员有邱超群、杨群、罗浩、马英、邱银春、罗丹丹、刘畅、林晓军、林菊芳、周磊、蒋明熙、甘林圣、丁颖、蒋杰、何超等，在此对大家的辛勤工作表示衷心的感谢！

由于编者经验有限，加之时间仓促，书中难免会有疏漏和不足，恳请专家和读者不吝赐教。

编　者

目录
Contents

[您的活动名称]

Chapter 01　快速入门，了解软件共性操作

1.1	了解Office 2013的全新改变.................................2
1.2	认识Office 2013的各种组件.................................3
1.3	快速掌握Office组件界面.....................................5
1.4	Office组件的启动与退出.....................................6
	1.4.1　启动Office 2013 6
	1.4.2　退出Office 2013 7
1.5	设置符合操作习惯的Office环境..............................8
	1.5.1　注册并登录Microsoft账户............................8
	1.5.2　自定义主题颜色和背景...............................10
	1.5.3　自定义快速访问工具栏...............................11
	1.5.4　自定义功能区的显示内容...........................13
	1.5.5　设置自动保存...14
1.6	文件的共性操作..15
	1.6.1　新建与保存文档.......................................15
	1.6.2　打开文档并为其添加权限...........................16
1.7	实战问答...18
	NO.1　如何新建模板文档....................................18
	NO.2　如何固定常访问的文件夹...........................19

1.8　思考与练习 20

Chapter 02　制作简单文档需要掌握的操作

2.1　设置文档页面 22

2.1.1　设置纸张大小 22

2.1.2　设置页边距 23

2.1.3　设置页面方向 24

2.2　设置文档的页面背景 25

2.2.1　为文档设置水印 25

2.2.2　设置页面背景效果 28

2.2.3　设置页面边框 30

2.3　在文档中输入文本 31

2.3.1　输入普通文本 31

2.3.2　插入特殊符号 32

2.4　设置字体格式 33

2.4.1　使用工作组设置字体格式 33

2.4.2　在对话框中设置字体格式 35

2.5　设置段落格式 37

2.5.1　设置段落对齐方式 37

2.5.2　设置段落缩进方式 38

2.5.3　设置段落间距和行距 39

2.6　编辑文本的常见操作 40

2.6.1　剪切与复制文本 40

2.6.2　查找与替换文本 41

2.7　使用项目符号和编号 43

2.7.1　使用项目符号 43

2.7.2　使用编号 46

2.8 实战问答 **49**

NO.1 设置字符间距有什么特殊的作用 49

NO.2 如何快速输入日期和时间 49

NO.3 各种缩进的效果是什么 50

2.9 思考与练习 **50**

Chapter 03   图文混搭，让文档效果更专业

3.1 使用艺术字格式化标题 **52**

3.1.1 插入艺术字 52

3.1.2 编辑艺术字 53

3.2 使用图片丰富文档内容 **55**

3.2.1 快速插入图片 56

3.2.2 简单处理图片效果 58

3.3 使用形状对象 **63**

3.3.1 插入形状并添加文字 63

3.3.2 设置形状的样式 65

3.3.3 选择并组合形状 67

3.4 使用SmartArt图形制作图形 **68**

3.4.1 插入并编辑SmartArt图形结构 68

3.4.2 在SmartArt图形中添加文字 70

3.4.3 美化SmartArt图形 71

3.5 使用表格和图表 **73**

3.5.1 在Word中使用表格 73

3.5.2 在Word中使用图表 77

3.6 实战问答 **80**

NO.1 如何将文本转化为艺术字 80

NO.2 如何将图片中的背景删除 81

3.7 思考与练习 **82**

Chapter 04　文档的高级操作及打印设置

4.1　使用样式简化编辑操作 84
4.1.1　创建文本样式 84
4.1.2　应用创建的样式 86
4.1.3　修改样式 88

4.2　批注与修订应用 89
4.2.1　在文档中使用批注 89
4.2.2　使用修订 92
4.2.3　拒绝/接受修订信息 94

4.3　专业的长文档需要有页眉和页脚 96
4.3.1　插入内置的页眉和页脚 96
4.3.2　自定义设置页眉和页脚 97

4.4　文档的打印与输出 103
4.4.1　文档的预览及打印设置操作 103
4.4.2　将文档输出为PDF格式 105

4.5　实战问答 107
NO.1　如何取消页眉中的横线 107
NO.2　Adobe Reader和Adobe Acroabt有何区别 ... 107
NO.3　如何设置自动发布后打开PDF文件 107

4.6　思考与练习 108

Chapter 05　使用Excel存储数据的一般操作

5.1　操作工作表 110
5.1.1　新建并重命名工作表 110
5.1.2　移动和复制工作表 111
5.1.3　冻结和拆分工作表窗口 113

5.2　操作单元格 115
5.2.1　插入与删除行/列 115

5.2.2 合并单元格 117

5.2.3 调整单元格的行高和列宽 118

5.3 Excel中的数据录入的特殊方法 121

5.3.1 快速填充数据 121

5.3.2 使用记录单录入数据 125

5.3.3 利用有效性规则限制数据 126

5.4 美化电子表格 130

5.4.1 手动美化表格效果 130

5.4.2 套用格式美化表格效果 134

5.5 打印表格 136

5.5.1 设置打印区域 136

5.5.2 在每页顶端重复打印标题行 137

5.6 实战问答 138

NO.1 如何快速在当前工作表右侧插入工作表 138

NO.2 为何填充的末尾值与设置的终止值不同 139

NO.3 如何设置自动换行 139

NO.4 货币格式和会计专用有何区别 139

5.7 思考与练习 140

Chapter 06　公式、函数和名称的应用

6.1 了解单元格的引用方式 142

6.2 公式与函数的基础掌握 143

6.3 使用公式计算数据 144

6.3.1 输入公式并计算结果 144

6.3.2 复制公式 145

6.4 使用函数计算数据 146

6.4.1 插入函数的方法 146

6.4.2 嵌套函数的应用 148

6.4.3 搜索需要的函数 149

6.4.4 将函数结果转化为数值……………………… 151

6.5 其他常用函数的应用………………………… **152**

6.5.1 统计数据COUNT()……………………… 152

6.5.2 求最值MAX()和MIN()…………………… 153

6.6 在Excel中使用名称…………………………… **155**

6.6.1 定义名称的方法……………………………… 155

6.6.2 批量定义名称并查看………………………… 156

6.6.3 在公式或函数中使用名称…………………… 157

6.7 实战问答……………………………………… **159**

NO.1 公式结果会出现哪些常见错误……………… 159

NO.2 DATEDIF()函数是什么函数………………… 159

NO.3 什么是局部名称和全局名称………………… 159

6.8 思考与练习…………………………………… **160**

Chapter 07　掌握Excel中的基本数据管理操作

7.1 对数据进行排序操作………………………… **162**

7.1.1 根据一个字段排序………………………… 162

7.1.2 根据多个字段排序………………………… 163

7.1.3 自定义排序序列…………………………… 164

7.2 筛选符合条件的数据………………………… **166**

7.2.1 自动筛选数据……………………………… 166

7.2.2 自定义筛选………………………………… 167

7.2.3 高级筛选…………………………………… 168

7.3 对数据进行分类汇总操作…………………… **170**

7.3.1 创建分类汇总的几种情况………………… 170

7.3.2 隐藏/显示汇总明细………………………… 173

7.4 处理表格中的重复数据……………………… **174**

7.4.1 使用删除重复项功能……………………… 174

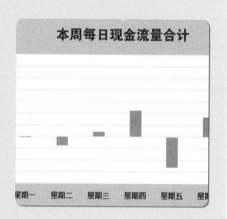

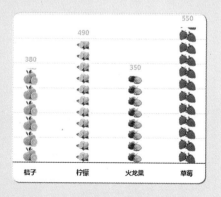

7.4.2 利用筛选功能删除重复项 175

7.5 使用条件格式处理数据 176

7.5.1 突出显示数据 176

7.5.2 使用图形比较数据大小 178

7.6 实战问答 179

NO.1 如何挑选包含？和*的数据 179

NO.2 如何将筛选结果保存到新工作表 179

NO.3 如何清除工作表中的条件格式 179

7.7 思考与练习 180

Chapter 08　使用图表将抽象的关系直观化

8.1 认识图表的基本组成 182

8.2 创建一个完整的图表 183

8.2.1 根据数据源创建图表 183

8.2.2 为图表添加合适的标题 184

8.2.3 调整图表的大小和位置 185

8.3 编辑并美化图表 186

8.3.1 更改图表类型 186

8.3.2 添加图表数据 188

8.3.3 设置数据系列的填充格式 189

8.3.4 美化图表的外观 192

8.4 使用迷你图分析数据 194

8.4.1 创建迷你图 194

8.4.2 更改迷你图的类型 195

8.4.3 编辑迷你图的样式和显示选项 196

8.5 图表中的各种实用技巧 197

8.5.1 处理柱形图中的缺口 197

8.5.2 处理折线图中的断裂 198

8.5.3 让最值数据始终显示 199

8.6 实战问答 **201**

NO.1 如何处理数据差异大的图表数据 201

NO.2 如何删除迷你图 201

8.7 思考与练习 **202**

Chapter 09　创建商务演示文稿的必会操作

9.1 设置幻灯片母版样式 **204**

9.1.1 设置母版占位符的字体格式 204

9.1.2 设置与编辑母版的背景格式 206

9.1.3 复制、重命名与插入母版 208

9.2 幻灯片的基本操作 **211**

9.2.1 调整幻灯片的大小 211

9.2.2 更改幻灯片的版式 212

9.3 使用相册功能 **214**

9.3.1 使用相册功能创建相册 214

9.3.2 添加新一组的照片到相册 217

9.4 实战问答 **219**

NO.1 如何取消标题母版版式中的主母版背景效果 219

NO.2 如何设置对象的微移 219

9.5 思考与练习 **220**

Chapter 10　制作视听效果丰富的演示文稿

10.1 为幻灯片设置切换动画 **222**

10.1.1 添加并预览切换动画 222

10.1.2 设置切换动画 224

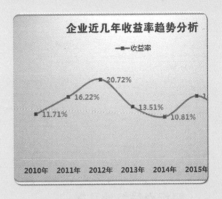

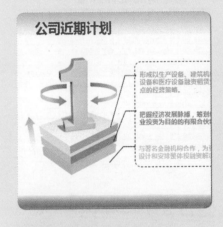

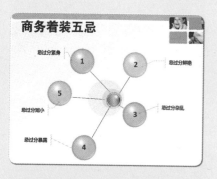

10.2 使用超链接和动作完成跳转 **226**

　　10.2.1 在幻灯片中使用超链接 226

　　10.2.2 使用动作实现跳转 229

10.3 在幻灯片中使用动画 **231**

　　10.3.1 添加动画并设置其效果 231

　　10.3.2 为对象添加多个动画 234

　　10.3.3 自定义动作路径 235

10.4 在幻灯片中使用音频和视频文件 **237**

　　10.4.1 在幻灯片中添加并编辑音频 237

　　10.4.2 在幻灯片中添加并编辑视频 239

10.5 实战问答 **241**

　　NO.1 如何修改文本超链接的字体颜色 241

　　NO.2 如何快速为所有幻灯片应用相同的切换效果 241

10.6 思考与练习 **242**

Chapter 11 　放映与分享幻灯片很简单

11.1 放映幻灯片前的准备 **244**

　　11.1.1 隐藏不放映的幻灯片 244

　　11.1.2 为演示文稿设置排练计时 245

　　11.1.3 设置幻灯片的放映方式 247

11.2 开始放映幻灯片 **248**

　　11.2.1 从头开始放映幻灯片 248

　　11.2.2 从当前幻灯片开始放映幻灯片 249

　　11.2.3 自定义放映幻灯片 250

11.3 放映过程中的各种控制操作 **252**

　　11.3.1 快速定位幻灯片 252

　　11.3.2 在幻灯片上添加墨迹 253

11.4 将演示内容分享给他人 **255**

11.4.1 将演示文稿转化为视频文件 255

11.4.2 打包演示文稿 256

11.4.3 通过电子邮件共享演示文稿 259

11.5 实战问答 **261**

NO.1 如何对添加了动画的演示文稿进行排练计时 261

NO.2 设置在展台播放后为何不连续放映幻灯片 261

NO.3 演讲者放映类型和在展台浏览类型有何区别 261

11.6 思考与练习 **262**

Chapter 12 　各组件之间的协同办公

12.1 Word与Excel的协作 **264**

12.1.1 Word与Excel的协作 264

12.1.2 利用Excel快速整理表格样式 268

12.2 Word与PowerPoint协作 **271**

12.2.1 将演示文稿插到Word文档中 271

12.2.2 将Word文档转换为幻灯片 273

12.3 实战问答 **275**

NO.1 如何更改Excel工作簿中的数据链接 275

NO.2 如何将Word中的Excel数据显示为标记 276

NO.3 如何为链接的Excel表格添加边框和底纹 277

12.4 思考与练习 **278**

Chapter 13 　Office常用组件实战应用

13.1 制作复印机使用说明书 **280**

13.1.1 制作思路 280

13.1.2 制作过程 281

13.1.3 案例制作总结 291

13.1.4 案例制作答疑 291

13.2 投入与获利分析 **292**

　13.2.1　制作思路 292

　13.2.2　制作过程 293

　13.2.3　案例制作总结 303

　13.2.4　案例制作答疑 303

13.3 制作节日贺卡 **303**

　13.3.1　制作思路 304

　13.3.2　制作过程 304

　13.3.3　案例制作总结 310

　13.3.4　案例制作答疑 310

习题答案 **311**

Chapter

01

快速入门，
了解软件共性操作

本章要点

★ 认识Office 2013的各种组件
★ Office组件的启动与退出
★ 注册并登录Microsoft账户
★ 自定义主题颜色和背景

★ 自定义快速访问工具栏
★ 自定义功能区的显示内容
★ 设置自动保存
★ 打开文档并为其添加权限

学习目标

　　Office软件是现代商务办公中常见的办公辅助工具，该软件中包含了许多实用组件，熟练掌握这些组件的使用方法，可以有效地提高办公效率。本章让读者了解Office 2013软件，熟悉各组件的共性操作，以达到快速入门的目的。

知识要点	学习时间	学习难度
了解Office 2013的改变与各种组件	45分钟	★★★
掌握各组件界面及操作环境	30分钟	★★
各组件的共性操作	60分钟	★★★★

重点实例

Office 各种组件

Office组件界面

文件的共性操作

1.1 了解Office 2013的全新改变

Microsoft Office 2013(又称Office 2013)是应用于Microsoft Windows视窗系统的一套办公室套装软件,是继Microsoft Office 2010 后的新一代套装软件。

学习目标	了解Office 2013的变化及新增功能
难度指数	★

◆支持触屏访问

Office 2013简洁的界面和触摸操作更加适合平板电脑等触屏设备,如图1-1所示。

图1-1 触屏访问

专家提醒 | Office 2013支持的操作系统

Office 2013只支持Windows 7操作系统及其后的版本,在Windows 8操作系统上能获得最佳的性能体验。

◆增加启动界面

Microsoft为Office 2013设计了Metro风格的Office启动界面,颜色鲜艳,使新版本的Office有了很大变化,如图1-2所示。

图1-2 Office启动界面

◆新增SkyDrive功能

SkyDrive是由Microsoft公司推出的一项云存储服务,可以通过用户的Windows Live账户进行登录,并上传自己的图片、文档等到SkyDrive中,如图1-3所示。

图1-3 SkyDrive功能

◆随处访问并与任何人共享

无论用户在哪里,都可以在设备上查看和编辑Office 文档,并且将文档存储在Web上。即使其他用户未安装 Office,只要他们安装了支持的浏览器,也可以进行共享,如图1-4所示。

图1-4 随时访问与共享

1.2 认识Office 2013的各种组件

　　Office 2013软件中包括Word、Excel、PowerPoint、Access、Outlook、OneNote、InfoPath、Publisher和Lync等组件。下面具体介绍一些常用的组件及其功能。

学习目标	认识Word、Excel、PowerPoint等常见组件的功能
难度指数	★★

◆Word——文字处理工具

Word组件是Office软件中的一个文字处理应用程序，利用它不仅可以进行常规的文字输入、文档编排等操作，还可以在其中使用各种对象制作精美的文档，如图1-5所示。

图1-5　Word制作文档

◆Excel——数据计算与分析工具

Excel组件是Office软件中的一个数据计算与分析工具，利用它可以进行各种数据的处理、统计分析和辅助决策操作。它被广泛地应用于管理、财经统计、金融等众多领域，如图1-6所示。

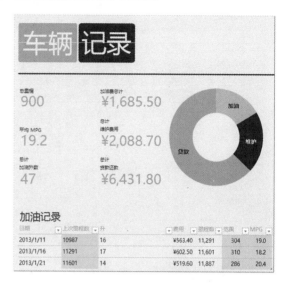

图1-6　Excel制作报表

◆PowerPoint——幻灯片制作工具

PowerPoint是Microsoft公司设计的演示文稿软件。利用它不仅可以创建播放效果精美的演示文稿，还可以在互联网上进行远程会议或在网上给观众展示演示文稿，如图1-7所示。

图1-7　PowerPoint制作演示文稿

◆Access——桌面数据库工具

Access组件是Office软件中的数据库管理工具，具有更强大的数据处理、统计分析能力。利用它的查询功能，可以方便地进行各类汇总、平均等统计，如图1-8所示。

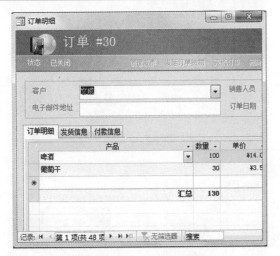

图1-8　Access订单管理

专家提醒 | Access与Excel相比的优势

Access可以灵活设置统计的条件。比如，在统计分析上万条记录、十几万条记录及更多的数据时，速度快且操作方便，这一点是Excel无法与之相比的。

◆Outlook——邮件收发与管理工具

Outlook组件是Microsoft主打邮件传输和协作客户端的产品，使用它可以方便地完成收发电子邮件、管理联系人信息、记日记、安排日程、分配任务等工作，如图1-9所示。

图1-9　Outlook发送邮件

◆Publisher——桌面出版应用工具

Publisher是Microsoft公司发行的桌面出版应用软件。它提供了比Word更强大的页面元素控制功能，从而可以方便地创建和发布各种出版物，如图1-10所示。

图1-10　Publisher创建出版物

◆OneNote——强大的数字笔记本工具

OneNote是一种数字笔记本工具，它为用户提供了收集笔记和信息的位置，以及强大的搜索功能和易用的共享笔记本，让用户更加轻松地收集、组织、查找和共享笔记信息，如图1-11所示。

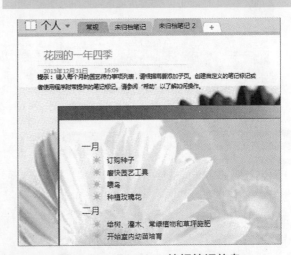

图1-11　OneNote编辑笔记信息

1.3 快速掌握Office组件界面

要利用Office中的各组件辅助办公，首先要了解组件的操作界面构成，了解各个构成的组成。由于各组件界面的主要构成相同，因此下面将以Word操作界面为例进行讲解，如图1-12所示。

图1-12 Word界面

学习目标	认识"文件"选项卡和功能区的作用
难度指数	★★

◆ "文件"选项卡

在工作界面中单击"文件"选项卡，将进入该组件的Backstage(后台)界面，其中集结了组件中最常规的设置选项以及功能命令(不同的组件，其提供的工具不同)，如图1-13所示。

图1-13 "文件"选项卡

◆ 功能区

功能区中包含了各种选项卡，每一个选项卡为一个大类工具的集合；在选项卡中又通过"组"将各种命令归类(不同的组件，默认显示的功能区不一样)，如图1-14所示。

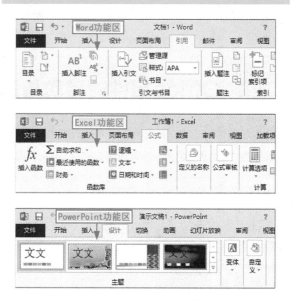

图1-14 Office功能区

长知识 | 操作界面中其他组件的作用

在操作界面中，快速访问工具栏主要提供了用户最常用的工具按钮，如"保存"、"撤销"、"恢复"按钮等；状态栏用于显示与当前工作的状态和有关的信息；视图栏主要用于设置文件的查看方式和界面的显示比例。

编辑区是操作界面中占据面积最大的区域，在Word组件中，编辑区中默认为用户提供了用于文档基本操作的段落标记和文本插入点标记；在Excel组件中，编辑区主要由工作表组成，每张工作表由行号、列标和单元格组成；在PowerPoint组件中，编辑区是制作幻灯片的区域，在默认状态下只存在用虚框加提示语来表示的占位符，如图1-15所示。

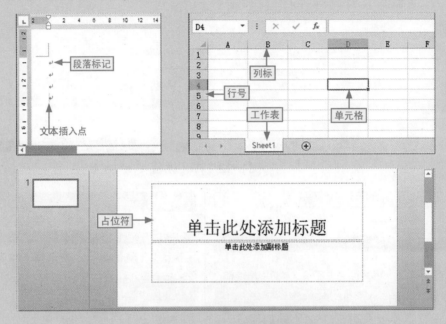

图1-15　其他组件的作用

1.4　Office组件的启动与退出

在准备使用Office组件时，需要将其启动起来，待各种操作完成且不需要使用组件时，再将其退出。下面具体讲解Office 2013的启动与退出操作。

1.4.1　启动Office 2013

在电脑中安装了Office 2013软件后，就可以启动组件了，其启动方法有如下几种。

学习目标	掌握启动Office组件的各种方法
难度指数	★★

◆通过"开始"菜单启动

❶单击"开始"按钮弹出"开始"菜单，❷选择"所有命令/Microsoft Office 2013"命令，❸选择需要启动的组件选项，如图1-16所示。

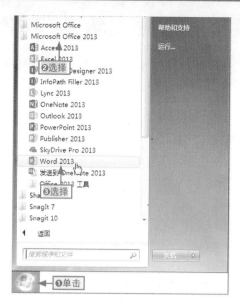

图1-16 "开始"菜单启动

◆ 通过桌面快捷方式图标启动

如桌面上有Office 2013组件的快捷方式图标，直接双击该图标，或者在图标上右击，选择"打开"命令启动该组件，如图1-17所示。

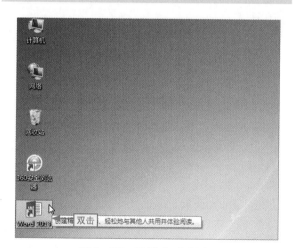

图1-17 快捷方式启动

◆ 通过Office文件启动

如电脑中有已保存的Office 2013文件，双击该文件，或者在文件上右击，选择"打开"命令启动组件(利用该方法启动组件的同时也会打开该文件)，如图1-18所示。

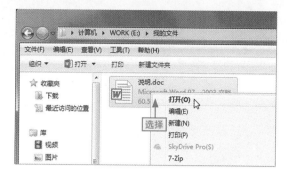

图1-18 通过Office文件启动

1.4.2 退出Office 2013

如果要退出Office 2013软件，可以使用如下几种方法实现。

学习目标	掌握退出Office组件的各种方法
难度指数	★★

◆ 通过"文件"选项卡退出

在工作界面中单击"文件"选项卡，选择"关闭"命令退出组件，如图1-19所示。

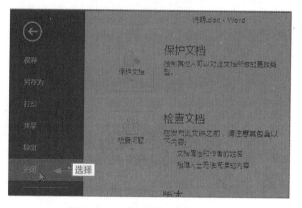

图1-19 "文件"选择卡退出

◆ 通过快捷菜单退出

在标题栏空白处右击，选择"关闭"命令退出组件，如图1-20所示。

🐱 专家提醒 | 使用快捷键退出

在Office 2013各组件工作界面中按Alt+F4组合键，可快速退出组件。

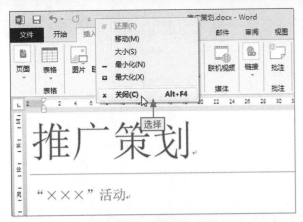

图1-20　快捷菜单退出

◆通过单击按钮关闭

单击Office 2013各组件标题栏右侧的"关闭"按钮退出组件，如图1-21所示。

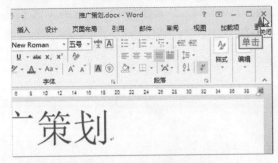

图1-21　单击按钮关闭

◆通过任务按钮退出

在任务栏的Office 2013组件任务按钮上右击，选择"关闭窗口"命令，如图1-22所示。

图1-22　通过任务按钮退出

> **专家提醒 ｜ 退出Office组件的说明**
>
> 在前面介绍的几种退出方法中，除了通过任务按钮退出组件以外，其他几种方法都适用于当前组件中只打开了一个文件。如果当前组件打开了多个文件，利用这几种方法只能关闭指定的文件，不能退出整个应用程序。

1.5　设置符合操作习惯的Office环境

　　Office组件的工作界面中默认对各组成部分的显示位置和显示内容进行了设置。为了提高工作效率，用户可以根据自己的使用习惯，自定义符合操作习惯的Office环境。

1.5.1　注册并登录Microsoft账户

　　如果用户可使用电子邮件地址和密码登录Office 2013或其他服务，表示用户已有 Microsoft 账户了。如果还没有账户，可以申请注册一个新账户。注册并登录Microsoft账户的操作方法如下。

学习目标	掌握申请Microsoft账户的方法
难度指数	★★

> **专家提醒 ｜ Microsoft 账户的作用**
>
> Microsoft 账户是登录Outlook.com、Windows Phone、SkyDrive或Xbox LIVE等服务的电子邮件地址和密码组合。要想使用Office 2013的全部功能，就必须登录Microsoft 账户。

步骤01 启动浏览器，在地址栏中输入网址，按Enter键打开注册页面，如图1-23所示。

图1-23　打开注册页面

步骤02 在页面右下方单击"立即注册"超链接开始注册账户，如图1-24所示。

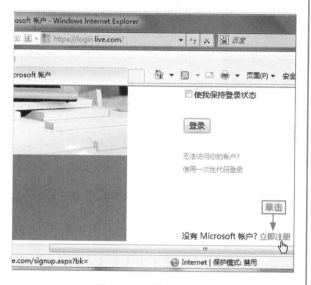

图1-24　单击超链接

步骤03 ❶在打开的页面中填写注册信息，然后❷单击"创建账户"按钮，如图1-25所示。

图1-25　填写注册信息

步骤04 启动Word 2013，在欢迎界面中单击"登录以充分利用Office"超链接，如图1-26所示。

图1-26　单击超链接

步骤05 ❶在打开的对话框中输入注册的账户名称，❷单击"下一步"按钮，如图1-27所示。

图1-27　输入用户名

步骤06 ❶在打开的对话框中输入密码，❷单击"登录"按钮开始登录，如图1-28所示。

图1-28 输入密码并登录

步骤07 稍后，程序自动登录成功，并在欢迎界面的右上角显示用户的账户信息，如图1-29所示。

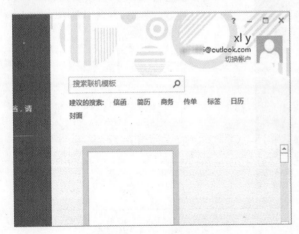

图1-29 查看登录效果

1.5.2 自定义主题颜色和背景

若用户不适应登录后默认显示的主题颜色和背景，还可对其进行自定义，其具体操作方法如下。

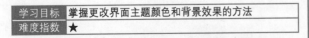

学习目标	掌握更改界面主题颜色和背景效果的方法
难度指数	★

步骤01 在欢迎界面中选择"空白文档"选项，进入Word 2013工作界面，如图1-30所示。

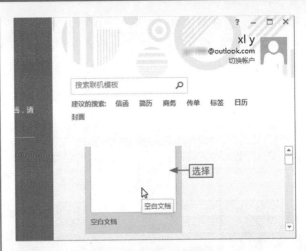

图1-30 进入工作界面

步骤02 单击"文件"选项卡，在其中单击"账户"选项卡，如图1-31所示。

图1-31 切换选项卡

步骤03 ❶在"Office背景"下拉列表框中选择"无背景"选项，❷在"Office主题"下拉列表框中选择"深灰色"选项，完成操作，如图1-32所示。

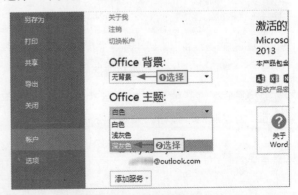

图1-32 修改背景和主题

专家提醒 ｜ 有关设置Office背景的补充

在Office 2013中，如果用户没有登录Microsoft账户，在"账户"选项卡中只有"Office主题"下拉列表框，没有"Office背景"下拉列表框，即不能对背景进行设置。

1.5.3　自定义快速访问工具栏

1. 添加/删除常用工具

在快速访问工具栏中，直接在其下拉菜单中列举了一些常用的工具，通过该菜单可以快速添加/删除常用工具栏。其具体操作方法如下。

学习目标	掌握通过下拉菜单添加/删除常用工具栏的方法
难度指数	★★

步骤01　❶单击快速访问工具栏右侧的下拉按钮，❷选择"打印预览和打印"选项，将其添加到快速访问工具栏中，如图1-33所示。

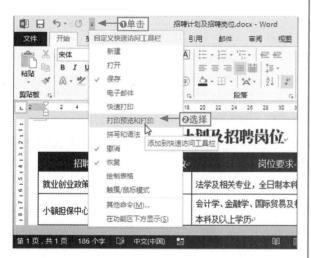

图1-33　添加工具

步骤02　❶再次单击快速访问工具栏右侧的下拉按钮，❷选择"恢复"选项取消其左侧的勾选标记，即可将该选项从快速访问工具栏中删除，如图1-34所示。

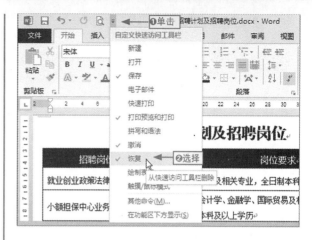

图1-34　删除工具

2. 添加/删除不在功能区的工具

对于一些不在功能区中的工具，如"记录单"工具，就可以通过选项对话框来添加/删除命令对其进行增加或删除。其具体操作如下。

学习目标	掌握通过对话框添加/删除不在功能区的工具的方法
难度指数	★★★

步骤01　单击"文件"选项卡，在其中单击"选项"按钮，打开"Word选项"对话框，如图1-35所示。

图1-35　单击"选项"按钮

步骤02　❶在打开的对话框中单击"快速访问工具栏"选项卡，❷在"从下列位置选择命令"列表框中选择"不在功能区中的命令"选项，如图1-36所示。

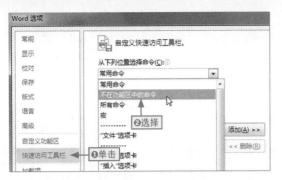

图1-36　选择选项

步骤03 ❶在中间的列表框中选择"分解图片"选项，❷单击"添加"按钮将其添加到右侧的列表框中，如图1-37所示。

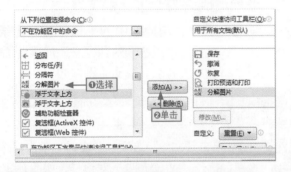

图1-37　添加工具

步骤04 ❶在右侧的列表框中选择要从快速访问工具栏中删除的选项，❷单击"删除"按钮，如图1-38所示。

图1-38　删除工具

步骤05 单击"确定"按钮关闭对话框，在返回的快速访问工具栏中可查看最终的效果，如图1-39所示。

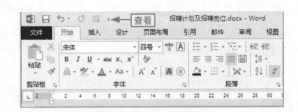

图1-39　查看效果

长知识 ┃ 优化命令之间的间距

如果要在平板电脑中使用Office 2013，为了让操作更方便、准确，还需优化界面中各命令之间的间距，其具体操作方法为：在快速访问工具栏中选择"触摸/鼠标模式"选项将其添加到快速访问工具栏，❶单击该按钮，❷选择"触摸"选项优化命令之间的间距，❸程序自动对界面中的命令之间的间距进行调整，如图1-40所示。

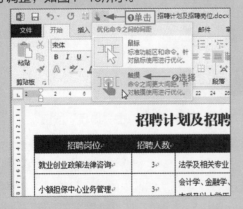
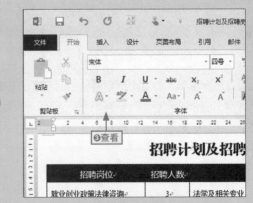

图1-40　优化间距

1.5.4　自定义功能区的显示内容

　　功能区是集中显示操作工具的位置，用户可根据使用频率将不同选项卡中的工具整理到一个组中，也可以新建选项卡。其具体操作方法如下。

学习目标	掌握新建选项卡和组的方法
难度指数	★★★

步骤01 ❶打开"Word选项"对话框，❷单击"自定义功能区"选项卡，如图1-41所示。

图1-41　单击"自定义功能区"选项卡

步骤02 ❶单击"新建选项卡"按钮，程序自动新建一个选项卡和组，❷选择新建的选项卡，❸单击"重命名"按钮，如图1-42所示。

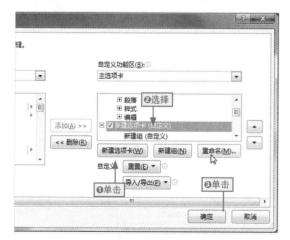

图1-42　新建选项卡和组

步骤03 ❶在打开的"重命名"对话框中"显示名称"后的文本框中输入"常用工具"文本，❷单击"确定"按钮，如图1-43所示。

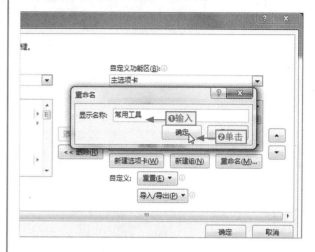

图1-43　重命名选项卡

步骤04 ❶用相同的方法重命名组为"表格工具"，❷单击"新建组"按钮手动添加组，如图1-44所示。

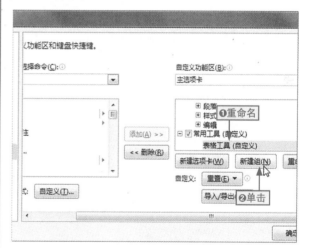

图1-44　手动新建组卡

步骤05 ❶将新建的组重命名为"设置文本格式"，❷选择"表格工具"组，❸在中间的列表框中选择"表格"选项，❹单击"添加"按钮将其添加到"表格工具"组，如图1-45所示。

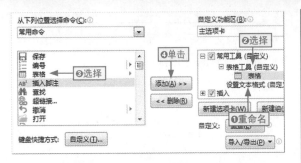

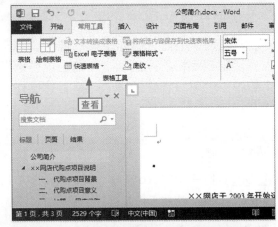

图1-45　添加到工作组

步骤06 用相同的方法为两个组添加工具，确认后在返回的工作表中可查看到效果，如图1-46所示。

图1-46　添加其他工具并查看效果

长知识 ┃ 隐藏/显示功能区

在Office 2013中，为了让编辑区中显示更多的内容，可以将功能区隐藏，当要使用功能区时，再将其显示出来，其操作是：❶单击"功能区显示选项"按钮，❷选择"显示选项卡"或"自动隐藏功能区"选项隐藏功能区，❸再次单击该按钮，❹选择"显示选项卡和命令"选项显示功能区。此外，双击任意选项卡还可以快速地在隐藏和显示选项卡之间进行切换，如图1-47所示。

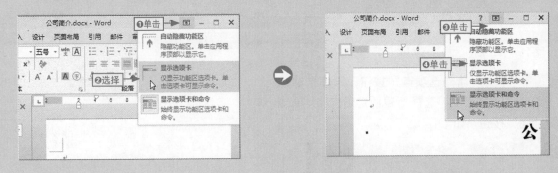

图1-47　隐藏/显示功能区

1.5.5 设置自动保存

为了降低因为意外断电、电脑故障等原因导致Office软件不响应或结束而带来的数据丢失，可为其设置自动保存。其具体操作方法如下。

学习目标	掌握设置在指定时间间隔自动保存文件的方法
难度指数	★★★

步骤01 打开"Word选项"对话框，单击"保存"选项卡，如图1-48所示。

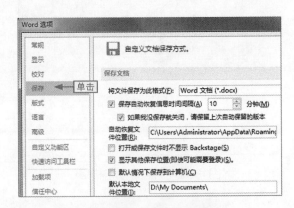

图1-48　单击"保存"选项卡

步骤02 ❶在"保存自动恢复信息时间间隔"数值框中输入"8"，❷单击"确定"按钮即可，如图1-49所示。

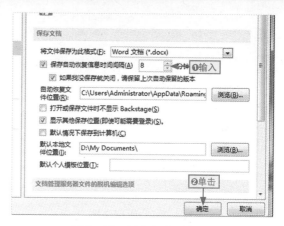

图1-49 设置保存时间

> **专家提醒 | 设置时间间隔的说明**
>
> 设置的保存时间间隔表示每隔多长时间自动保存一次文件，用户可根据自己的工作需要设置此值，一般以5～15分钟为宜。

1.6 文件的共性操作

虽然Office软件中包含了很多组件，但是这些组件之间有些操作是相似的。为了帮助用户快速入门，下面以Word组件为例，讲解Office软件中各组件的共性操作。

1.6.1 新建与保存文档

新建与保存文档主要是指明将文字内容或数据保存在哪里，这两个操作是Office软件中最基础的操作，其具体操作方法如下。

学习目标	掌握新建空白文档并保存在指定位置的方法
难度指数	★★★★

步骤01 ❶在任意文档的"文件"选项卡中单击"新建"选项卡，❷选择"空白文档"选项新建一个空白文档，如图1-50所示。

> **核心妙招 | 利用快捷键新建文档**
>
> 在工作界面中按下Ctrl+N组合键可快速新建一个空白文档。

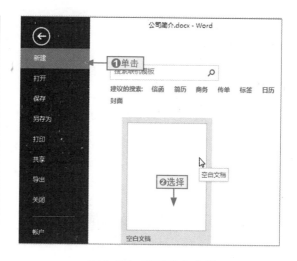

图1-50 新建空白文档

步骤02 在快速访问工具栏中单击"保存"按钮开始保存文档，如图1-51所示。

> **核心妙招 | 利用快捷键保存文档**
>
> 在工作界面中按下Ctrl+S组合键可快速地对文档执行保存操作。

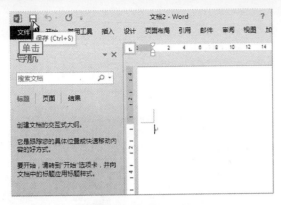

图1-51　保存文档

步骤03 系统自动切换到"文件"选项卡的"另存为"选项卡，❶选择"计算机"选项，❷单击"浏览"按钮，如图1-52所示。

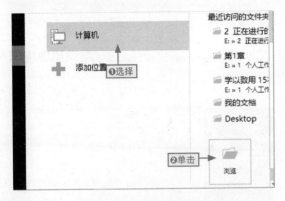

图1-52　设置文档另存

步骤04 ❶在打开的"另存为"对话框中设置保存路径，❷输入保存名称，再单击"保存"按钮，如图1-53所示。

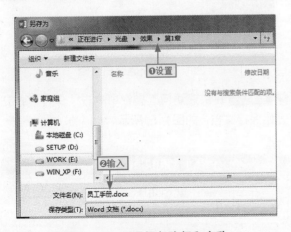

图1-53　设置保存路径和名称

专家提醒 ┃ 保存与另存为的说明

对于新建文档，执行"保存"和"另存为"操作的效果一样。如果编辑已存在的文档，"保存"操作将覆盖以前的内容，而"另存为"操作则将修改后的版本另存，并确保原文档内容不变。

1.6.2　打开文档并为其添加权限

当需要查看或编辑某个文档时，首先需将其打开。为了有效确保文档内容的安全，还可为其设置打开权限和修改权限。其具体的操作方法如下。

学习目标	掌握为文档添加打开和编辑权限的方法
难度指数	★★★★

步骤01 ❶在任意文档的"文件"选项卡中单击"打开"选项卡，❷双击"计算机"选项，如图1-54所示。

图1-54　双击选项

专家提醒 ┃ 打开文档的补充说明

通常情况下，直接找到文档的保存位置后，双击文件即可将其打开，如果要打开相同位置的文档，利用以上方法，在"打开"选项卡的"最近使用的文档"窗格中可快速打开文档的保存路径。通常情况下，直接找到文档的保存位置后，双击文件即可将其打开，如果要打开相同位置的文档，利用以上方法，在"打开"选项卡的"最近使用的文档"窗格中可快速打开文档的保存路径。

步骤02 ❶在打开的"打开"对话框中选择文件的保存路径，❷在中间的列表框中选择文件，单击"打开"按钮可打开文件，如图1-55所示。

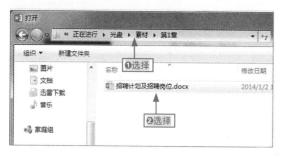

图1-55　打开文件

步骤03 ❶在打开的"招聘计划及招聘岗位"文档的"文件"选项卡中单击"另存为"选项卡，❷双击"计算机"选项，如图1-56所示。

图1-56　另存为文档

步骤04 在打开的"另存为"对话框中设置保存路径，❶单击"工具"下拉按钮，❷选择"常规选项"命令，如图1-57所示。

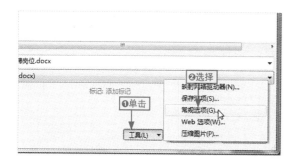

图1-57　设置常规选项

步骤05 ❶在打开的"常规选项"对话框的"打开文件时的密码"和"修改文件时的密码"文本框中分别输入密码，❷单击"确定"按钮，如图1-58所示。

图1-58　设置权限密码

专家提醒｜为文档设置权限后的效果

为文档添加打开权限密码和修改权限密码后，用户只有同时正确输入这两个密码后，才能对文档进行编辑操作。如果只正确输入打开权限密码，用户可以通过只读方式查看文档内容，不能进行编辑操作。

步骤06 ❶在打开"确认密码"对话框的文本框中输入"123456"密码，❷单击"确定"按钮确认设置的打开权限密码，如图1-59所示。

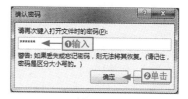

图1-59　确认打开权限密码

步骤07 ❶在打开"确认密码"对话框的文本框中输入"456789"密码，❷单击"确定"按钮确认设置的修改权限密码，如图1-60所示。

图1-60 确认修改权限密码

步骤08 在返回的"另存为"对话框中单击"保存"按钮完成整个操作，如图1-61所示。

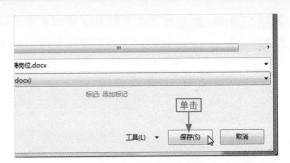

图1-61 保存文档

专家提醒｜取消为文档设置权限保护

如果要取消为文档设置的权限保护，用户需要再次打开"常规选项"对话框，在其中将"打开文件时的密码"和"修改文件时的密码"文本框中的密码删除即可。

1.7 实战问答

❓❗ NO.1 ｜如何新建模板文档

 元芳：新建空白文档后，需要在其中添加内容，文档才具有实际的意义和作用，对于某些办公文档，不知道要填写什么内容，该怎么办呢？

 大人：在Word中内置了很多模板文档，这些文档中已经预定义了一些格式和输入提示，用户在创建模板文档后，在提示占位符中输入相应的内容即可，其具体操作方法如下。

步骤01 ❶在"文件"选项卡中单击"新建"选项卡，❷在文本框中输入"海报"关键字，❸单击"搜索"按钮，如图1-62所示。

步骤02 在界面下方自动显示了根据当前关键字搜索到的所有结果，找到需要的模板，选择该模板，如图1-63所示。

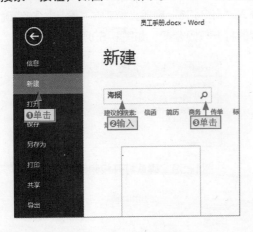

图1-62 新建模板

图1-63 选择模板

步骤03 在打开的对话框中可预览模板效果，并提供了有关该模板的描述，直接单击"创建"按钮开始下载该模板，如图1-64所示。

步骤04 下载完毕后，程序自动打开该模板文件，在其中根据提示录入内容后，将模板文件保存在指定位置即可完成操作，如图1-65所示。

图1-64 查看预览效果

图1-65 操作模板

?! NO.2 | 如何固定常访问的文件夹

 元芳： 在最近访问的文件夹列表中列举了最近访问的文件夹，有些文件夹是经常需要访问的，但是当访问的文件夹较多时，这些位置就会被隐藏，如何让这些位置不变呢？

 大人： 在Office中，当前访问的文件夹会自动在最近访问的文件夹列表的最上面显示，如果要让某个文件夹位置始终在该列表中，可以将其固定，其具体操作方法如下。

步骤01 ❶选择"打开"选项卡的"计算机"选项，右击需要固定的文件夹，❷选择"固定至列表"命令，如图1-66所示。

步骤02 当再访问其他位置的文件后，在"打开"选项卡的"最近访问的文件夹"列表中，被固定的文件夹始终会出现在最上方，如图1-67所示。

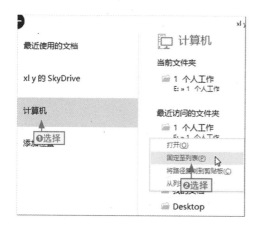

图1-66 选择命令

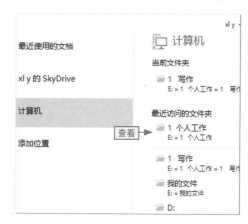

图1-67 显示结果

1.8 思考与练习

填空题

1. 无论当前打开了多少个Word文件，_____一定能完成Office组件的退出操作。

2. 默认情况下，快速访问工具栏中只有_____、_____和_____这3个按钮。

判断题

1. 在标题栏空白处右击，选择"关闭"命令可以退出应用程序。 （ ）

2. "分解图片"按钮可以直接通过快速访问工具栏的下拉菜单来添加。 （ ）

操作题

【练习目的】创建"2014年日历"文档

下面通过新建一个"2014年日历"模板文件并为其添加打开权限和修改权限，让读者能亲自体验模板文件的创建及权限设置的相关操作，巩固本章所学的知识。

【制作效果】

本节素材	DVD/素材/Chapter01/无
本节效果	DVD/效果/Chapter01/2014年日历.docx

问答题

1. 相对于Office的早期版本，Office 2013有哪些全新的改变？

2. 启动Office 2013组件的方法有哪些？

3. 当前只打开一个文件，可以用哪些方法完成退出组件的操作？

制作简单文档需要
掌握的操作

本章要点

★ 设置纸张大小　　　　　　★ 设置段落缩进方式
★ 为文档设置水印　　　　　★ 剪切与复制文本
★ 输入普通文本　　　　　　★ 使用项目符号
★ 设置段落对齐方式　　　　★ 使用编号

学习目标

　　Word作为强大的文字处理软件，在商务办公中被广泛应用，而制作文档是Word最基本的用途。本章将具体介绍制作一个简单文档需要掌握哪些操作。通过本章的学习，读者可以很好地使用Word软件制作比较规范、具有实际用途的文档。

知识要点	学习时间	学习难度
文档页面和背景的设置	45分钟	★★★
输入、格式化和编辑文本	60分钟	★★★★
在文档中使用项目符号和编号	30分钟	★★

重点实例

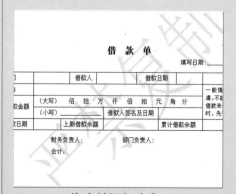

为文档添加水印

人事档案保管制度

　　建立健全的人事档案保管制度是对人事档案进行有效保管的关键。其大致包括如下基本内容。

第一部分：材料归档制度

　　新形成的档案材料应及时归档，归档的大体程序是：

（1）对材料进行鉴别，看其是否符合归档的要求。

（2）按照材料的属性、内容，确定其归档的具体位置。

（3）在目录上补登材料名称及有关内容。

（4）将新材料放入档案。

设置字体格式

内部培训通知

各部门经理：

　　为进一步提升公司管理人员的管理水平、职业技能及业务素质，公司定周四下午15:00召开部门经理专项培训《领袖的风采》，请相关人员按时参加

培训地点：厂区二楼会议室

组织人员：闫晓芬

参加人员：余波　张小霞　陈凤　刘远斌　杨国勇

　　　　　刘喜　代璐　杨梅英　刘小琴　赵军

　　　　　邓军华　魏斌　王春江　吴言波

设置段落格式

2.1 设置文档页面

设置文档页面主要是对页面的纸张大小、页边距、纸张方向进行设置，使制作的商务文档更加规范，符合要求。

2.1.1 设置纸张大小

在利用Word制作文档时，需要根据文档的用途、内容特点等因素调整合适的纸张大小，其具体操作方法如下。

本节素材	DVD/素材/Chapter02/三子养生茶.docx
本节效果	DVD/效果/Chapter02/三子养生茶.docx
学习目标	掌握自定义纸张大小的方法
难度指数	★★

步骤01 ❶打开"三子养生茶"素材文件，❷单击"页面布局"选项卡，如图2-1所示。

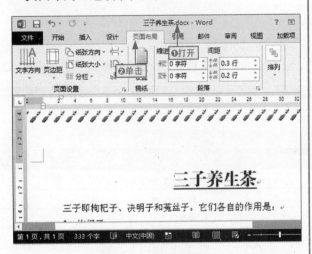

图2-1 切换选项卡

专家提醒｜使用内置的页面尺寸

Word 2013中内置了一些页面尺寸，直接在【步骤02】的"纸张大小"下拉菜单或者【步骤03】的"纸张大小"下拉列表框中选择尺寸选项即可为页面应用该尺寸。

步骤02 ❶在"页面设置"组中单击"纸张大小"按钮，❷选择"其他页面大小"选项，如图2-2所示。

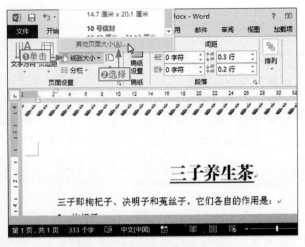

图2-2 "页面设置"对话框

步骤03 ❶在打开的对话框中单击"纸张大小"下拉按钮，❷选择"自定义大小"选项，如图2-3所示。

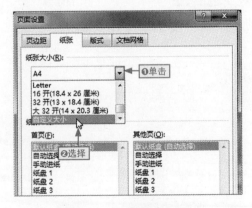

图2-3 自定义纸张大小

步骤04 在"高度"和"宽度"数值框中分别设置高度和宽度,单击"确定"按钮完成操作,如图2-4所示。

图2-4 自定义高度和宽度

2.1.2 设置页边距

页边距即版心距离页面四边的距离,如果要使用内置的页边距,直接在"页边距"下拉菜单中选择相对应的选项,如图2-5所示。

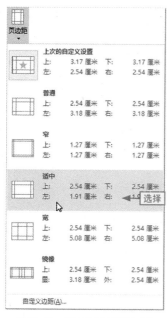

图2-5 使用内置页边距

如果这些页边距都不符合实际要求,用户还可以进行自定义,其具体操作方法如下。

本节素材	DVD/素材/Chapter02/三子养生茶1.docx
本节效果	DVD/效果/Chapter02/三子养生茶1.docx
学习目标	掌握自定义页边距尺寸的方法
难度指数	★★

步骤01 ❶打开"三子养生茶1"素材文件,❷单击"页面布局"选项卡"页面设置"组中的"对话框启动器"按钮,如图2-6所示。

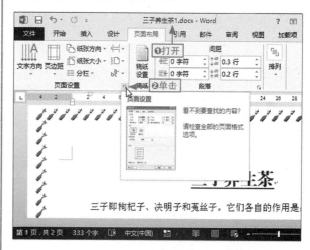

图2-6 单击"对话框启动器"按钮

步骤02 ❶在打开的"页面设置"对话框中单击"页边距"选项卡,❷分别设置上、下、左和右的页边距,单击"确定"按钮,如图2-7所示。

图2-7 自定义设置页边距大小

步骤03 在返回的工作界面中即可查看到，通过调整页边距，两页内容显示为一页内容了，如图2-8所示。

专家提醒｜自定义页边距的其他方法

在Word 2013中，直接在"页面布局"选项卡中单击"页边距"下拉按钮，选择"自定义边距"命令，也可以打开"页面设置"对话框自定义页边距。

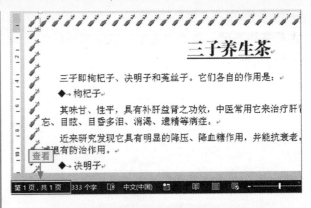

图2-8 查看修改页边距后的文档效果

长知识｜认识版心及其与页边距的关系

每个页面都有它的版心，它是图书版面上规定承载图书内容的部分，是版面构成要素之一，也是版面内容的主体。版面上除去周围白边，剩下的以文字和图片为主要组成的部分就是版心，如图2-9所示。其中，黄色填充区域和白色填充区域的组合称为版面，白色填充区为版心，黄色填充区为边距区域。通过图中的标注可知，版心的大小主要通过调整页边距来设置。

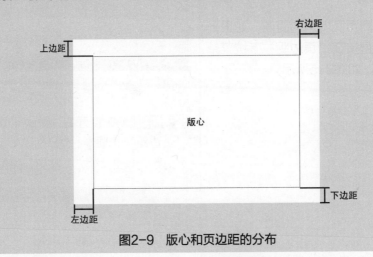

图2-9 版心和页边距的分布

2.1.3 设置页面方向

页面方向有两种，即横向和纵向，用户可根据需要来调整页面方向，其具体操作方法如下。

本节素材	DVD/素材/Chapter02/公司简介.docx
本节效果	DVD/效果/Chapter02/公司简介.docx
学习目标	掌握将页面方向设置为横向的方法
难度指数	★

步骤01 ❶打开"公司简介"素材文件，❷单击"页面布局"选项卡，❸在"页面设置"组中单击"对话框启动器"按钮，如图2-10所示。

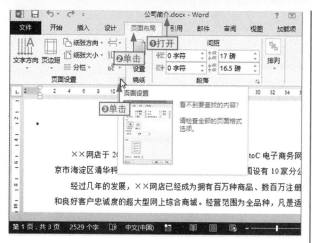

图2-10 打开"页面设置"对话框

图2-11 更改页面的方向

步骤02 在打开的"页面设置"对话框的"页边距"选项卡中选择"横向"选项，单击"确定"按钮完成更改页面方向的操作，如图2-11所示。

专家提醒 | 通过下拉列表设置页面方向

在Word中，单击"页面设置"组中的"页面方向"下拉按钮，在其中选择需要的选项可快速更改页面的方向。

2.2 设置文档的页面背景

对制作的文档进行美化操作，可以让文档更赏心悦目和专业。在Word中，最快速的美化方法就是设置页面背景。

2.2.1 为文档设置水印

1. 插入内置水印

一般比较重要或未确定的文档，都需要为其添加水印，以示区别。

在Word 2013中，程序内置了一些文字水印效果，用户可以直接使用，其具体操作方法如下。

本节素材	DVD/素材/Chapter02/借款单.docx
本节效果	DVD/效果/Chapter02/借款单.docx
学习目标	掌握文档中插入内置文字水印的方法
难度指数	★★★

步骤01 ❶打开"借款单"素材文件，❷单击"设计"选项卡，如图2-12所示。

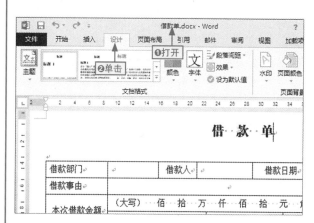

图2-12 切换选项卡

步骤02 ❶在"页面背景"组中单击"水印"按钮，❷在弹出的下拉菜单中选择"严禁复制1"选项样式，如图2-13所示。

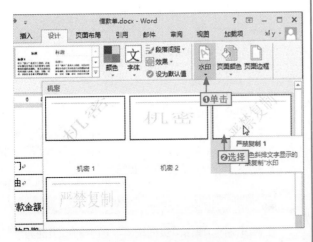

图2-13 选择水印样式

步骤03 程序自动在页面中为文档添加向右上方倾斜的文字水印，如图2-14所示。

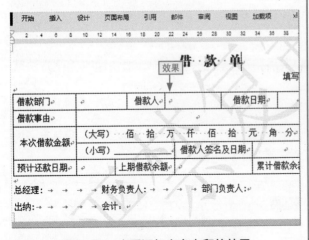

图2-14 查看添加文字水印的效果

2. 自定义水印

在Word 2013中，自定义水印包括自定义文字水印和自定义图片水印，其操作都是通过"水印"对话框完成的，其具体操作方法如下。

本节素材	DVD/素材/Chapter02/借款单1.docx
本节效果	DVD/效果/Chapter02/借款单1.docx
学习目标	掌握文档中插入内置文字水印的方法
难度指数	★★★

步骤01 ❶打开"借款单1"素材文件，❷在"设计"选项卡中单击"水印"按钮，❸选择"自定义水印"命令，如图2-15所示。

图2-15 执行"自定义水印"命令

步骤02 ❶在打开的"水印"对话框中选中"文字水印"单选按钮，❷在"文字"文本框中输入"样式待确定"，如图2-16所示。

图2-16 设置水印文字

步骤03 ❶在"字体"下拉列表框中选择"方正小标宋简体"选项更改文字水印的字体，❷在"字号"下拉列表框中选择"66"选项更改文字水印的字号，如图2-17所示。

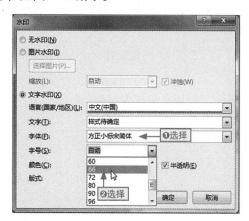

图2-17　设置文字水印的字体与字号

步骤04 ❶在"颜色"下拉列表框中选择一种合适的颜色，❷取消选中的"半透明"复选框，如图2-18所示。

图2-18　设置文字水印的颜色和效果

专家提醒｜添加图片水印的方法

在Word文档中，如果要将某张图片设置为文档的水印，直接在"水印"对话框中选中"图片水印"单选按钮，单击"选择图片"按钮查找需要的图片进行添加。

步骤05 ❶选中"水平"单选按钮更改文字水印的版式，❷单击"确定"按钮完成自定义设置，如图2-19所示。

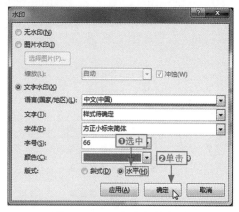

图2-19　设置水印的版式

步骤06 在返回的Word工作界面中可以查看到为文档添加的自定义文字水印的效果，如图2-20所示。

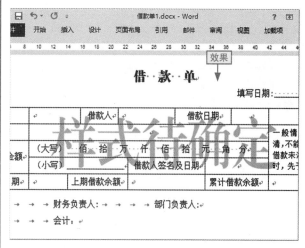

图2-20　查看自定义文字的水印效果

核心妙招｜删除文档水印的方法

在Word 2013中，如果要删除文档中添加的水印效果，可以在"水印"下拉菜单中选择"删除水印"命令进行删除，另外在"水印"对话框中选中"无"单选按钮，单击"确定"按钮即可。

2.2.2 设置页面背景效果

在Word 2013中，可以通过单击"页面颜色"按钮，在弹出的如图2-21所示的下拉菜单中选择颜色选项，可以为页面添加背景颜色，从而改变文档的显示效果。

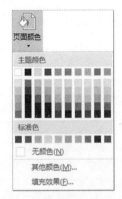

图2-21 "页面颜色"下拉菜单

此外，还可以通过选择"填充效果"命令设置更丰富的背景效果。下面通过为文档设置图片背景，讲解具体的操作方法。

本节素材	DVD/素材/Chapter02/活动日程安排.docx、背景.jpg
本节效果	DVD/效果/Chapter02/活动日程安排.docx
学习目标	掌握将图片设置为页面背景的方法
难度指数	★★★

步骤01 ❶打开"活动日程安排"素材文件，❷单击"设计"选项卡的"页面颜色"按钮，❸选择"填充效果"命令，如图2-22所示。

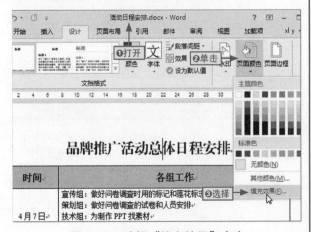

图2-22 选择"填充效果"命令

步骤02 ❶在打开的"填充效果"对话框中单击"图片"选项卡，❷单击"选择图片"按钮，如图2-23所示。

图2-23 单击"选择图片"按钮

专家提醒 | 设置其他页面效果

在"填充选项"对话框的"渐变"、"纹理"和"图案"选项卡中，还可以为文档背景添加渐变效果、纹理效果和图案效果。

步骤03 在打开的"插入图片"对话框中直接单击"来自文件"栏右侧的"浏览"按钮，如图2-24所示。

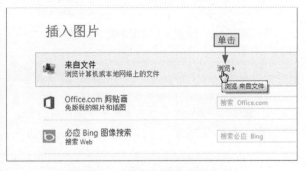

图2-24 浏览本地电脑的文件

核心妙招 | 从网络中所搜更多的图片

在"必应Bing图像搜索"文本框中输入关键字后，如图2-25所示，按Enter键可以从网络中搜索更多、更好的图片。

图2-25　从网络中搜更多的图片

步骤04 ❶在打开的"选择图片"对话框中切换到文件保存的路径，❷在中间的列表框中选择"背景.jpg"图片，单击"插入"按钮插入图片，如图2-26所示。

图2-26　选择图片文件

步骤05 在返回的"填充效果"对话框中单击"确定"按钮确认，如图2-27所示。

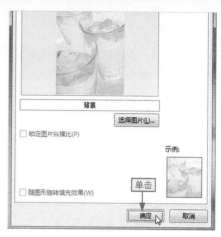

图2-27　确认背景图片

步骤06 在返回的文档工作界面中即可查看到为其设置的图片背景填充效果，如图2-28所示。

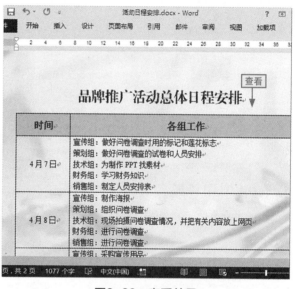

图2-28　查看效果

专家提醒 | 设置页面效果的作用

在Word文档中为其设置页面背景效果，除了让界面效果更美观外，还可以缓解用户在编辑文档时的视觉疲劳，这些效果在打印时是不会被打印出来的。

2.2.3 设置页面边框

在文档中，还可以通过为页面设置边框来美化整个页面效果，增加文档的时尚特色。

在Word中，用户可以根据需要为文档设置不同线型效果或者艺术效果的边框，所有的操作都是通过"边框和底纹"对话框来完成的，其具体操作方法如下。

本节素材	DVD/素材/Chapter02/导航仪说明书.docx
本节效果	DVD/效果/Chapter02/导航仪说明书.docx
学习目标	掌握为页面添加艺术边框的方法
难度指数	★★★

步骤01 ❶打开"导航仪说明书"素材文件，❷单击"设计"选项卡，❸在"页面背景"组中单击"页面边框"按钮，如图2-29所示。

图2-29 打开"边框和底纹"对话框

步骤02 ❶在打开的"边框和底纹"对话框的"页面边框"选项卡中单击"艺术型"下拉按钮，❷选择一种边框样式，如图2-30所示。

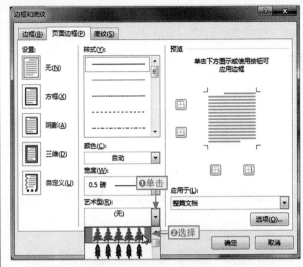

图2-30 设置边框样式

步骤03 ❶在"宽度"数值框中设置适合的宽度值，❷单击"确定"按钮，如图2-31所示。

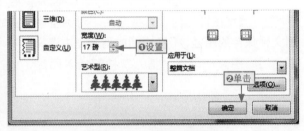

图2-31 设置边框宽度

步骤04 在返回的工作界面中可以查看到系统自动为页面添加了指定的边框效果，如图2-32所示。

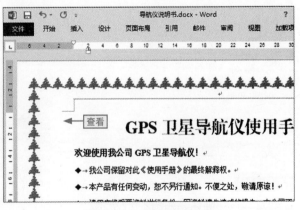

图2-32 查看最终效果

2.3　在文档中输入文本

新建或打开Word文档后，在文档编辑区中会出现一根不断闪烁的黑色短竖线，就是文本插入点，文本内容只能在该处输入。因此，在输入文本前，应先定位文本插入点的位置。

2.3.1　输入普通文本

普通文本即汉字、数字和字母，对于这些文本的输入，直接通过敲打键盘即可完成，其具体操作方法如下。

本节素材	DVD/素材/Chapter02/社区儿童俱乐部活动计划.docx
本节效果	DVD/效果/Chapter02/社区儿童俱乐部活动计划.docx
学习目标	掌握在文档中输入文本的常规方法
难度指数	★

步骤01 ❶打开"社区儿童俱乐部活动计划"素材文件，❷将鼠标光标移动到"少年"文本左侧，单击鼠标左键定位文本插入点，如图2-33所示。

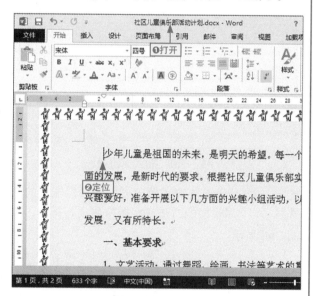

图2-33　定位文本插入点

步骤02 直接按Enter键换行，在段落前面添加一行空行，如图2-34所示。

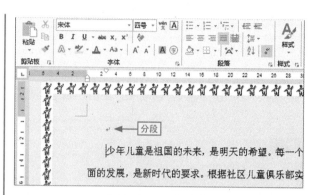

图2-34　添加空行

步骤03 切换到熟悉的输入法，直接在其中输入"晋江街道快乐家园社区儿童俱乐部活动计划"，如图2-35所示。

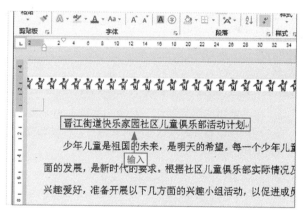

图2-35　输入标题

专家提醒　| 输入文本时文本插入点的变化

在Word中，输入的文字将出现在文本插入点所在的位置，同时文本插入点自动向后移动；当输入的文字到达右边距时，文本插入点会自动跳到下一行的起始位置；当输入满一页后，文本插入点将自动移到下一页。

2.3.2 插入特殊符号

键盘提供的特殊符号类型较少，在Word文档中，可以通过插入符号功能来插入更多的特殊符号，其具体操作方法如下。

本节素材	DVD/素材/Chapter02/社区儿童俱乐部活动计划1.docx
本节效果	DVD/效果/Chapter02/社区儿童俱乐部活动计划1.docx
学习目标	掌握通过对话框插入特殊符号的方法
难度指数	★★

步骤01 ❶打开"社区儿童俱乐部活动计划1"素材文件，❷单击"插入"选项卡，如图2-36所示。

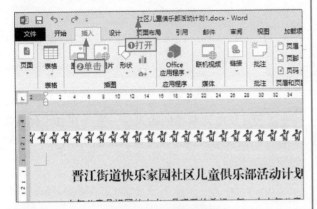

图2-36 切换选项卡

核心妙招 | 用输入法插入特殊符号

在一些拼音输入法中，程序自带了一些特殊符号，用户可以直接输入这些符号的拼音，在候选框中会自动显示对应的符号，如图2-37所示。

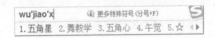

图2-37 使用输入法输入符号

步骤02 ❶将文本插入点定位到标题的最左侧，❷单击"符号"组的"符号"下拉按钮，❸选择"其他符号"命令，如图2-38所示。

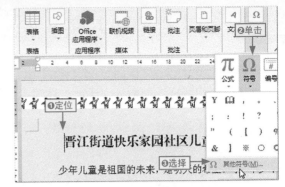

图2-38 打开"符号"对话框

步骤03 ❶在打开的"符号"对话框中间的列表框中选择需要的符号，❷单击"插入"按钮插入符号，❸单击"关闭"按钮，如图2-39所示。

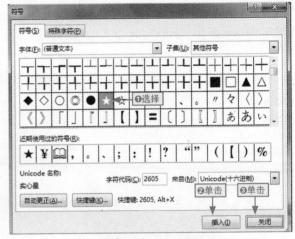

图2-39 插入★符号

步骤04 ❶在返回的文档中可以查看到插入的特殊符号，❷用相同的方法在标题末尾插入符号，如图2-40所示。

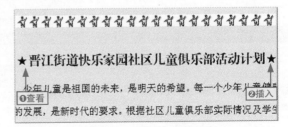

图2-40 插入其他符号

长知识 | 按类别查找特殊符号及插入更多专业符号

在Word 2013中，使用插入符号功能插入特殊符号，用户在查找时会比较盲目，此时可以通过❶单击"加载项"选项卡中的"特殊符号"按钮，在打开的"插入特殊符号"对话框中，程序自动将各种常用的符号按不同的选项卡归类存放，如图2-41(左图)所示，❷双击符号，或选择符号后，单击"确定"按钮插入该符号。

虽然在"符号"对话框中查找特殊符号比较麻烦，但是在该对话框中的"特殊字符"选项卡中提供了更多常用的专业字符，如商标符"™"、版权符"©"等，如图2-41(右图)所示。在Word中要插入这些符号，只能通过该途径完成。

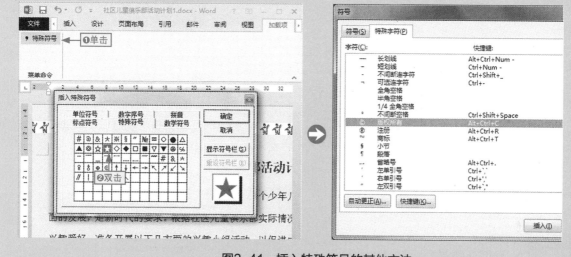

图2-41　插入特殊符号的其他方法

2.4　设置字体格式

默认状态下，在文档中输入文本的字体格式为"宋体，五号"，为了让文档更规范、文档内容的级别与层次关系更清晰，就需要更改默认的字体格式，如字体、字号、颜色等。

2.4.1　使用工作组设置字体格式

使用工作组设置字体格式，即通过"开始"选项卡的"字体"组来完成，该方法是设置字体格式最常见的方法，其具体操作方法如下。

本节素材	DVD/素材/Chapter02/人事档案保管制度.docx
本节效果	DVD/效果/Chapter02/人事档案保管制度.docx
学习目标	掌握使用工作组设置字体格式的方法
难度指数	★★

步骤01 ❶打开"人事档案保管制度"素材文件，❷然后在文档中拖动鼠标光标选择"人事档案保管制度"标题文本，如图2-42所示。

步骤02 ❶单击"字体"组的"字体"下拉列表框右侧的下拉按钮，❷选择"方正小标宋简体"选项更改标题的字体，如图2-43所示。

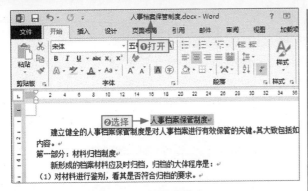

图2-42　选择标题文本

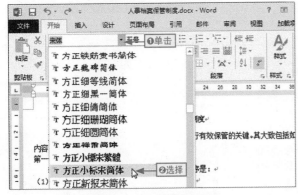

图2-43　设置字体格式

步骤03 保持标题文本的选择状态，❶单击"字号"下拉列表框右侧的下拉按钮，❷选择"二号"选项更改字号，如图2-44所示。

图2-44　调整字号大小

步骤04 ❶单击"字体颜色"右侧的下拉按钮，❷选择"红色"选项更改标题的字体颜色，如图2-45所示。

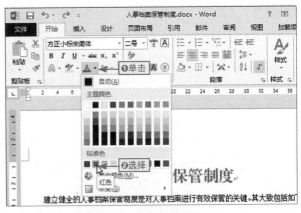

图2-45　设置字体颜色

步骤05 ❶单击"下划线"按钮右侧的下拉按钮，❷选择"双下划线"选项，为标题文本添加下划线格式，如图2-46所示。

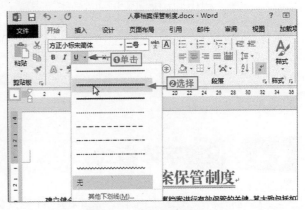

图2-46　添加下划线

专家提醒 | Office中的按钮说明

按钮分为3种情况，第一种是整个为一个按钮；第二种也是整个为一个按钮，但该按钮也有下拉按钮部分，单击按钮会弹出下拉菜单；第三种按钮是被拆分开的按钮，直接单击按钮会执行相应的操作，单击下拉按钮部分则会弹出下拉菜单。

步骤06 ❶选择除标题以外其他正文文本，❷在"字号"下拉列表框中选择"四号"选项，如图2-47所示。

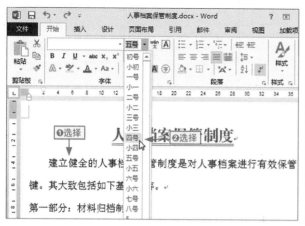

图2-47 设置正文字号

步骤07 ❶选择"第一部分：材料归档制度"文本，❷单击"加粗"按钮为其设置加粗格式，用相同的方法为其他小标题设置加粗，如图2-48所示。

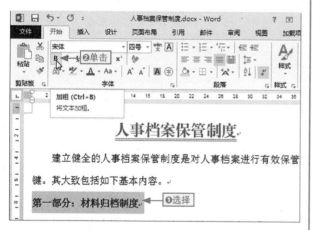

图2-48 设置加粗格式

专家提醒 | 设置正文字号

选择文本，按Ctrl+B组合键设置加粗格式，按Ctrl+I组合键设置倾斜格式，按Ctrl+U组合键添加下划线，按Ctrl+=组合键设置文本为下标，按Ctrl+Shift++组合键设置文本为上标。

2.4.2 在对话框中设置字体格式

在对话框中设置字体格式主要是在"字体"对话框中设置的，在其中除了一些常规的字体格式设置外，还可以设置字体的高级格式，如字符间距等，下面通过实例讲解其具体操作方法。

本节素材	DVD/素材/Chapter02/加班通知.docx
本节效果	DVD/效果/Chapter02/加班通知.docx
学习目标	掌握通过对话框设置字体格式的方法
难度指数	★★

步骤01 ❶打开"加班通知"素材文件，❷选择"通知"标题文本，❸单击"字体"组的"对话框启动器"按钮，如图2-49所示。

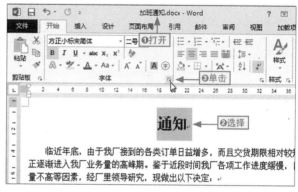

图2-49 打开"字体"对话框

步骤02 ❶在打开的"字体"对话框中单击"高级"选项卡，❷在"间距"下拉列表框中选择"加宽"选项，如图2-50所示。

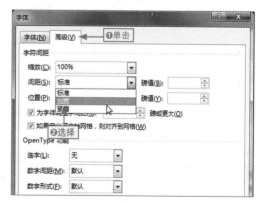

图2-50 设置文字加宽

步骤03 ❶在"磅值"数值框中输入"10磅"，❷单击该对话框下方的"文字效果"按钮，如图2-51所示。

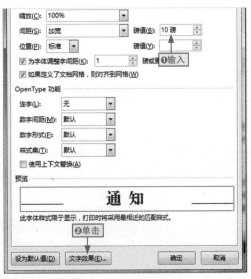

图2-51　设置间距磅值

步骤04 ❶单击"文本边框"栏，❷选中"实线"单选按钮，如图2-52所示。

图2-52　设置实线边框

步骤05 ❶单击"颜色"下拉按钮，❷选择"红色"选项，❸单击"确定"按钮完成文本效果格式的设置，如图2-53所示。

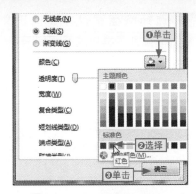

图2-53　设置边框颜色

步骤06 在返回的文档中可以查看到为文本设置的标题效果，选择除标题以外的其他所有通知文本内容，如图2-54所示。

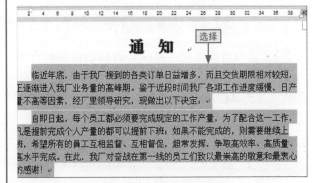

图2-54　选择正文内容

步骤07 打开"字体"对话框，在"西文字体"下拉列表框中选择一种字体，单击"确定"按钮完成对文档字体格式的设置，如图2-55所示。

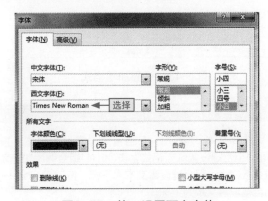

图2-55　统一设置西文字体

长知识 | 认识浮动工具栏及其作用

在Word文档中选择文本后，此时文本的右上角会出现一个透明的工具栏，将鼠标光标移动到该工具栏上，此时工具栏会正常显示，这个工具栏被称为浮动工具栏，如图2-56所示。

在浮动工具栏中，包含了一些常用的字体格式设置工具，如"字体"下拉列表框、"字号"下拉列表框、"加粗"按钮、"倾斜"按钮等。因此，如果要快速对某些文本设置一些简单的格式，利用浮动工具栏是最方便、快捷的方法。

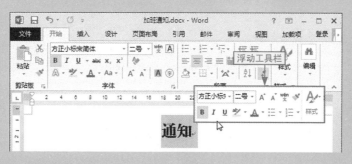

图2-56　浮动工具栏

2.5 设置段落格式

段落格式设置主要包括段落的对齐方式、缩进方式及间距，通过为文档设置合适的段落格式，可以让整个文档更加合理、规范。

2.5.1 设置段落对齐方式

段落对齐方式是指文本在文档中的显示位置，包括左对齐、右对齐、居中对齐、两端对齐和分散对齐5种对齐方式，通过"段落"组可以快速设置文本的对齐方式，其具体操作方法如下。

本节素材	DVD/素材/Chapter02/邀请函.docx
本节效果	DVD/效果/Chapter02/邀请函.docx
学习目标	掌握通过"段落"组设置对齐方式的方法
难度指数	★

步骤01 ❶打开"邀请函"素材文件，❷选择"2014年春节联欢晚会邀请函"标题文本，如图2-57所示。

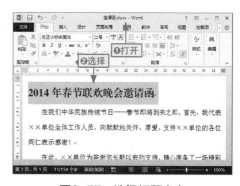

图2-57　选择标题文本

步骤02 在"段落"组单击"居中"按钮将标题文本的对齐方式设置为居中对齐，如图2-58所示。

图2-58　设置标题居中对齐

步骤03　❶选择邀请函的落款文本，❷单击"右对齐"按钮将落款设置为右对齐，如图2-59所示。

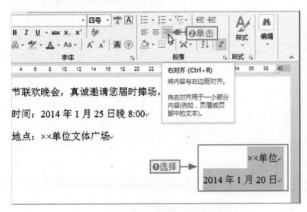

图2-59　设置落款文本右对齐

2.5.2　设置段落缩进方式

在Word中，有左缩进、右缩进、首行缩进和悬挂缩进4种缩进方式，通过为段落设置缩进，可以让段落结构更清晰。

用户可以通过对话框精确调整，也可以通过拖动标尺快速调整，其具体操作方法如下。

本节素材	DVD/素材/Chapter02/内部培训通知.docx
本节效果	DVD/效果/Chapter02/内部培训通知.docx
学习目标	掌握通过对话框和标尺设置段落缩进的方法
难度指数	★★

步骤01　❶打开"内部培训通知"素材文件，❷选择第一段正文内容，❸单击"段落"组的"对话框启动器"按钮，如图2-60所示。

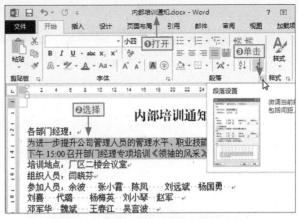

图2-60　单击"对话框启动器"按钮

步骤02　在打开的对话框的"特殊格式"下拉列表框中选择"首行缩进"命令，程序自动设置缩进值，单击"确定"按钮，如图2-61所示。

图2-61　设置首行缩进

步骤03　❶选择参加人员的后两行文本，按住Alt键，❷拖动"首行缩进"标尺调整段落的首行缩进，如图2-62所示。

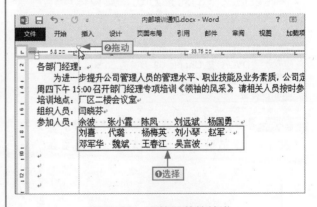

图2-62　调整段落的缩进

在通过拖动标尺调整缩进时，按Alt键拖动可以进行微拖动，这样可以更准确地调整缩进。除了调整首行缩进外，标尺中还有悬挂缩进、左缩进和右缩进滑块，拖动对应的滑块可以进行相应的缩进调整。

2.5.3 设置段落间距和行距

在Word中，设置段落间距和行距也是调整文档效果的一种方式。下面通过具体实例讲解如何通过下拉菜单和对话框为指定段落设置段落间距和行距，其具体操作方法如下。

本节素材	DVD/素材/Chapter02/内部培训通知1.docx
本节效果	DVD/效果/Chapter02/内部培训通知1.docx
学习目标	掌握通过下拉菜单和对话框设置段落间距和行距的方法
难度指数	★★

步骤01 ❶打开"内部培训通知1"素材文件，❷选择标题文本，❸单击"行和段落间距"下拉菜单，❹选择"增加段后间距"选项增加标题的段后间距，如图2-63所示。

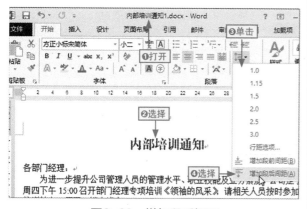

图2-63 增加段后间距

在"行和段落间距"下拉菜单中选择相应的数字选项可以快速调整段落的行距。

步骤02 ❶选择称呼下方的所有文本内容，❷单击"段落"组中的"对话框启动器"按钮，如图2-64所示。

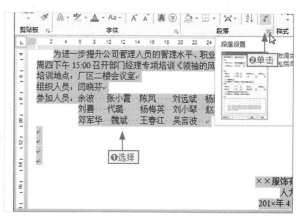

图2-64 单击"对话框启动器"按钮

步骤03 ❶在打开的"段落"对话框中设置段前间距为"0.4行"，❷设置段后间距为"0.3行"，如图2-65所示。

图2-65 设置段落间距

步骤04 ❶单击"行距"下拉列表框右侧的下拉按钮，❷选择"1.5倍行距"选项，单击"确定"按钮完成段落间距和行距的设置，如图2-66所示。

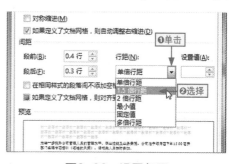

图2-66 设置行距

2.6 编辑文本的常见操作

在Word文档中录入数据时，难免会录入错误的数据，为了提高工作效率，用户有必要学会一些编辑文本的常见操作，如剪切与复制文本、查找与替换文本等。

2.6.1 剪切与复制文本

剪切文本就是将选择的文本通过剪切移动到其他位置；复制文本就是将选择的文本以副本的方式复制到其他位置。它们都是通过"开始"选项卡的"剪贴板"组来完成的，其具体操作方法如下。

本节素材	DVD/素材/Chapter02/元旦节放假通知.docx
本节效果	DVD/效果/Chapter02/元旦节放假通知.docx
学习目标	掌握剪切和复制文本的各种操作方法
难度指数	★★

步骤01 ❶打开"元旦节放假通知"素材文件，❷选择"各子公司、"文本，❸单击"剪贴板"组中的"剪切"按钮，如图2-67所示。

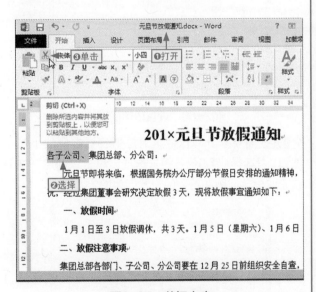

图2-67 剪切文本

步骤02 ❶将文本插入点定位到"集团总部、"文本右侧，❷单击"粘贴"按钮将"各子公司、"文本移动到其后，如图2-68所示。

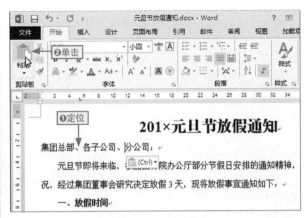

图2-68 粘贴文本

步骤03 ❶选择"元旦节"文本，❷在"剪贴板"组中单击"复制"按钮执行复制文本操作，如图2-69所示。

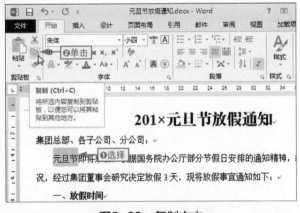

图2-69 复制文本

专家提醒 | 利用快捷键复制与移动文本

选择文本，按Ctrl+C组合键执行复制操作，在目标位置处按Ctrl+V组合键执行粘贴操作，完成复制文本的所有操作。

选择文本，按Ctrl+X组合键执行剪切操作，在目标位置处按Ctrl+V组合键执行粘贴操作，完成移动文本的所有操作。

步骤04 ❶将文本插入点定位到"董事会研究决定"文本右侧，❷单击"粘贴"按钮将"元旦节"文本复制到指定的位置，如图2-70所示。

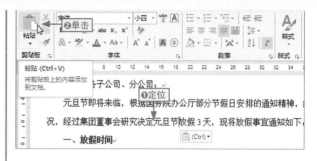

图2-70 粘贴文本

长知识 | 根据粘贴选项按格式粘贴文本

在Word中，直接执行粘贴操作，程序自动会按原格式粘贴文本。如果在相同格式内容之间移动和复制文本时，直接粘贴即可。如果在不同格式内容之间移动和复制文本，此时就需要设置粘贴选项了。

其方法是：选择文本，执行复制操作，在目标位置定位文本插入点后，❶单击"粘贴"下拉按钮，❷在其中可以按"保留格式"、"合并格式"或"只保留文本"3种方式粘贴。此外，选择"选择性粘贴"命令后，在打开的"选择性粘贴"对话框中还可以设置其他粘贴选项，如图2-71所示。

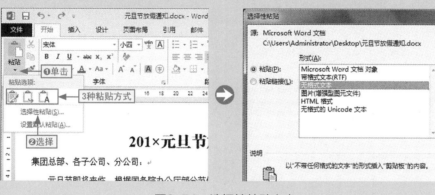

图2-71 选择性粘贴文本

2.6.2 查找与替换文本

在篇幅较长的文档中，如果发现其中多处有相同错误，此时可以使用查找和替换功能将需要修改的内容全部查找并修改正确，其具体操作方法如下。

本节素材	DVD/素材/Chapter02/元旦节放假通知1.docx
本节效果	DVD/效果/Chapter02/元旦节放假通知1.docx
学习目标	掌握利用导航窗格和对话框查找与替换文本的方法
难度指数	★★★

步骤01 ❶打开"元旦节放假通知1"素材文件，❷单击"编辑"组中的"查找"按钮打开"导航"窗格，如图2-72所示。

图2-72 打开"导航"窗格

步骤02 在打开的"导航"窗格的文本框中输入"元旦",程序自动查找对应的内容,并在窗格中显示搜索结果及在文档中以黄色底纹突出显示查找到的内容,如图2-73所示。

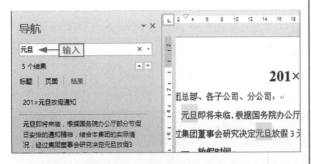

图2-73 输入查找的内容

步骤03 单击"编辑"组中的"替换"按钮打开"查找和替换"对话框,如图2-74所示。

图2-74 打开"查找和替换"对话框

步骤04 ❶在"替换"选项卡的"替换为"文本框中输入替换内容,❷单击"全部替换"按钮将查找的所有内容进行替换,如图2-75所示。

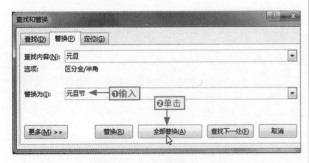

图2-75 全部替换文本

专家提醒｜为什么查找内容会自动设置

在本例中,由于先进行了查找文本操作,因此打开的"查找和替换"对话框"替换"选项卡的"查找内容"文本框中自动输入了前面设置的查找内容。

步骤05 在打开的提示对话框中提示了替换的数量,单击"确定"按钮,在返回的"查找和替换"对话框中单击"关闭"按钮关闭该对话框,完成操作,如图2-76所示。

图2-76 确认替换的文本

核心妙招｜内容的高级查找

在"查找和替换"对话框的"查找"选项卡中单击"更多"按钮展开对话框,在其中可设置按区分大小写查找,或者单击"格式"按钮,在其中设置查找指定格式。❶还可单击"阅读突出显示"按钮,❷选择"全部突出显示"选项将查找的内容突出显示,如图2-77所示。

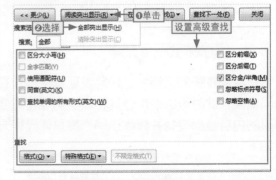

图2-77 高级查找文本

📊 长知识 | Word中的撤销和恢复功能

　　由于Word程序具有自动记录并存储用户进行的所有操作的功能，因此，当出现错误操作时，可撤销执行的错误操作。其具体方法是：单击快速访问工具栏中的"撤销"按钮或者按Ctrl+Z组合键撤销最近的一次操作，如果要一次性撤销多步，则单击"撤销"按钮右侧的下拉按钮，选择要撤销的操作选项即可，如图2-78(左图)所示。

　　如果要恢复撤销的操作，直接单击"恢复"按钮或者按Ctrl+Y组合键恢复最近撤销的一次操作，如图2-78(右图)所示。在Word 2013中，不支持一次性恢复多步，因此要恢复多步，只能连续单击"恢复"按钮或者按Ctrl+Y组合键。

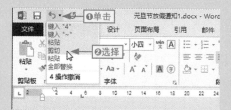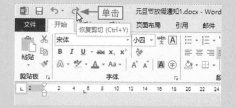

图2-78　撤销和恢复操作

2.7　使用项目符号和编号

　　对于一些条理性很强的文档，为了让内容的层次更分明，方便用户阅读和理解，可以在文档中使用项目符号与编号。

2.7.1　使用项目符号

1. 添加项目符号

　　对于并列关系的内容，为其添加项目符号，可更清晰地区别内容，其具体添加方法如下。

本节素材	DVD/素材/Chapter02/招聘启事.docx
本节效果	DVD/效果/Chapter02/招聘启事.docx
学习目标	掌握从项目符号库直接添加项目符号的方法
难度指数	★

🎬 步骤01　❶打开"招聘启事"素材文件，❷选择要添加项目符号的文本内容，如图2-79所示。

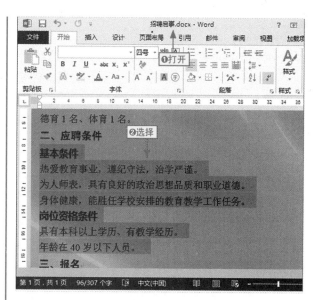

图2-79　选择要添加项目符号的文本

步骤02 ❶单击"项目符号"按钮右侧的下拉按钮，❷在项目符号库中选择一种样式完成为文本添加项目符号的操作，如图2-80所示。

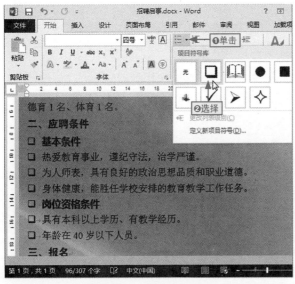

图2-80 添加项目符号

专家提醒 | 项目符号库

在Word中，项目符号库中会列举最近使用过的一些项目符号，因此，每台电脑中Office的项目符号库的内容不一定相同。

2. 更改项目符号级别

如果在文档中为文本添加了项目符号，但是内容具有明显的上下级关系，此时可以通过更改项目符号级别来突显内容的级别，其具体操作方法如下。

本节素材	DVD/素材/Chapter02/招聘启事1.docx
本节效果	DVD/效果/Chapter02/招聘启事1.docx
学习目标	掌握设置不同级别的项目符号格式的方法
难度指数	★★

步骤01 ❶打开"招聘启事1"素材文件，❷选择要更改项目符号级别的文本内容，如图2-81所示。

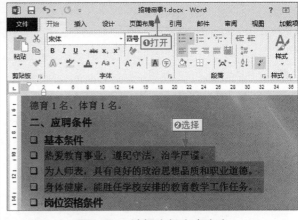

图2-81 选择次级文本内容

步骤02 ❶单击"项目符号"按钮右侧的下拉按钮，❷选择"更改列表级别/2级"命令更改所选文本的项目符号级别，如图2-82所示。

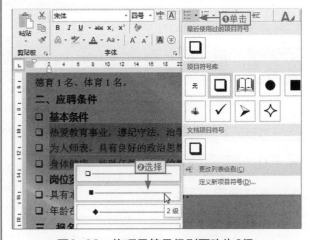

图2-82 将项目符号级别更改为2级

步骤03 用相同的方法更改"岗位资格条件"标题下的内容的项目符号级别为2级，如图2-83所示。

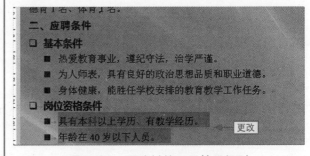

图2-83 更改其他项目符号级别

3. 定义新项目符号样式

若样式库中没找到符合需求的样式，用户还可以定义新的项目符号样式，其具体操作方法如下。

本节素材	DVD/素材/Chapter02/招聘启事2.docx
本节效果	DVD/效果/Chapter02/招聘启事2.docx
学习目标	掌握将剪贴画设置为项目符号的方法
难度指数	★★★

步骤01 ❶打开"招聘启事2"素材文件，❷选择要更改项目符号的文本内容，❸单击"项目符号"按钮右侧的下拉按钮，❹选择"定义新项目符号"命令，如图2-84所示。

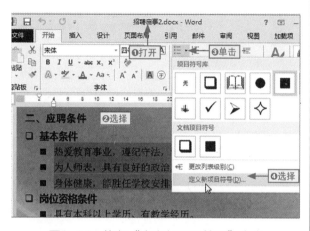

图2-84 执行"定义新项目符号"命令

步骤02 在打开的"定义新项目符号"对话框中单击"图片"按钮，如图2-85所示。

图2-85 单击"图片"按钮

步骤03 在打开的"插入图片"对话框的"Office.com剪贴画"文本框中输入"图标"，按Enter键，如图2-86所示。

图2-86 选择图片类型

专家提醒 | 选择图片类型

剪贴画是Office软件提供的图片库，包含了很多实用的图片和图标，有关图形对象的具体操作将在本书第3章详细讲解。

步骤04 ❶在搜索结果列表框中选择需要的图标，❷单击"插入"按钮，如图2-87所示。

图2-87 选择项目符号图标

步骤05 在返回的"定义新项目符号"对话框中单击"确定"按钮关闭对话框并确认插入的图片，如图2-88所示。

图2-88　确认用剪贴画定义项目符号

步骤06 ❶选择"岗位资格条件"文本下的项目符号内容，❷在"项目符号"下拉菜单中选择新项目符号选项完成整个操作，如图2-89所示。

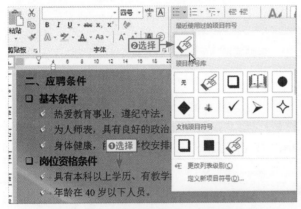

图2-89　为其他内容应用新项目符号

核心妙招 | 添加新符号作为项目符号

本例中是将图标对象定义为新项目符号，在Word中，还可以添加更多新的符号作为项目符号，其操作是：打开"定义新项目符号"对话框，单击"符号"按钮，在打开的对话框中即可选择更多的符号，如图2-90所示。

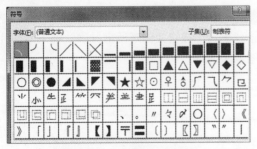

图2-90　选择更多的符号

2.7.2　使用编号

1. 添加编号

对于具有并列关系或者明显先后顺序关系的内容，为其添加编号可以让表述更清楚，其具体添加方法如下。

本节素材	DVD/素材/Chapter02/社区儿童活动计划.docx
本节效果	DVD/效果/Chapter02/社区儿童活动计划.docx
学习目标	掌握为指定文本添加编号的方法
难度指数	★

步骤01 ❶打开"社区儿童活动计划"素材文件，❷按住Ctrl键选择文档中所有的小标题，如图2-91所示。

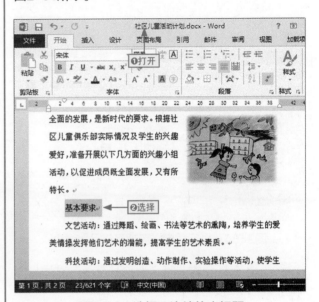

图2-91　选择不连续的小标题

步骤02 ❶单击"编号"按钮右侧的下拉按钮，❷选择一种编号样式，如图2-92所示。

专家提醒 | 删除编号的方法

在Word中，如果要删除为文本添加的编号，除了逐个删除以外，还可以选择所有编号文本，在"编号"下拉菜单中选择"无"选项删除，这种方法更快速、准确。

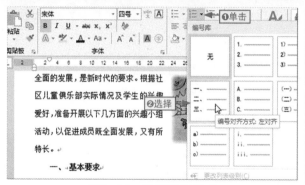

图2-92　选择编号样式

步骤03 ❶选择其他要添加编号的文本，❷在编号库中选择需要的编号样式，如图2-93所示。

图2-93　为其他内容添加编号

步骤04 ❶将文本插入点定位到第二标题的第一小点，❷在编号库选择"设置编号值"命令，如图2-94所示。

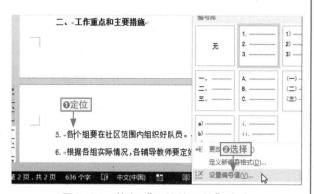

图2-94　执行"设置编号值"命令

步骤05 ❶在打开的"起始编号"对话框中设置起始值为1，❷单击"确定"按钮完成整个操作，如图2-95所示。

图2-95　设置编号的起始值

2. 更改编号级别

与项目符号相同，在Word中，也可对其编号级别进行更改，其具体操作方法如下。

本节素材	DVD/素材/Chapter02/社区儿童活动计划1.docx
本节效果	DVD/效果/Chapter02/社区儿童活动计划1.docx
学习目标	掌握更改指定编号级别的方法
难度指数	★★

步骤01 ❶打开"社区儿童活动计划1"素材文件，❷选择要更改编号级别的文档内容，如图2-96所示。

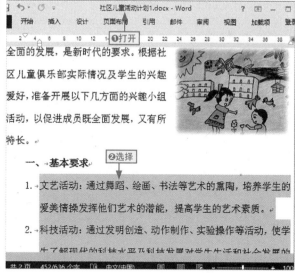

图2-96　选择要更改编号级别的文本

步骤02 ❶单击"编号"下拉按钮，❷选择"更改列表级别/2级"命令，更改编号的级别，如图2-97所示。

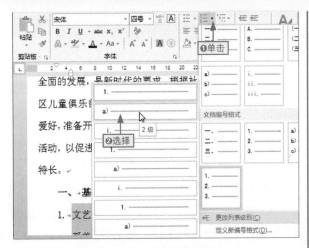

图2-97　选择编号级别

3. 定义新编号格式

若编号库中没有需要的编号样式，或者对添加的编号样式不满意，还可以通过定义新编号格式功能重新定义编号格式，其具体操作方法如下。

本节素材	DVD/素材/Chapter02/社区儿童活动计划2.docx
本节效果	DVD/效果/Chapter02/社区儿童活动计划2.docx
学习目标	掌握重新定义编号格式的方法
难度指数	★★★

步骤01 ❶打开"社区儿童活动计划2"素材文件，❷选择要更改编号样式的文本内容，如图2-98所示。

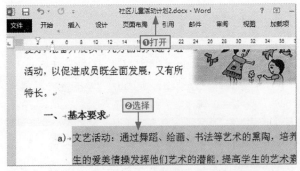

图2-98　选择要修改编号样式的文本

步骤02 ❶单击"编号"按钮右侧的下拉按钮，❷选择"定义新编号格式"命令，如图2-99所示。

图2-99　选择"定义新编号格式"命令

步骤03 在打开的"定义新编号格式"对话框中的"编号样式"下拉列表框中选择一种样式，如图2-100所示。

图2-100　选择编号样式

步骤04 在"编号格式"文本框的"1)"编号前面添加"("符号，单击"确定"按钮，如图2-101所示。

图2-101　自定义编号样式

步骤05 ❶选择"(5)"编号，右击，❷选择"重新开始于1"命令将编号的起始值设置为1，如图2-102所示。

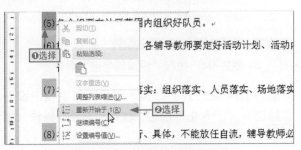

图2-102　设置编号的起始值

2.8 实战问答

?! NO.1 | 设置字符间距有什么特殊的作用

 元芳：在Word中，如果要增加标题之间的间距，直接按空格键就可以了，为什么还要使用设置字符间距呢？

 大人：对于标题文本较少的，直接按空格键增大间距是最快捷的方法。但是当文字内容较多时，设置字符间距的方法比按空格键更快，而且通过设置字符间距，其间距更容易控制。此外，设置字符间距还可以减小字符间距，按空格键无法实现这一点。

?! NO.2 | 如何快速输入日期和时间

 元芳：在许多商务办公文档中，都需要录入时间，如通知、邀请函文档中的落款部分，有什么方法可以快速输入日期和时间数据吗？

 大人：在文档中可以手动输入日期和时间，这种情况下输入的日期和时间，在更换格式时比较麻烦，而使用插入日期和时间功能输入的数据，在其快捷菜单中选择"编辑域"命令快速更改执行格式更换和编辑。插入日期和时间的具体操作方法如下。

步骤01 ❶将文本插入点定位到要输入当前日期和时间的位置处，❷在"插入"选项卡"文本"组中单击"日期和时间"按钮，如图2-103所示。

步骤02 ❶在打开的"日期和时间"对话框的"可用格式"列表框中选择格式，❷单击"确定"按钮完成操作，如图2-104所示。

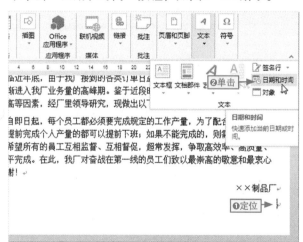

图2-103 单击"日期和时间"按钮

图2-104 输入指定格式的日期

？！ NO.3 | 各种缩进的效果是什么

 元芳：在Word中，系统提供了左缩进、右缩进、首行缩进和悬挂缩进这4种缩进方式，每种缩进方式的具体效果是什么呢？

 大人：在Word中，左缩进和右缩进都是在保持首行缩进或悬挂缩进的格式不变的情况下让整个段落向右移动或向左移动。首行缩进只将段落的第一行文本按设定的缩进量向右移动一定的距离。悬挂缩进则是对段落中除第一行以外的其他行设置向右移动的一种缩进方式。

2.9 思考与练习

填空题

1. 设置页面背景效果的内容包括_____、_____和_____。

2. 在Word文档中，_____、_____和_____都可以自定义成新的项目符号。

判断题

1. 在Word 2013中，允许用户按照大小写的不同，或者格式的不同进行查找与替换操作。　　　（　　）

2. 选择所有编号文本，在"编号"下拉菜单中选择"无"选项删除可快速、准确地删除编号。　　　　　　　（　　）

操作题

【练习目的】创建"搬迁邀请函"文档

下面以制作一个"搬迁邀请函"文档为例，让读者亲自体验输入文本、设置字体及段落格式、调整页面格式及页面背景效果的相关操作，巩固本章所学的知识。

【制作效果】

本节素材	DVD/素材/Chapter02/无
本节效果	DVD/效果/Chapter02/搬迁邀请函.docx

图文混搭，
让文档效果更专业

本章要点

★ 插入艺术字
★ 简单处理图片效果
★ 插入形状并添加文字
★ 选择并组合形状

★ 插入并编辑SmartArt图形结构
★ 美化SmartArt图形
★ 在Word中使用表格
★ 在Word中使用图表

学习目标

在商务办公中，如何让制作的文档展示效果更美观、表达更清晰，可以在文档中使用各种图形对象、表格以及图表对象。通过本章的学习，读者将具体掌握如何在文档中使用这些对象，制作出图文混搭、更加专业的文档效果。

知识要点	学习时间	学习难度
使用艺术字和图形	70分钟	★★★★
使用形状和SmartArt图形	70分钟	★★★★
使用表格和图表	40分钟	★★

重点实例

使用艺术字

使用图片

使用形状

3.1 使用艺术字格式化标题

艺术字是将常规字体经过变体后得到具有美观有趣、易认易识、醒目张扬等特性的字体效果，在广告、海报、贺卡等宣传、推广类活动中被广泛应用。

3.1.1 插入艺术字

插入艺术字的方法与Word中输入文本有相似之处，也需要定位插入点，在插入艺术字占位符后，录入文字即可，其具体操作方法如下。

本节素材	DVD/素材/Chapter03/圣诞贺卡.docx
本节效果	DVD/效果/Chapter03/圣诞贺卡.docx
学习目标	掌握插入艺术字并调整其位置的方法
难度指数	★★

步骤01 ❶打开"圣诞贺卡"素材文件，保持默认的文本插入点位置，❷单击"插入"选项卡，如图3-1所示。

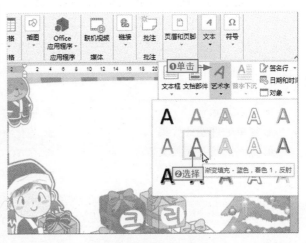

图3-2 选择艺术字样式

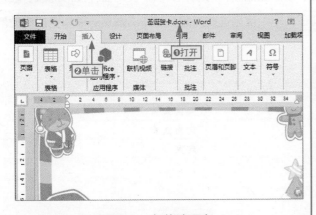

图3-1 切换选项卡

步骤02 ❶在"文本"组中单击"艺术字"下拉按钮，❷选择一种艺术字样式，如图3-2所示。

步骤03 在插入的艺术字占位符中删除占位符文字，然后输入Merry Christmas文本，如图3-3所示。

图3-3 输入艺术字

步骤04 将鼠标光标移动到艺术字占位符边框上，按住鼠标左键不放拖曳鼠标调整艺术字的位置，如图3-4所示。

图3-4 调整艺术字

步骤05 单击文档的任意位置退出艺术字占位符的可编辑状态，完成整个操作，如图3-5所示。

图3-5 完成艺术字的添加

3.1.2 编辑艺术字

对插入的艺术字，用户可根据需要对其进行各种编辑，如更改字体格式、自定义填充效果等，让艺术字效果更美观。下面通过实例讲解具体的操作方法。

本节素材	DVD/素材/Chapter03/圣诞贺卡1.docx
本节效果	DVD/效果/Chapter03/圣诞贺卡1.docx
学习目标	掌握更改艺术字的方法
难度指数	★★★

步骤01 ❶打开"圣诞贺卡1"素材文件，将文本插入点定位到艺术字文本框中，❷选择所有的艺术字文本，如图3-6所示。

图3-6 选择艺术字

步骤02 ❶在"开始"选项卡中单击"字体"下拉列表框右侧的下拉按钮，❷选择"方正卡通简体"字体更改艺术字，如图3-7所示。

图3-7 更改艺术字字体

步骤03 保持艺术字的选择状态，单击"加粗"按钮为艺术字设置加粗格式，如图3-8所示。

图3-8 加粗艺术字

步骤04 ❶单击"绘图工具|格式"选项卡，❷在"艺术字样式"组单击"文本填充"下拉按钮，❸选择"其他填充颜色"命令，如图3-9所示。

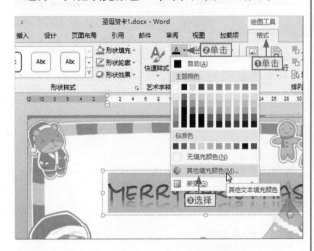

图3-9 为艺术字设置其他颜色

步骤05 在打开的"颜色"对话框的"标准"选项卡中❶选择需要的颜色色块，❷单击"确定"按钮完成艺术字填充颜色的修改，如图3-10所示。

步骤06 ❶单击"艺术字样式"组中的"文本轮廓"下拉按钮，❷在弹出的下拉菜单中选择"绿色"颜色，如图3-11所示。

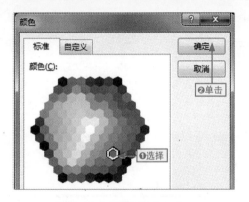

图3-10 选择填充颜色

图3-11 设置艺术字轮廓的颜色

步骤07 ❶再次弹出"文本轮廓"下拉菜单，❷选择"粗细"命令，❸在其子菜单中选择"1.5磅"选项更改艺术字轮廓的粗细，如图3-12所示。

图3-12 设置艺术字轮廓的粗细

步骤08 选择艺术字占位符形状，将其移动到合适的位置，单击文档任意空白位置退出艺术字的编辑状态，完成整个操作，如图3-13所示。

图3-13　艺术字的效果

长知识 | 设置艺术字形状的样式

艺术字的占位符形状其实质也是一个形状对象，该对象的填充效果和轮廓效果都是可以设置的。程序内置有一些样式效果，用户选择该对象后，直接在"绘图工具 | 格式"选项卡的"形状样式"组❶单击"其他"按钮，❷选择需要的样式即可❸更改形状样式，如图3-14所示。此外，用户还可以通过"形状填充"、"形状轮廓"和"形状效果"按钮对对象的样式进行自定义。

图3-14　设置艺术字的形状样式

3.2　使用图片丰富文档内容

除了一般具有特殊用途或格式比较严谨的公文以外，其他类型的文档，适当使用图片对象，不仅让文档内容更丰富，也可以对文档起到美化作用。

3.2.1　快速插入图片

1. 插入电脑中的图片

如果要将准备的图片插入到文档中，可以利用插入电脑中的图片功能来完成。下面通过具体的实例，讲解插入电脑中图片的相关操作，其具体操作方法如下。

本节素材	DVD/素材/Chapter03/招聘启事.docx、公司.jpg
本节效果	DVD/效果/Chapter03/招聘启事.docx
学习目标	掌握将电脑中保存的图片添加到文档的方法
难度指数	★★

步骤01 ❶打开"招聘启事"素材文件，❷将文本插入点定位到要插入图片的位置，如图3-15所示。

图3-15　定位文本插入点

步骤02 ❶单击"插入"选项卡，❷然后在"插图"组中单击"图片"按钮，打开"插入图片"对话框，如图3-16所示。

图3-16　单击"图片"按钮

步骤03 ❶在地址栏中找到文件保存的位置，❷在中间的列表框中选择需要插入的图片选项，单击"插入"按钮插入图片，如图3-17所示。

图3-17　选择要插入的图片

步骤04 在返回的文档中可以查看到图片以嵌入的环绕方式插入到指定位置，如图3-18所示。

图3-18　查看效果

2. 插入联机图片

联机图片就是指将早期版本的剪贴画与插入网络图片融合在一起，它能大大地节省用户寻找素材的时间。下面以插入剪贴画为例讲解其具体操作方法。

本节素材	DVD/素材/Chapter03/招聘启事1.docx
本节效果	DVD/效果/Chapter03/招聘启事1.docx
学习目标	掌握将联机图片添加到文档的方法
难度指数	★★

步骤01 ❶打开"招聘启事1"素材文件，❷单击"插入"选项卡，在"插图"组中单击"联机图片"按钮，如图3-19所示。

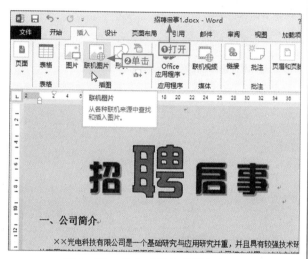

图3-19 单击"联机图片"按钮

步骤02 在打开的"插入图片"对话框的"Office.com剪贴画"文本框中输入"花边"，按Enter键，如图3-20所示。

图3-20 输入关键字

步骤03 在搜索结果列表框中选择需要的花边剪贴画，单击"插入"按钮插入选择的剪贴画，如图3-21所示。

图3-21 选择剪贴画

步骤04 在返回的Word工作界面中可以查看到在文档中插入的剪贴画效果，如图3-22所示。

图3-22 查看插入剪贴画的效果

核心妙招 | 插入图形的注意事项

在Word文档中插入图形对象时，不能选择已有的图片，再执行插入图形操作，因为此时插入的图形会将原来的图形替换掉。

长知识｜获取屏幕截图

在Word 2013中，除了插入电脑中保存的图片和联机图片外，还可以插入屏幕截图，其具体的截取操作是：❶在"插图"组中单击"屏幕截图"按钮，在弹出的下拉列表中的"可用视图"栏中自动显示了当前系统中打开的所有窗口(最小化到任务按钮的窗口除外)，❷选择需要的选项，❸即可将其作为图片插入Word文档中，如图3-23所示。

如果选择"屏幕剪辑"命令，程序会自动切换到当前除Word应用程序以外最近激活的窗口，拖曳鼠标还可以截取区域，如果没有激活窗口，则程序自动切换到桌面。

图3-23　获取屏幕截图

3.2.2　简单处理图片效果

1. 调整图片大小

插入到文档中的图形对象，自动按默认大小显示，用户可对其大小进行调整，使其更符合实际需求，其具体操作方法如下。

本节素材	DVD/素材/Chapter03/招聘启事2.docx
本节效果	DVD/效果/Chapter03/招聘启事2.docx
学习目标	掌握精确调整图片大小的方法
难度指数	★★★

步骤01 ❶打开"招聘启事2"素材文件，❷选择花边图片，❸单击"图片工具｜格式"选项卡，如图3-24所示。

图3-24　切换选项卡

步骤02 ❶在"大小"组的"高度"数值框中输入"4.17厘米"，❷按Enter键等比例调整图片的大小，如图3-25所示。

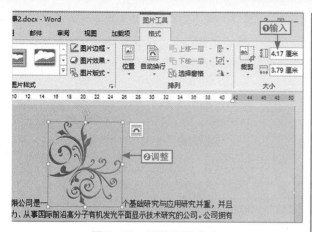

图3-25　调整图片大小

步骤03 ❶选择公司图片，❷单击"大小"组中的"对话框启动器"按钮，如图3-26所示。

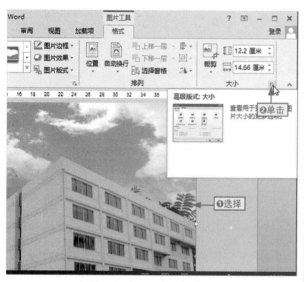

图3-26　单击"对话框启动器"按钮

专家提醒｜快速调整图片大小

　　选择图片后，图片的4个顶角和各边的中间会出现8个控制点，通过这些控制点就可以改变图片的大小。

　　需要注意的是，直接拖曳各个控制点改变图片大小的同时会让图片的效果发生变形。此时可在拖曳图片顶角的控制点的同时按住Shift键将图片按等比例进行缩放。

步骤04 在打开的"布局"对话框的"大小"选项卡中分别设置图片的高度和宽度的缩放比例为"21%"，单击"确定"按钮，如图3-27所示。

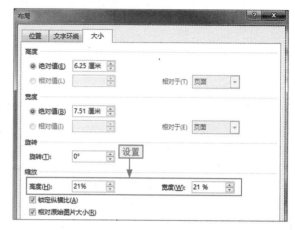

图3-27　设置图片比例参数

步骤05 在返回的文档工作界面中可以查看到调整图片大小后的效果，如图3-28所示。

图3-28　查看缩放图片后的效果

2. 更改图片的环绕方式

　　图片的环绕方式是指图片与文字的排列关系。设置图片的环绕方式是制作图文混排文档最基本的操作之一，其具体操作方法如下。

本节素材	DVD/素材/Chapter03/招聘启事3.docx
本节效果	DVD/效果/Chapter03/招聘启事3.docx
学习目标	掌握修改图片与文字之间的环绕方式的常规方法
难度指数	★★

步骤01 ❶打开"招聘启事3"素材文件，❷选择花边图片，❸在"图片工具|格式"选项卡中单击"自动换行"按钮，❹选择"浮于文字上方"选项更改图片环绕方式，如图3-29所示。

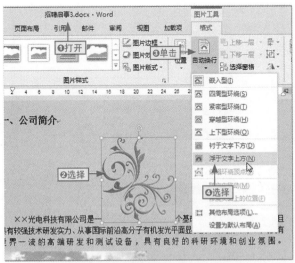

图3-29　设置图片浮于文字上方

步骤02 保持图片的选择状态，拖曳图片将其移动到合适的位置，如图3-30所示。

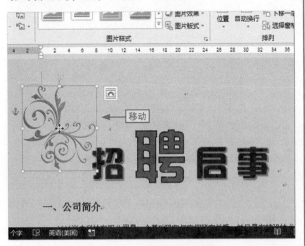

图3-30　移动图片的位置

步骤03 ❶选择公司图片，❷单击图片右侧的"布局选项"按钮，❸选择"四周型环绕"选项更改图片的环绕方式，如图3-31所示。

图3-31　设置文字环绕在图片四周

步骤04 将公司图片移动到公司简介内容右侧完成整个操作，如图3-32所示。

图3-32　移动图片位置

专家提醒 | 常用的环绕方式

嵌入型环绕方式是Word中默认的图片版式，将图片置于文本插入点的位置，使图片与文本居于同一层次上；四周型环绕方式是将文字环绕在所选图片边界框的四周；浮于文字上方是将图片置于文本层的前方，图片在单独的图层中浮动。

3. 旋转图片

可以将插入后的图片进行旋转，以满足特定的需要，其具体操作方法如下。

本节素材	DVD/素材/Chapter03/招聘启事4.docx
本节效果	DVD/效果/Chapter03/招聘启事4.docx
学习目标	掌握按不同方向旋转图片的方法
难度指数	★★

步骤01 ❶打开"招聘启事4"素材文件，❷选择花边图片，❸在"图片工具|格式"选项卡中单击"旋转"按钮，❹选择"向右旋转90°"选项旋转图片，如图3-33所示。

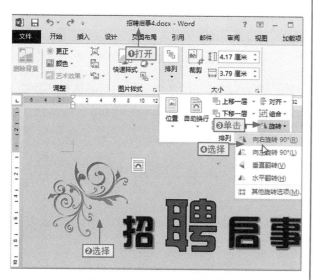

图3-33 将图片向右旋转

专家提醒 | 旋转图片的其他方法

在"旋转"下拉菜单中选择"其他旋转选项"命令，在打开的"布局"对话框的"大小"选项卡中可以精确旋转图片角度。

也可以在选择图片后，拖曳图片上边框中间的旋转控制柄以调整图片的旋转方向。

步骤02 保持图片的选择状态，按住Ctrl键同时拖曳鼠标复制一个图片副本，如图3-34所示。

图3-34 复制图片

步骤03 ❶单击"旋转"按钮，❷选择"垂直翻转"选项将图片垂直翻转，如图3-35所示。

图3-35 垂直翻转图片

步骤04 ❶将复制的图片向左旋转90°，❷调整两个花边图片的位置，完成整个操作，如图3-36所示。

图3-36 向左旋转图片并调整图片位置

4. 设置图片样式和效果

在Word中，程序内置了一些图片样式和各种图片效果，通过这些功能可以快速地为图片进行美化设置，其具体操作方法如下。

本节素材	DVD/素材/Chapter03/招聘启事5.docx
本节效果	DVD/效果/Chapter03/招聘启事5.docx
学习目标	掌握使用内置图片样式并修改图片效果的方法
难度指数	★★★

步骤01 ❶打开"招聘启事5"素材文件，❷选择公司图片，❸在"图片工具|格式"选项卡的"图表样式"列表框中选择一种图片样式更改图片的样式效果，如图3-37所示。

图3-37 应用图片样式

步骤02 保持图片的选择状态，❶单击"图片样式"组中的"图片效果"按钮，❷选择"发光"命令，❸在其子菜单中选择一种发光选项为图片添加发光效果，如图3-38所示。

专家提醒 | 使用图片的其他效果

通过"图片效果"下拉菜单还可以为图片添加预设、阴影、映像、柔滑边缘、棱台及三维旋转效果，其操作与设置发光效果的操作一样。

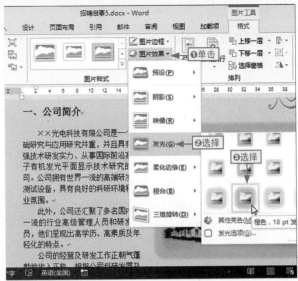

图3-38 添加发光效果

步骤03 纵观文档的整体效果，重新调整图片的位置，完成整个操作，如图3-39所示。

图3-39 移动图片位置

专家提醒 | 调整图片的效果

在Word中，通过"图片工具|格式"选项卡的"调整"组还可为图片设置艺术效果、更改图片亮度、对比度等，这些操作都比较简单，用户可上机自行进行练习。

3.3 使用形状对象

形状是文档中比较常用的一个对象，在文档中使用和设置形状，可以使文档展现出不一样的精彩效果。

3.3.1 插入形状并添加文字

Word中提供了各种样式的形状，选择形状后拖曳鼠标即可插入该形状。此外，程序还提供了在形状中添加文字的功能。下面通过实例讲解在文档中插入形状并添加文字的方法。

本节素材	DVD/素材/Chapter03/推广海报.docx
本节效果	DVD/效果/Chapter03/推广海报.docx
学习目标	掌握在文档中使用形状并添加文字的方法
难度指数	★★

📖 **步骤01** ❶打开"推广海报"素材文件，❷单击"插入"选项卡，如图3-40所示。

图3-40 切换选项卡

📖 **步骤02** ❶单击"形状"按钮，❷在弹出的下拉列表中选择"矩形"形状，如图3-41所示。

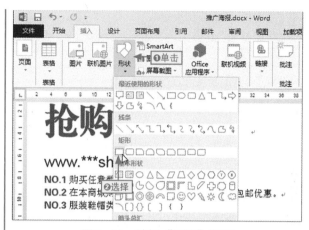

图3-41 选择"矩形"选项

📖 **步骤03** 此时鼠标光标变为十字形，按住鼠标左键不放，拖曳鼠标绘制形状，如图3-42所示。

图3-42 插入形状

📖 **步骤04** ❶插入一个矩形标注形状，程序自动将文本插入点定位到形状中，在其中输入文本并设置字体格式，❷复制3个形状后，同步修改对应的文字内容，如图3-43所示。

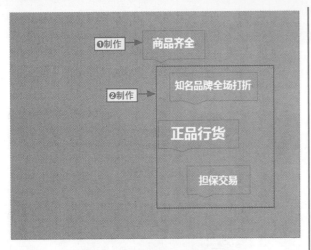

图3-43　在形状中添加文字

步骤05 ❶选择矩形形状，在"绘图工具|格式"选项卡中❷单击"自动换行"按钮，❸选择"衬于文字下方"选项更改环绕方式，如图3-44所示。

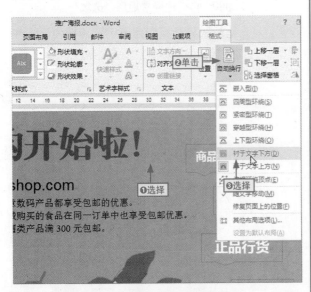

图3-44　更改形状的环绕方式

步骤06 选择"商品齐全"标注形状，选择黄色的控制点，拖曳鼠标调整控制点的位置，如图3-45所示。

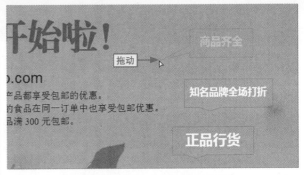

图3-45　调整控制点的位置

步骤07 保持"商品齐全"形状的选择状态，选择形状上边框中间的旋转标记，拖曳鼠标调整形状的旋转角度，如图3-46所示。

图3-46　旋转形状

步骤08 用相同的方法调整其他标注形状的控制点的位置，并调整形状的旋转角度及位置，完成整个操作，如图3-47所示。

图3-47　调整其他形状

長知識 I 不同的类型的形状添加文字的方法

在Word 2013中，按是否自动定位文本插入点到形状中，可将形状划分为两大类。

一类是插入形状后，程序自动将文本插入点定位到其中，如各种标注形状、文本框形状等，用户在插入形状后，可直接在其中添加文字。另一类是插入形状后，需要手动设置文本插入点到其中，如基本形状、矩形、箭头形状等，如果要在其中添加文字，需要在形状上右击，❶选择"添加文字"命令将插入点定位到其中，❷在其中输入文本，如图3-48所示。

需要注意的是，对于一些形状中的线条形状，是不能在其中添加文字内容的。

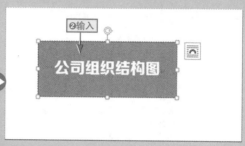

图3-48　使用右键在形状中定位文本插入点

3.3.2　设置形状的样式

插入形状后，形状以默认的填充色和轮廓颜色显示，用户可根据需要对该填充色进行自定义设置，其具体操作方法如下。

本节素材	DVD/素材/Chapter03/推广海报1.docx
本节效果	DVD/效果/Chapter03/推广海报1.docx
学习目标	掌握自定义设置形状样式的方法
难度指数	★★

步骤01 ❶打开"推广海报1"素材文件，❷选择其中的矩形形状，如图3-49所示。

图3-49　选择形状图形

步骤02 ❶单击"绘图工具I格式"选项卡，❷在"形状样式"组中单击"形状填充"按钮右侧的下拉按钮，❸选择"黄色"颜色选项为形状设置填充颜色，如图3-50所示。

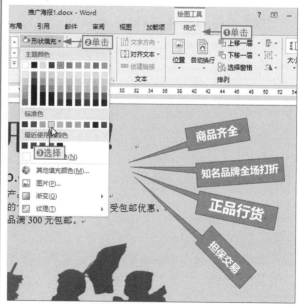

图3-50　设置填充色

步骤03 保持形状的选择状态，❶单击"形状轮廓"下拉按钮，❷选择"黑色"颜色选项为其设置轮廓颜色，如图3-51所示。

图3-51 设置形状轮廓颜色

步骤04 ❶再次单击"形状轮廓"下拉按钮，❷选择"粗细"命令，❸在其子菜单中选择"6磅"选项更改形状的轮廓粗细，如图3-52所示。

图3-52 更改轮廓粗细

步骤05 ❶按住Ctrl键选择所有的标注形状，❷单击"形状轮廓"下拉按钮，❸选择"无轮廓"选项取消形状的轮廓，如图3-53所示。

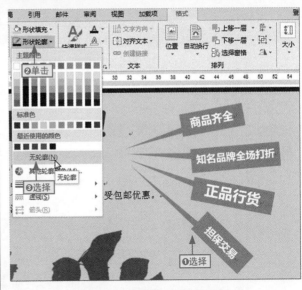

图3-53 取消形状的轮廓

步骤06 分别为4个标注形状设置对应的填充颜色，完成整个操作，如图3-54所示。

图3-54 设置填充颜色

专家提醒 | 使用内置的形状样式

在"绘图工具|格式"选项卡"形状样式"组的列表框中，程序内置了一些形状样式，用户选择形状后，直接选择这些样式可以快速更改形状的样式。

3.3.3 选择并组合形状

在Word中插入的形状都是浮动在文档中的，如果调整好形状的位置和效果后，最好将其组合在一起形成一个整体，避免因为误操作而改变形状的位置。

在这之前，首先要选择形状，为了更准确地选择形状，可以通过"选择"窗格来辅助操作，其具体操作方法如下。

本节素材	DVD/素材/Chapter03/推广海报2.docx
本节效果	DVD/效果/Chapter03/推广海报2.docx
学习目标	掌握在文档中使用组合形状的方法
难度指数	★★

步骤01 ❶打开"推广海报2"素材文件，❷选择其中的矩形形状，如图3-55所示。

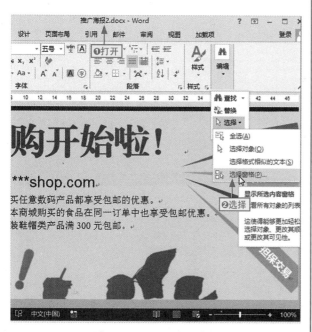

图3-55　打开选择窗格

步骤02 ❶在打开的"选择"窗格中按住Ctrl键逐个选择形状将文档中的所有形状选中，❷单击"关闭"按钮关闭窗格，如图3-56所示。

图3-56　选择不连续的形状

步骤03 ❶单击"绘图工具|格式"选项卡中的"组合"按钮，❷选择"组合"命令组合形状，如图3-57所示。

图3-57　组合形状

步骤04 保持组合形状的选择状态，❶单击"自动换行"按钮，❷选择"衬于文字下方"选项完成整个操作，如图3-58所示。

图3-58　更改环绕方式

3.4 使用SmartArt图形制作图形

在Word 2013中，如果需要快速创建具有个性化的组织结构图，此时可以使用SmartArt图形来完成。

3.4.1 插入并编辑SmartArt图形结构

插入的SmartArt图形都有其默认的结构，但是为了让结构更符合实际情况，还需要对结构进行添加、删除或者提升级别，其具体操作方法如下。

本节素材	DVD/素材/Chapter03/施工组织结构图.docx
本节效果	DVD/效果/Chapter03/施工组织结构图.docx
学习目标	掌握灵活插入指定关系的SmartArt图形方法
难度指数	★★★

📂 步骤01 ❶打开"施工组织结构图"素材文件，❷定位文本插入点到第3行，如图3-59所示。

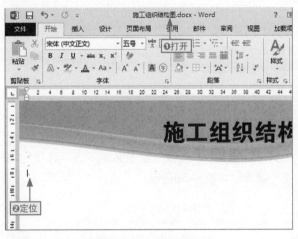

图3-59 定位文本插入点

📂 步骤02 ❶单击"插入"选项卡，❷在"插图"组中单击"SmartArt"按钮，如图3-60所示。

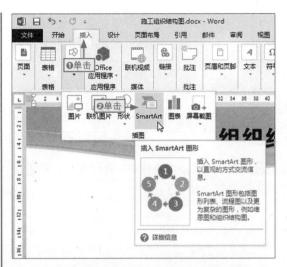

图3-60 单击"SmartArt"按钮

📂 步骤03 在打开的"选择SmartArt图形"对话框中❶单击"层次结构"选项卡，❷选择SmartArt图形样式，如图3-61所示。

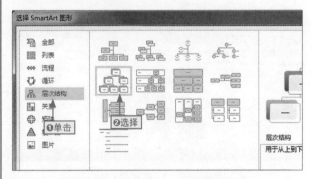

图3-61 选择SmartArt图形样式

📂 步骤04 在该对话框中单击"确定"按钮确认创建该样式的SmartArt图形，如图3-62所示。

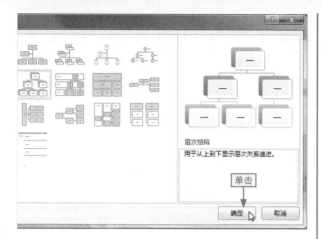

图3-62　确认创建图形

步骤05 ❶单击"SMARTART工具丨格式"选项卡，❷在"大小"组中分别设置图形的高度和宽度为12厘米和28厘米，如图3-63所示。

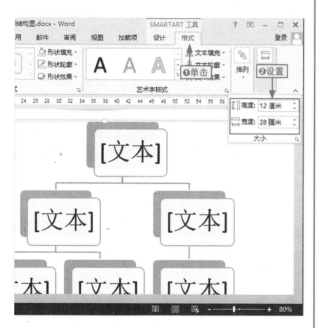

图3-63　调整SmartArt图形的大小

专家提醒丨拖曳控制点调整大小

在Word中，拖曳SmartArt图形四周边框中的控制点也可以调整图形的大小。

步骤06 ❶选择需要提升级别的SmartArt图形，❷单击"SMARTART工具丨设计"选项卡"创建图形"组中的"升级"按钮，如图3-64所示。

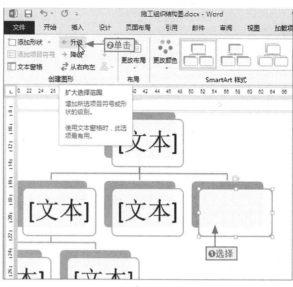

图3-64　升级SmartArt图形级别

步骤07 ❶选择第二行的第一个形状，❷单击"添加形状"下拉按钮，❸选择"在前面添加形状"选项在所选的形状之前添加形状，如图3-65所示。

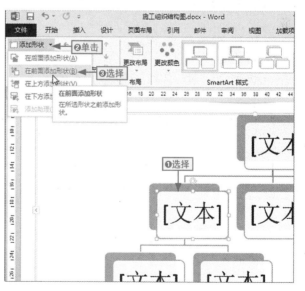

图3-65　在形状前面添加形状

步骤08 用相同的方法在合适的位置添加其他形状，完成组织结构图结构布局的制作，其效果如图3-66所示。

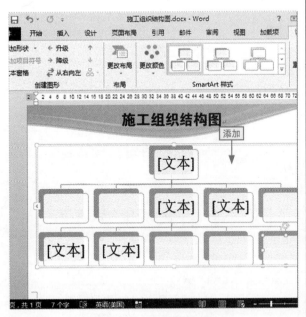

图3-66 添加其他形状

3.4.2 在SmartArt图形中添加文字

如果需要在SmartArt图形中添加文字，可以直接在文本占位符中输入。

当占位符不方便选择时，可以通过"文本窗格"窗格添加，其具体操作方法如下。

本节素材	DVD/素材/Chapter03/施工组织结构图1.docx
本节效果	DVD/效果/Chapter03/施工组织结构图1.docx
学习目标	掌握用窗格和直接在SmartArt图形输入文本的方法
难度指数	★★

步骤01 ❶打开"施工组织结构图1"素材文件，将文本插入点定位到最上方的占位符中，❷输入"总监理工程师"文本，如图3-67所示。

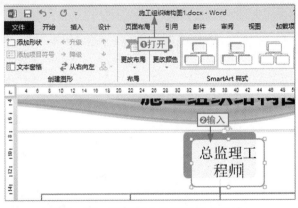

图3-67 直接在占位符中输入文本

步骤02 ❶选择形状，❷单击"SmartArt工具丨设计"选项卡"创建图形"组中的"文本窗格"按钮，如图3-68所示。

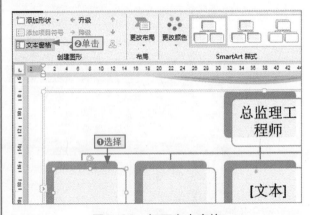

图3-68 打开文本窗格

步骤03 在打开的"文本窗格"中系统自动定位文本插入点的位置，输入"质量控制"文本，如图3-69所示。

图3-69 在任务窗格中输入文本

步骤04 在窗格中将文本插入点定位到需要输入文本的位置，程序自动选择对应的图形，如图3-70所示。

图3-70　定位文本插入点

步骤05 直接输入"投资控制"文本，❶用相同的方法在结构图中完成所有文本的输入，❷单击窗格右上角的"关闭"按钮，如图3-71所示。

图3-71　输入其他文本

3.4.3　美化SmartArt图形

美化SmartArt图形包括设置字体格式、格式化形状效果以及应用内置的SmartArt样式等，具体的美化操作与一般的图形对象相似，其具体操作方法如下。

本节素材	DVD/素材/Chapter03/施工组织结构图2.docx
本节效果	DVD/效果/Chapter03/施工组织结构图2.docx
学习目标	掌握格式化SmartArt图形外观效果的方法
难度指数	★★★

步骤01 ❶打开"施工组织结构图2"素材文件，❷按住Ctrl键不放，选择组织结构中的所有文本所在的形状，如图3-72所示。

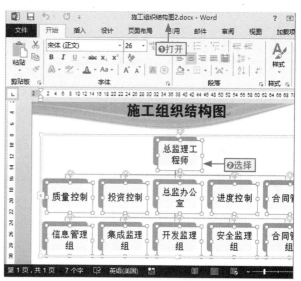

图3-72　选择所有文本所在的形状

步骤02 在"开始"选项卡"字体"组的"字体"下拉列表框中❶选择"微软雅黑"选项，❷在"字号"下拉列表框中选择"18"选项，为文本设置对应的字体格式，如图3-73所示。

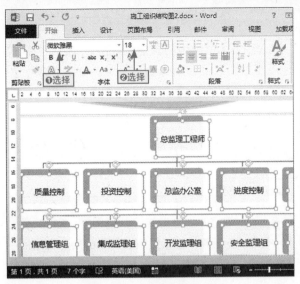

图3-73 设置字体格式

步骤03 ①选择"总监理工程师"文本，②单击"加粗"按钮为其设置加粗格式，如图3-74所示。

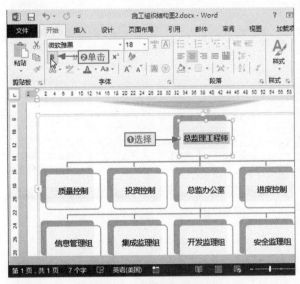

图3-74 设置加粗格式

步骤04 ①选择整个SmartArt图形形状，②单击"SmartArt工具|设计"选项卡，③单击"更改颜色"按钮，④选择一种颜色选项，快速更改整个结构中形状的对应颜色，如图3-75所示。

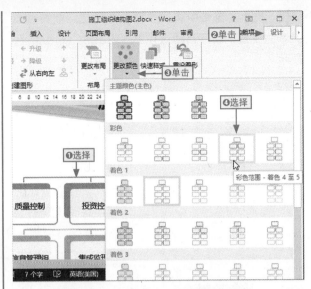

图3-75 更改SmartArt图形的颜色

步骤05 保持SmartArt图形结构的选择状态，①单击"快速样式"下拉按钮，②选择"优雅"选项为组织结构图应用对应的样式，如图3-76所示。

图3-76 应用SmartArt样式

核心妙招 | 快速取消SmartArt图形的所有效果

对于设置了很多格式和效果的SmartArt图形，如果要快速取消为其添加的所有效果，可以直接在"SmartArt工具|设计"选项卡中单击"重设图形"按钮。

3.5　使用表格和图表

在Word文档中，为了减少冗余的文字描述，使数据表达得更清晰和直观，可以使用表格和图表来展示。

3.5.1　在Word中使用表格

1. 插入并编辑表格

如果要插入指定行列的表格，可以通过"插入表格"对话框来完成。此外，在表格中录入和编辑数据的操作，与在Word中常规录入与编辑数据的操作一样。

本节素材	DVD/素材/Chapter03/培训签到表.docx
本节效果	DVD/效果/Chapter03/培训签到表.docx
学习目标	掌握精确插入指定行列表格并编辑表格的方法
难度指数	★★★

步骤01 ❶打开"培训签到表"素材文件，❷定位文本插入点到需要插入表格的位置，其效果如图3-77所示。

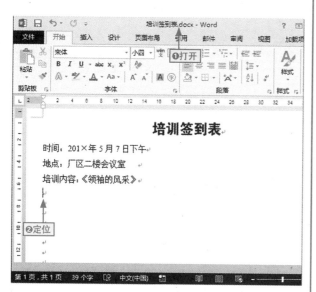

图3-77　定位文本插入点

步骤02 ❶单击"插入"选项卡，❷在"表格"组中单击"表格"下拉按钮，❸选择"插入表格"命令，如图3-78所示。

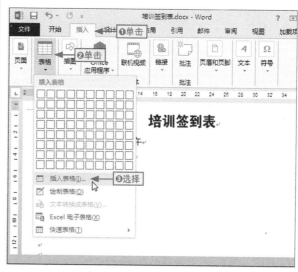

图3-78　选择"插入表格"命令

步骤03 ❶在打开的"插入表格"对话框中分别设置列数和行数为4和14，❷单击"确定"按钮确认创建的行列数，如图3-79所示。

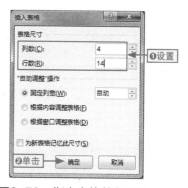

图3-79　指定表格的行列数

步骤04 在返回的文档中可查看到插入的指定行列的表格,在其中输入对应的表格内容,如图3-80所示。

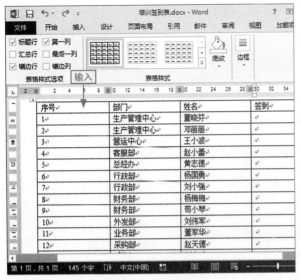

图3-80　输入表格内容

步骤05 ❶选择第一行表格内容,❷单击"开始"选项卡,❸将其字体格式设置为"小四、加粗、居中",如图3-81所示。

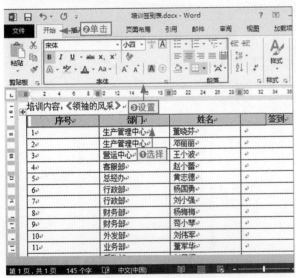

图3-81　设置表头字体格式

步骤06 ❶拖曳鼠标选择整张表格,❷单击"表格工具|布局"选项卡,❸在"单元格大小"组的"高度"数值框中输入"0.8厘米",如图3-82所示。

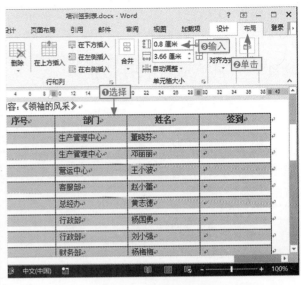

图3-82　调整表格行高

步骤07 保持表格的选择状态,在"对齐方式"组中单击"水平居中"按钮将表格中的文本调整为在单元格内容水平和垂直都居中,如图3-83所示。

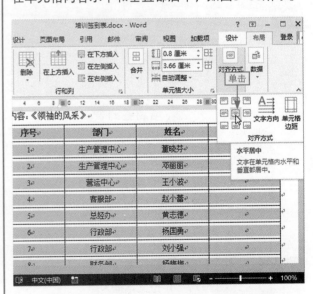

图3-83　调整文本在单元格中的对齐位置

长知识 ┃ 拖曳鼠标插入指定行列的表格

在Word 2013中,系统提供了一种更快捷的插入表格的方法,其具体操作方法是:在文档中定位文本插入点,❶单击"插入"选项卡,❷在"表格"下拉菜单的表格选择区域中拖曳鼠标选择要插入的表格的行列,如图3-84所示为选择的4列6行表格。

需要注意的是,这种方法最多能插入10列8行的表格,如果要插入更多行列的表格,可以通过"插入表格"对话框来完成。

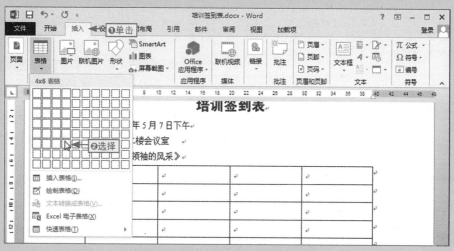

图3-84 快速插入指定行列的表格

2. 使用Excel电子表格

表格除了存储数据的功能外,还可以在其中进行计算,但是该表格必须是Excel电子表格。在Word中插入Excel电子表格的方法非常简单,其具体操作方法如下。

本节素材	DVD/素材/Chapter03/人力资源结构分析报告.docx
本节效果	DVD/效果/Chapter03/人力资源结构分析报告.docx
学习目标	掌握在Word中插入Excel电子表格的方法
难度指数	★★★

步骤01 ❶打开"人力资源结构分析报告"素材文件,❷将文本插入点定位到需要插入表格的位置,❸单击"插入"选项卡,如图3-85所示。

步骤02 ❶单击"表格"按钮,❷选择"Excel电子表格"选项,如图3-86所示。

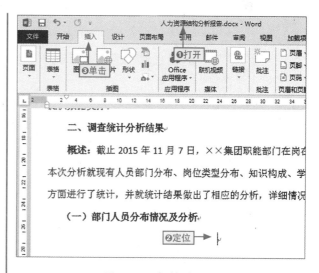

图3-85 切换选项卡

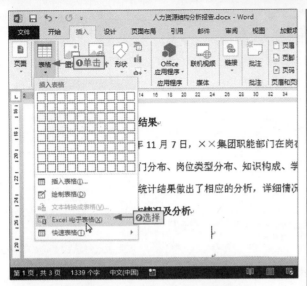

图3-86 插入Excel电子表格

步骤03 系统自动生成一个Excel表格，在其中录入对应的文本数据，如图3-87所示。

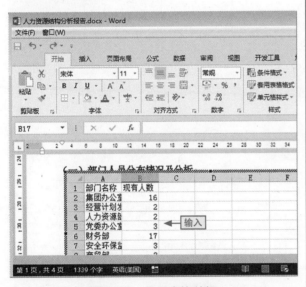

图3-87 录入表格数据

步骤04 ❶将鼠标光标移动到A列右侧的框线上，拽下鼠标左键，向右拖动调整该列的列宽，❷用相同的方法调整B列的列宽，如图3-88所示。

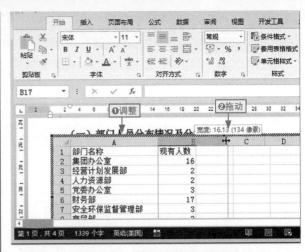

图3-88 调整单元格的列宽

步骤05 将鼠标光标移动到表格最右侧，当其变为双向箭头时，向左拖曳鼠标减小表格宽度，如图3-89所示。

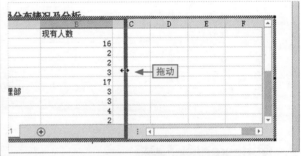

图3-89 调整单元格的列宽

步骤06 将鼠标光标移动到表格最下方，当其变为双向箭头时，向下拖曳鼠标增大表格高度，如图3-90所示。

图3-90 增大表格高度

步骤07 ❶选择"合计"单元格右侧的单元格区域，❷单击"公式"选项卡，❸在"函数库"组中单击"自动求和"按钮，如图3-91所示。

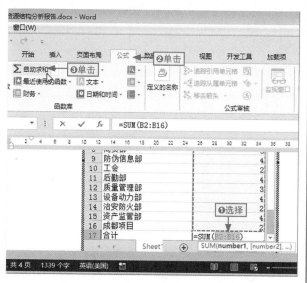

图3-91 单击"自动求和"按钮

步骤08 ❶按Ctrl+Enter组合键确认公式的计算结果，❷在文档空白位置单击鼠标左键退出表格的编辑状态，完成整个操作，如图3-92所示。

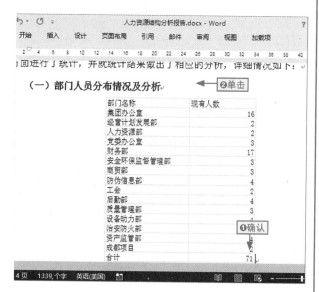

图3-92 计算结果

3.5.2 在Word中使用图表

1. 插入Word图表

如果要让表格中反映的结果更直观和清晰，可以将表格中的数据用图表的方式呈现出来。在Word 2013中，系统提供了直接创建图表的功能，其具体操作方法如下。

本节素材	DVD/素材/Chapter03/人力资源结构分析报告1.docx
本节效果	DVD/效果/Chapter03/人力资源结构分析报告1.docx
学习目标	掌握在Word文档中插入指定类型图表的方法
难度指数	★★★

步骤01 ❶打开"人力资源结构分析报告1"素材文件，❷将文本插入点定位到需要插入图表的位置，如图3-93所示。

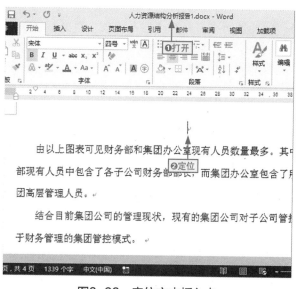

图3-93 定位文本插入点

步骤02 ❶单击"插入"选项卡，❷在"插图"组中单击"图表"按钮，如图3-94所示。

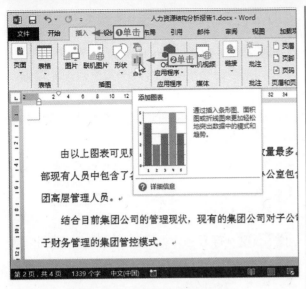

图3-94　单击"图表"按钮

🔗 **步骤03** ❶在打开的"插入图表"对话框中单击"条形图"选项卡，❷选择"簇状条形图"图表类型，如图3-95所示。

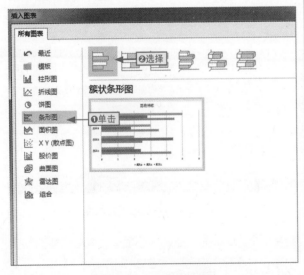

图3-95　选择图表类型

🔗 **步骤04** ❶在启动的Excel应用程序中输入图表的数据源数据，❷将鼠标光标移动到D5单元格右下角的位置，按下鼠标左键并向下拖动到D16单元格，如图3-96所示。

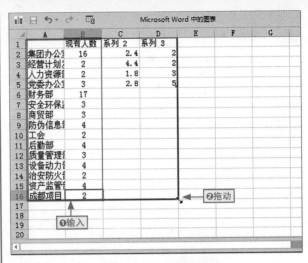

图3-96　输入图表数据

🔗 **步骤05** ❶将鼠标光标移动到D16单元格右下角的位置，按下鼠标左键并向左拖动到B16单元格完成数据源的确定，❷单击"关闭"按钮关闭Excel程序，如图3-97所示。

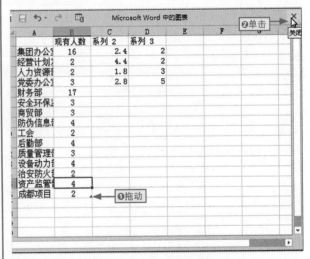

图3-97　确认图表数据源

🔗 **步骤06** 在返回的文档中可查看到插入的图表效果，且程序自动以"现有人数"为图表的名称，如图3-98所示。

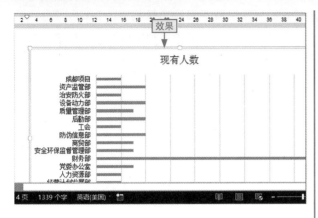

图3-98 查看图表效果

2. 编辑插入的图表

插入图表后，程序自动以默认效果显示，此时用户可根据需要对其进行各种编辑，如修改图表标题、格式化效果等，其具体操作方法如下。

本节素材	DVD/素材/Chapter03/人力资源结构分析报告2.docx
本节效果	DVD/效果/Chapter03/人力资源结构分析报告2.docx
学习目标	掌握在Word文档编辑图表的方法
难度指数	★★★

步骤01 ❶打开"人力资源结构分析报告2"素材文件，❷选择图表，❸在图表标题文本框中双击鼠标将文本插入点定位其中，如图3-99所示。

图3-99 定位文本插入点

步骤02 ❶删除标题文本，重新输入"各部门人员分布"文本，❷单击图表的空白位置完成图表标题的修改操作，如图3-100所示。

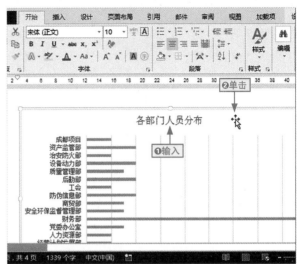

图3-100 修改图表标题

步骤03 ❶选择图表标题文本框，❷将其字体格式设置为"微软雅黑，16"，❸单击"加粗"按钮添加加粗格式，❹并将其字体颜色设置为红色，如图3-101所示。

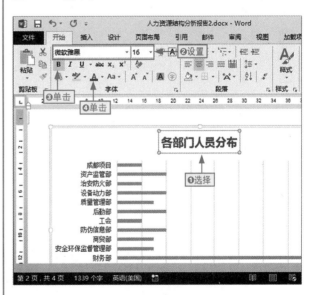

图3-101 修改图表标题格式

步骤04 ❶选择图表，❷单击"图表工具|格式"选项卡，❸单击"形状轮廓"下拉按钮，❹选择"紫色"颜色选项，如图3-102所示。

步骤05 保持图表的选择状态，❶单击"形状轮廓"下拉按钮，❷选择"粗细/3磅"命令更改图表轮廓的粗细，如图3-103所示。

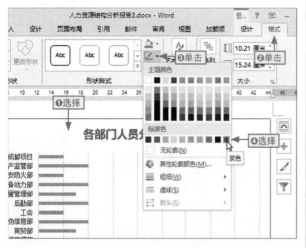

图3-102　更改图表轮廓颜色

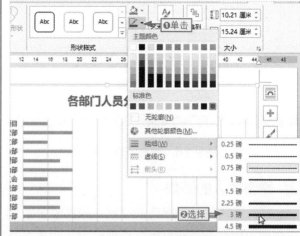

图3-103　更改图表轮廓粗细

3.6　实战问答

?! NO.1 | 如何将文本转化为艺术字

 元芳：在Word中，如果已经输入了文本内容，可以将该文本转化为艺术字效果吗？如果能，具体应该怎么操作呢？

 大人：在Word中，是可以直接将文本内容转化为艺术字效果的，其具体操作方法是：❶选择文本，❷单击"插入"选项卡，❸在"文本"组中单击"艺术字"下拉按钮，❹选择一种艺术字样式，转化后即可对艺术字的效果进行各种设置了，如图3-104所示。

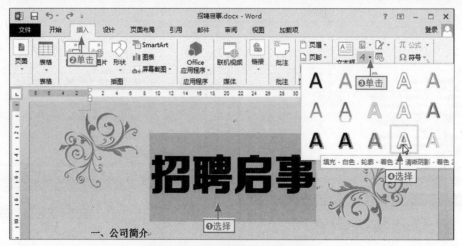

图3-104　将文本转化为艺术字

?! NO.2 | 如何将图片中的背景删除

元芳： 在文档中插入图片文件时，由于文档的页面背景不是纯白色，而插入的图片又具有背景效果，二者不能很好地融合，有没有什么方法解决这个问题呢？

大人： 在Word 2013中，可以利用系统提供的删除图片背景功能来删除不需要的背景颜色，从而让图片与文档页面更融合，其具体操作方法如下。

步骤01 ❶选择图片文件，❷单击"图片工具 | 格式"选项卡，如图3-105所示。

步骤02 在"调整"组单击"删除背景"按钮，程序自动识别要删除的背景，如图3-106所示。

图3-105　切换选项卡

图3-106　执行"删除背景"命令

步骤03 ❶在"背景消除"选项卡中单击"标记要保留的区域"按钮，鼠标光标自动变为笔形状，❷在要保留的位置单击鼠标左键添加保留标记，如图3-107所示。

步骤04 ❶用相同的方法将要保留的位置全部添加对应的保留标记，❷单击"关闭"组中的"保留更改"按钮退出删除图片背景的编辑状态，完成操作，如图3-108所示。

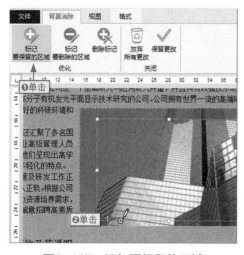

图3-107　添加要保留的区域

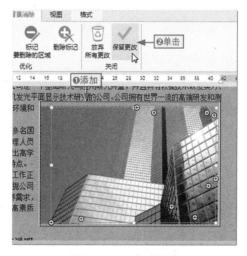

图3-108　完成操作

3.7 思考与练习

填空题

1. 在Word 2013中，插入＿＿＿＿＿＿＿＿＿＿＿＿＿＿＿＿＿＿后，程序会自动将文本插入点定位到其中。

2. 所谓联机图片就是将早期版本的＿＿＿＿＿＿＿＿＿＿＿＿＿＿＿融合在一起，它能大大地节省用户寻找素材的时间。

3. 在Word文档中如果要等比例缩放图片，可以选择图片后，在拖动图片顶角的控制点的同时按住＿＿＿＿＿＿组合键即可。

选择题

1. 在Word中，插入到文档中的图片包括（　）。

A. 电脑中保存的图片

B. 系统提供的剪贴画

C. 网络中提供的联机图片

D. 以上3种

2. 在文档中插入（　）对象，可以让文档效果更丰富、美观和清晰。

A. 图形对象　　　B. 表格

C. 图表　　　　　D. 以上3种

判断题

1. 在Word 2013中，插入的图形对象指的就是在文档中插入图片。　　　　　（　）

2. 绘制圆角矩形后中，必须手动定位文本插入点，才能输入文本。　　　　（　）

3. 在Word中插入的表格，不能进行数据计算。　　　　　　　　　　　　　（　）

4. 在Word中，对图表的填充和轮廓效果的设置操作与形状的设置操作一样。（　）

操作题

【练习目的】创建"海报"文档

下面通过制作一个"海报"文档为例，让读者亲自体验在文档中使用图片、艺术字制作漂亮文档的相关操作，巩固有关图片和艺术字的相关知识和操作。

【制作效果】

本节素材	DVD/素材/Chapter03/海报.docx、背景.png
本节效果	DVD/效果/Chapter03/海报.docx

文档的高级操作
及打印设置

本章要点

★ 创建文本样式
★ 修改样式
★ 在文档中使用批注
★ 使用修订

★ 插入内置的页眉和页脚
★ 自定义设置页眉和页脚
★ 文档的预览及打印设置操作
★ 将文档输出为PDF格式

学习目标

在Word文档中，尤其是对于内容较多的长文档，为了更方便地管理文档内容以及让文档显示效果更专业，用户必须掌握有关长文档的基本编辑操作，如样式的使用、批注与修订的应用、页眉和页脚的设置以及文档的打印输出操作。本章将对这些内容进行详细讲解，让读者能够快速掌握这些操作，从而方便办公应用。

知识要点	学习时间	学习难度
使用样式简化编辑操作	45分钟	★★★
批注与修订应用	25分钟	★★
页眉和页脚的设置及文档的打印输出	60分钟	★★★★

重点实例

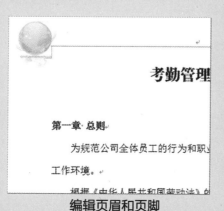

使用样式　　　　　　　　编辑页眉和页脚

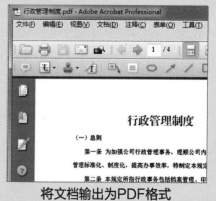

将文档输出为PDF格式

4.1 使用样式简化编辑操作

在Word中，如果文档中多处需要使用一种样式，为了让编辑和管理这些样式变得更简单，可以使用样式功能来创建和编辑需要的文本格式。

4.1.1 创建文本样式

在Word中，用户可以根据需要，创建指定格式的文本样式，其创建方法非常简单，具体操作方法如下。

本节素材	DVD/素材/Chapter04/聘用合同.docx
本节效果	DVD/效果/Chapter04/聘用合同.docx
学习目标	掌握文本样式的创建方法
难度指数	★★

步骤01 ❶打开"聘用合同"素材文件，❷将文本插入点定位到合同详细内容的任意位置，❸单击"样式"组中的"对话框启动器"按钮，如图4-1所示。

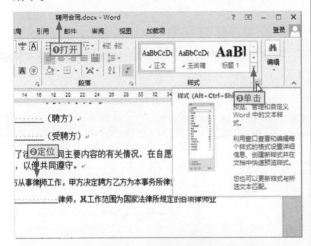

图4-1 单击"对话框启动器"按钮

专家提醒 | 使用快捷键打开"样式"窗格

在Word 2013中，将文本插入点定位到文档的任意位置后，直接按Alt+Ctrl+Shift+S组合键，可快速打开"样式"窗格。

步骤02 在打开的"样式"窗格中单击左下角的"新建样式"按钮，如图4-2所示。

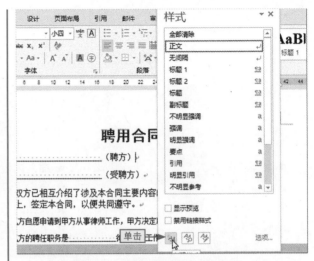

图4-2 单击"新建样式"按钮

步骤03 ❶在打开的对话框中设置名称为"详细内容"，❷在"字号"下拉列表框中选择"小四"选项，如图4-3所示。

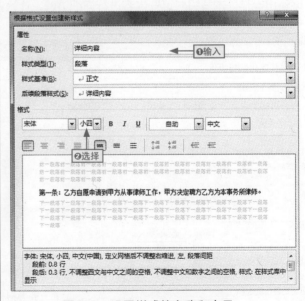

图4-3 设置样式的名称和字号

步骤04 ❶在左下角单击"格式"下拉按钮，❷选择"段落"命令，如图4-4所示。

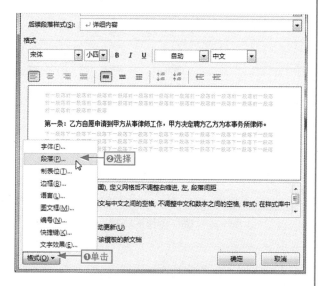

图4-4　设置段落

步骤05 在打开的"段落"对话框中设置段前为0.5行，单击"确定"按钮，如图4-5所示。

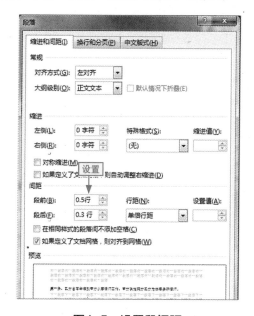

图4-5　设置段间距

步骤06 ❶在左下角单击"格式"下拉按钮，❷选择"快捷键"命令，如图4-6所示。

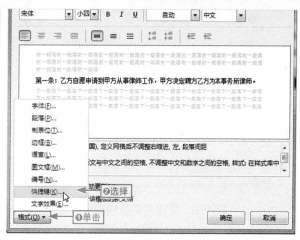

图4-6　设置快捷键

步骤07 ❶在打开的"自定义键盘"对话框中直接按Ctrl+E组合键将快捷键输入到对应文本框中，❷在"将更改保存在"下拉列表框中选择"聘用合同.docx"选项，如图4-7所示。

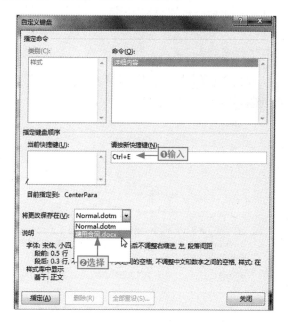

图4-7　添加快捷键及其应用范围

步骤08 ❶单击"指定"按钮将添加的快捷键指定到指定文档中，❷单击"关闭"按钮关闭对话框并确认添加的快捷键，如图4-8所示。

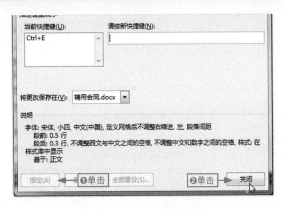

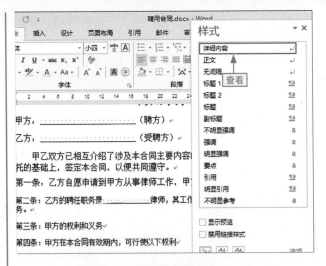

图4-8　指定并确认快捷键

步骤09 在返回的对话框中单击"确定"按钮确认创建的样式，在"样式"任务窗格中可以查看到新建的样式，如图4-9所示。

图4-9　确认创建的样式

长知识 | 基于所选格式快速创建样式

前面讲解的是创建指定格式的样式，如果文档中的格式已经定义好了，还可以直接以该格式快速创建样式，其操作是：❶选择文本，在"样式"组单击"其他"按钮，❷选择"创建样式"命令，❸在打开的对话框中设置名称后，❹单击"确定"按钮完成操作，如图4-10所示。

此外，在创建样式过程中要自定义修改该样式，还可单击"修改"按钮，直接打开"根据格式设置创建新样式"对话框。

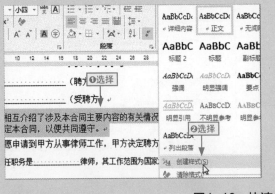

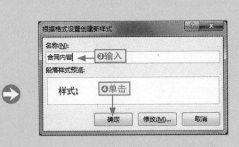

图4-10　快速创建样式

4.1.2　应用创建的样式

在文档中创建样式后，用户可以通过"样式"组的列表框以及"样式"任务窗格等多种方式为其他文本应用该样式，其具体操作方法如下。

本节素材	DVD/素材/Chapter04/聘用合同1.docx
本节效果	DVD/效果/Chapter04/聘用合同1.docx
学习目标	学会为文本应用样式
难度指数	★

步骤01 ❶打开"聘用合同1"素材文件，❷选择需要应用样式文本内容，如图4-11所示。

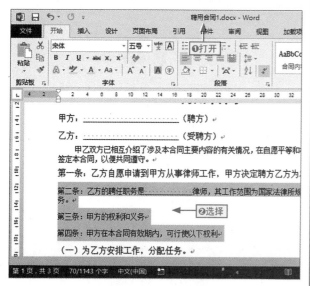

图4-11 选择文本

步骤02 在"样式"组的列表框中选择"详细内容"选项为选择的文本应用样式，如图4-12所示。

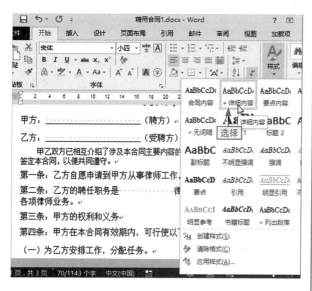

图4-12 应用详细内容样式

步骤03 ❶选择需要应用样式的文本，❷然后单击"样式"组中的"对话框启动器"按钮，如图4-13所示。

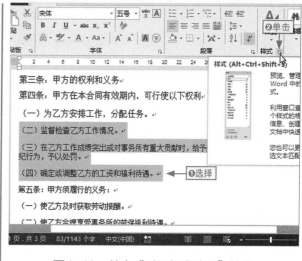

图4-13 单击"对话框启动器"按钮

步骤04 在打开的"样式"任务窗格中，选择"要点内容"选项为选择的文本应用样式，如图4-14所示。

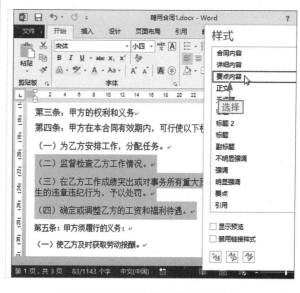

图4-14 通过任务窗格应用样式

 核心妙招 | 使用快捷键应用样式

在定义样式时，如果为该样式设置了快捷键，则选择文本后，按对应的快捷键应用样式，如本例中，可按Ctrl+E组合键为文本应用详细内容样式。

4.1.3 修改样式

对于应用了样式的文档，如果发现其中的某些样式不符合要求，还可以对其进行修改，从而一次性更改文档的所有样式。修改样式的具体操作方法如下。

本节素材	DVD/素材/Chapter04/聘用合同2.docx
本节效果	DVD/效果/Chapter04/聘用合同2.docx
学习目标	掌握修改指定样式的方法
难度指数	★★★

步骤01 ❶打开"聘用合同2"素材文件，❷将文本插入点定位到合同正文的任意位置处，❸单击"样式"组中的"对话框启动器"按钮，如图4-15所示。

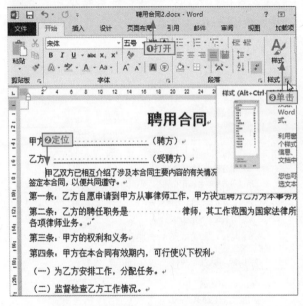

图4-15 单击"对话框启动器"按钮

步骤02 在打开的"样式"任务窗格中，程序自动选择"合同正文"样式选项，单击左下角的"管理样式"按钮，如图4-16所示。

专家提醒 | 打开"样式"窗格的说明

在文档中，只要应用了样式，将文本插入点定位到该段落中，打开"样式"窗格，程序将自动默认选择为该段落应用的样式选项。

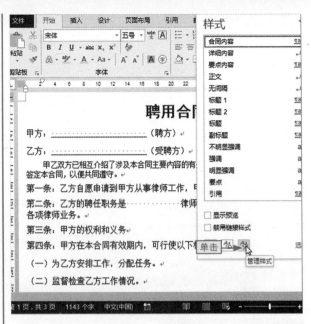

图4-16 管理样式

步骤03 在打开的"管理样式"对话框中保持"合同内容"样式的选择状态，直接单击"修改"按钮，如图4-17所示。

图4-17 修改样式

步骤04 在打开的"修改样式"对话框中❶单击"字号"下拉按钮，❷选择"小四"选项修改样式的字号，单击"确定"按钮关闭所有对话框，完成所有操作，如图4-18所示。

图4-18　修改字号

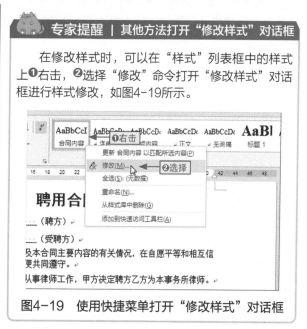

专家提醒 | 其他方法打开"修改样式"对话框

在修改样式时，可以在"样式"列表框中的样式上❶右击，❷选择"修改"命令打开"修改样式"对话框进行样式修改，如图4-19所示。

图4-19　使用快捷菜单打开"修改样式"对话框

4.2　批注与修订应用

在审阅文档时，如果要在其中添加一些意见或者建议，可以使用批注功能来实现，并使用修订功能处理文档中添加的各种修订。

4.2.1　在文档中使用批注

1. 添加批注

添加批注后，批注内容默认在页面右侧显示，因此不会影响原文档的阅读，如果要添加批注，可按如下操作方法进行。

本节素材	DVD/素材/Chapter04/社区儿童活动计划.docx
本节效果	DVD/效果/Chapter04/社区儿童活动计划.docx
学习目标	掌握添加批注的方法
难度指数	★★

步骤01 ❶打开"社区儿童活动计划"素材文件，❷在文档中选择要进行批注的文本内容，如这里选择"哲学家"文本，如图4-20所示。

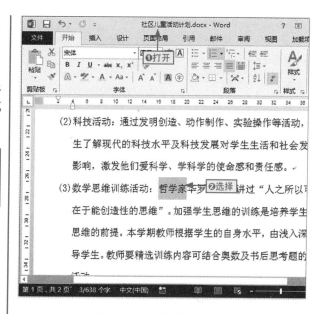

图4-20　选择批注文本

步骤02 ❶单击"审阅"选项卡，❷在"批注"组中单击"新建批注"按钮，插入批注框，如图4-21所示。

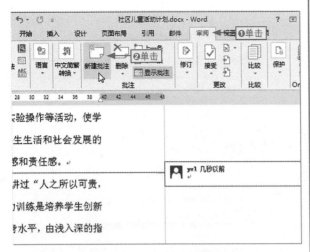

图4-21 插入批注框

步骤03 ❶直接在批注框中输入批注内容，❷在文档的任意位置单击鼠标左键完成批注的创建，如图4-22所示。

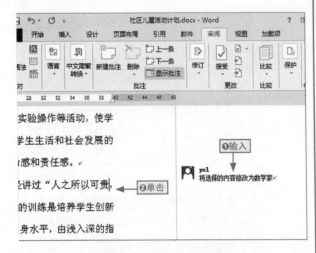

图4-22 输入批注内容

2. 编辑批注

编辑批注主要是对批注进行删除或者修改批注中的内容，在此之前，首先需要了解查看批注的操作。其各种操作具体如下。

本节素材	DVD/素材/Chapter04/社区儿童活动计划1.docx
本节效果	DVD/效果/Chapter04/社区儿童活动计划1.docx
学习目标	掌握浏览、删除或修改批注内容的方法
难度指数	★★★

步骤01 ❶打开"社区儿童活动计划1"素材文件，❷单击"审阅"选项卡，如图4-23所示。

图4-23 切换选项卡

步骤02 在"批注"组中单击"下一条"按钮，此时程序自动选择文档中的第一条批注，如图4-24所示。

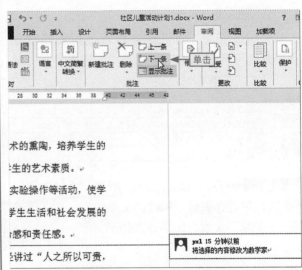

图4-24 查看第一条批注

步骤03 ❶继续单击"下一条"按钮选择第二条批注，❷单击"删除"下拉按钮，❸选择"删除"选项删除该条批注，如图4-25所示。

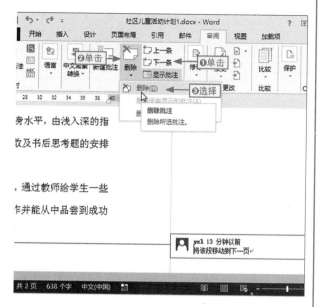

图4-25　删除批注

步骤04 继续单击"下一条"按钮查看文档中下一条批注的内容，如图4-26所示。

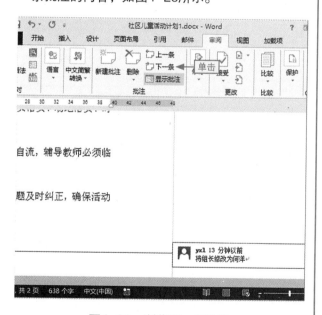

图4-26　浏览下一条批注

步骤05 在批注框中选择"洋"文本，直接输入"扬"文本将其替换掉，完成修改操作，如图4-27所示。

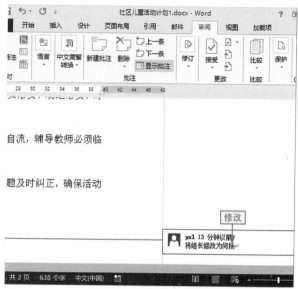

图4-27　修改批注内容

核心妙招｜快速删除所有批注

在Word中，如果要快速删除文档中的所有批注，则直接在"删除"下拉列表中选择"删除文档中的所有批注"选项即可，如图4-28所示。

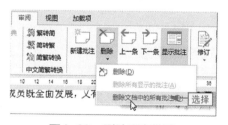

图4-28　删除所有批注

专家提醒｜隐藏所有批注

默认情况下，创建批注时，"批注"组中的"显示批注"按钮自动被选中，即创建的批注都是显示的，如果要隐藏文档中的所有批注，再次单击"显示批注"按钮即可。

长知识 | 修改批注中显示的用户名

默认情况下，添加批注后，程序会自动在批注框中显示对应的用户名信息，用户还可以根据需要修改该名称的显示，从而让对方更清楚该批注信息是谁添加的。

要修改批注中显示的用户名，其具体操作是：❶打开"Word选项"对话框，❷在"常规"选项卡的"用户名"和"缩写"文本框中设置对应的用户名和缩写信息，❸单击"确定"按钮完成操作，如图4-29所示。

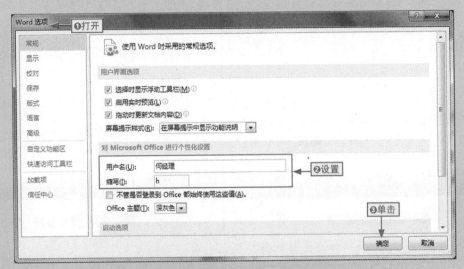

图4-29　修改批注中显示的用户名

4.2.2　使用修订

1. 添加修订信息

在审阅文档过程中，除了使用批注添加审阅意见外，还可以使用修订来添加。其具体的添加方法如下。

本节素材	DVD/素材/Chapter04/社区儿童活动计划2.docx
本节效果	DVD/效果/Chapter04/社区儿童活动计划2.docx
学习目标	掌握添加修订的方法
难度指数	★★

步骤01　❶打开"社区儿童活动计划2"素材文件，❷单击"审阅"选项卡，❸单击"修订"下拉按钮，❹选择"修订"选项，如图4-30所示。

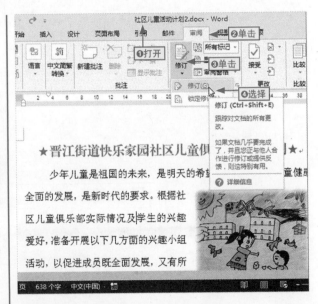

图4-30　进入修订状态

步骤02 选择要删除的文本，按Delete键，程序自动以修订的方式将其删除，如图4-31所示。

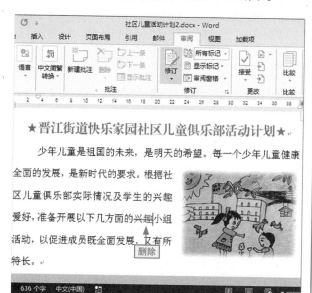

图4-31 在修订中删除文本

步骤03 ❶选择"哲学家"文本，❷将其修改为"数学家"，在修订状态下，程序先删除"哲学家"文本，再插入"数学家"文本，如图4-32所示。

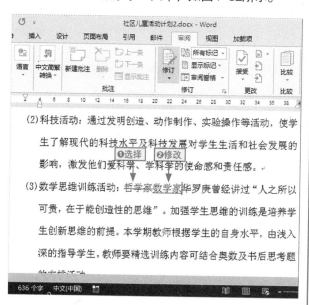

图4-32 在修订中修改文本

步骤04 将文本插入点定位到需要插入文本的位置，输入"小"文本，完成在修订中插入文本的操作，如图4-33所示。

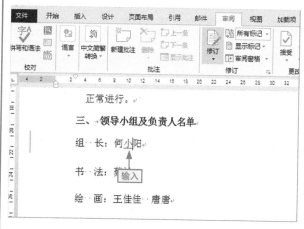

图4-33 在修订中插入文本

2. 修改修订信息的显示方式

在Word中，程序提供了3种修订的显示方式，用户可通过"显示标记"下拉菜单进行修改。其具体操作方法如下。

本节素材	DVD/素材/Chapter04/社区儿童活动计划3.docx
本节效果	DVD/素材/Chapter04/社区儿童活动计划3.docx
学习目标	掌握修改修订显示方式的方法
难度指数	★

步骤01 ❶打开"社区儿童活动计划3"素材文件，❷单击"审阅"选项卡，如图4-34所示。

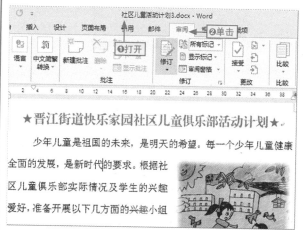

图4-34 切换选项卡

步骤02 ❶单击"显示标记"下拉按钮，❷选择"批注框"命令，❸在其子菜单中选择需要的显示方式，如图4-35所示。

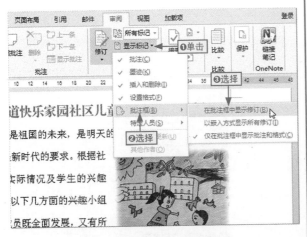

图4-35　更改修订显示方式

步骤03 在返回的文档中可以查看到修订信息以批注框的方式显示，如图4-36所示。

图4-36　查看修改效果

4.2.3　拒绝/接受修订信息

在Word中，通过批注和修订在文档中添加审阅意见后，还需要通过拒绝/接受修订信息来处理这些审阅意见。其具体操作方法如下。

本节素材	DVD/素材/Chapter04/社区儿童活动计划4.docx
本节效果	DVD/效果/Chapter04/社区儿童活动计划4.docx
学习目标	掌握拒绝和接受修订的处理方法
难度指数	★★★

步骤01 ❶打开"社区儿童活动计划4"素材文件，❷单击"审阅"选项卡，❸将文本插入点定位到修订批注框中，如图4-37所示。

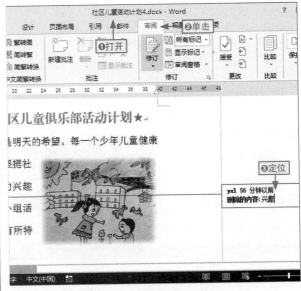

图4-37　选择修订批注框

步骤02 ❶单击"更改"组的"拒绝"按钮右侧的下拉按钮，❷选择"拒绝更改"选项，如图4-38所示。

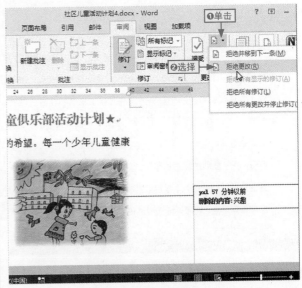

图4-38　拒绝修订

步骤03 在"更改"组中单击"下一处修订"按钮跳转到下一条修订,如图4-39所示。

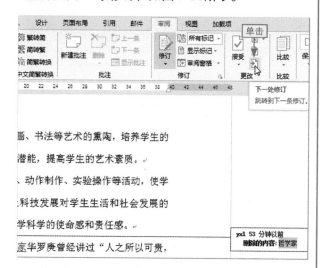

图4-39 浏览下一条修订

步骤04 ❶单击"接受"下拉按钮,❷选择"接受此修订"选项接受删除的"哲学家"文本,如图4-40所示。

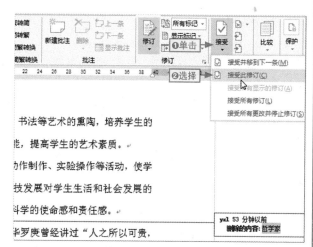

图4-40 接受删除的文本

步骤05 ❶将文本插入点定位到插入的"数学家"文本的前面,❷单击"接受"按钮右侧的下拉按钮,❸选择"接受此修订"选项接受插入的文本,如图4-41所示。

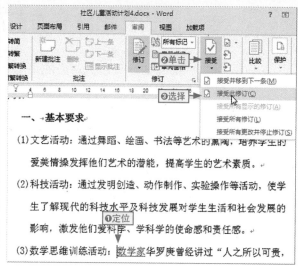

图4-41 完成接受修订的处理

步骤06 ❶单击"接受"下拉按钮,❷选择"接受所有修订"选项一次性接受对文档的所有修订,如图4-42所示。

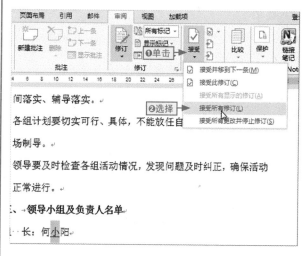

图4-42 接受所有修订

专家提醒 | 处理修订后自动移到下一条

在处理修订时,如果要在处理修订后自动移动到下一条,可以在"拒绝"下拉菜单中选择"拒绝并移到下一条"选项,或者在"接受"下拉菜单中选择"接受并移到下一条"选项。

4.3 专业的长文档需要有页眉和页脚

在长文档中，都需要为其设置对应的页眉和页脚信息，通过在页眉和页脚中添加公司名称、Logo图标、制作人、页码等信息，从而让整个文档显得更专业。

4.3.1 插入内置的页眉和页脚

Word应用程序中，程序自动内置了有关该文档的相关页眉和页脚信息，使用这些样式，可以快速地为文档插入页眉和页脚。

本节素材	DVD/素材/Chapter04/考勤管理制度.docx
本节效果	DVD/效果/Chapter04/考勤管理制度.docx
学习目标	掌握使用内置页眉和页脚格式的方法
难度指数	★★

步骤01 ❶打开"考勤管理制度"素材文件，❷单击"插入"选项卡，如图4-43所示。

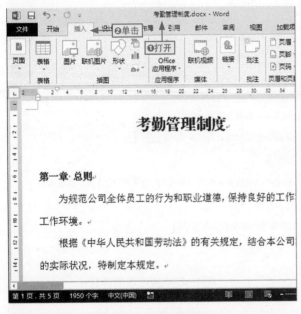

图4-43　切换选项卡

步骤02 ❶在"页眉和页脚"组中单击"页眉"下拉按钮，❷在弹出的下拉菜单中选择"怀旧"内置页眉样式，如图4-44所示。

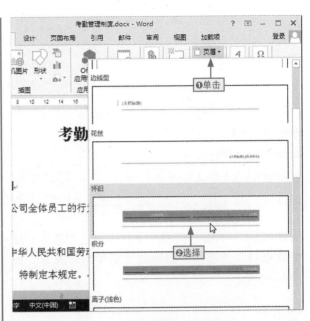

图4-44　选择内置的页眉样式

步骤03 程序自动进入页眉页脚状态，并自动生成标题和日期占位符，❶在页眉左侧单击"日期"占位符右侧的下拉按钮，❷单击"今日"按钮，如图4-45所示。

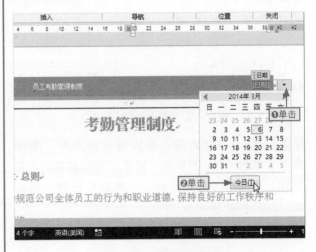

图4-45　设置制作时间

步骤04 ❶在返回的文档中可查看到设置的日期，❷单击"页眉和页脚工具I设计"选项卡中的"转至页脚"按钮跳转到页脚，如图4-46所示。

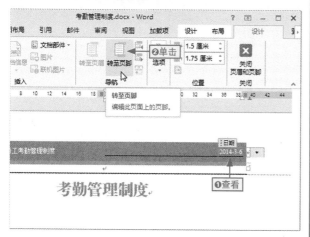

图4-46　跳转到页脚

步骤05 ❶在"页眉和页脚工具I设计"选项卡"页眉和页脚"组中单击"页脚"下拉按钮，❷选择"信号灯"内置页脚选项，如图4-47所示。

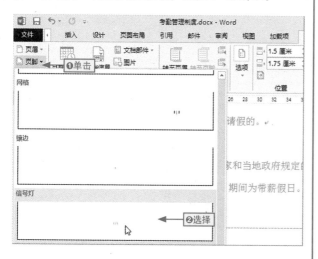

图4-47　选择内置的页脚样式

步骤06 ❶在返回的文档中可以查看到页脚位置添加的页脚信息，❷单击"页眉和页脚工具I设计"选项卡中的"关闭页眉和页脚"按钮退出页眉页脚的编辑状态，完成整个操作，如图4-48所示。

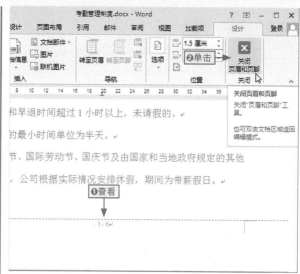

图4-48　退出页眉页脚编辑状态

4.3.2　自定义设置页眉和页脚

1. 在页眉中使用图片对象

　　一般情况下，公司内部的文档都会在页眉左上角添加Logo图标，要实现这种效果，可以通过在页眉中插入图片对象来自定义页眉完成。其具体操作方法如下。

本节素材	DVD/素材/Chapter04/考勤管理制度1.docx
本节效果	DVD/效果/Chapter04/考勤管理制度1.docx
学习目标	掌握在页眉中插入并编辑图片的操作
难度指数	★★★

步骤01 ❶打开"考勤管理制度1"素材文件，❷在页眉的空白区域右击，在弹出的快捷菜单中选择"编辑页眉"命令进入页眉页脚编辑状态，如图4-49所示。

 核心妙招 ｜ 快速进入页眉页脚可编辑状态

　　在Word文档中，直接在页眉或者页脚区域的空白位置双击鼠标左键，可快速进入页眉页脚编辑状态。

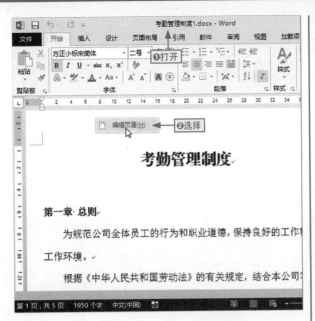

图4-49　进入页眉页脚编辑状态

步骤02 程序自动激活"页眉和页脚工具丨设计"选项卡,在"插入"组中单击"图片"按钮,如图4-50所示。

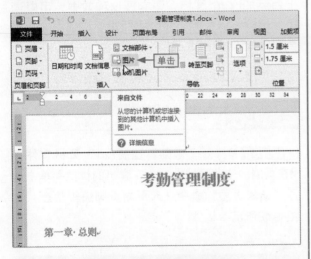

图4-50　单击"图片"按钮

步骤03 ❶在打开的"插入图片"对话框的地址栏中找到文件的保存位置,❷在中间的列表框中选择图片文件,❸单击"插入"按钮插入图片,如图4-51所示。

图4-51　选择图片

步骤04 保持图片的选择状态,❶单击图片右侧的"布局选项"按钮,❷选择"浮于文字上方"选项,将图片设置为浮于文字上方,如图4-52所示。

图4-52　更改图片的布局方式

步骤05 ❶在"图片工具 格式"选项卡的"大小"组中设置图片的大小,❷选择图片,按住鼠标左键不放将其拖曳到页眉左上角的合适位置,如图4-53所示。

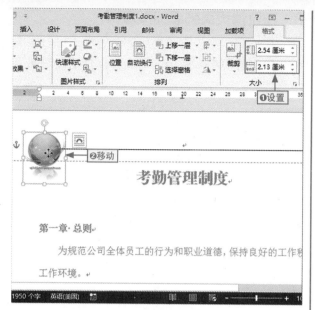

图4-53　调整图片的大小和位置

步骤06 单击"页眉和页脚工具｜设计"选项卡中的"关闭页眉和页脚"按钮退出页眉编辑状态，在返回的文档中可以查看到最终效果，如图4-54所示。

图4-54　查看最终效果

专家提醒｜页眉中图片的其他操作

在页眉区域中插入的图片对象，其各种设置操作与在文档中插入的图片对象的设置操作是一样的，唯一不同的是对象所处的位置不同。

2. 在页脚中插入时间

在页脚中插入日期的操作也是非常简单的，而且还可以自定义选择任意格式效果的日期。其具体操作方法如下。

本节素材	DVD/素材/Chapter04/考勤管理制度2.docx
本节效果	DVD/效果/Chapter04/考勤管理制度2.docx
学习目标	掌握在页脚中自定义插入时间的方法
难度指数	★★★★

步骤01 ❶打开"考勤管理制度2"素材文件，❷双击鼠标左键进入页眉页脚编辑状态，如图4-55所示。

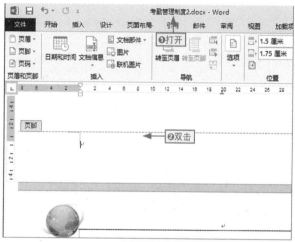

图4-55　双击鼠标进入页眉页脚编辑状态

步骤02 ❶在页脚区域输入"制作时间："文本，❷单击"页眉和页脚工具｜设计"选项卡"插入"组中的"日期和时间"按钮，如图4-56所示。

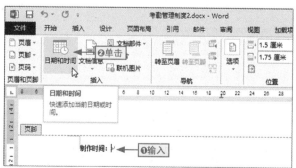

图4-56　输入文本并单击"日期和时间"按钮

步骤03 ❶在打开的"日期和时间"对话框中选择需要的日期格式选项，❷单击"确定"按钮，如图4-57所示。

图4-57 选择日期格式

步骤04 在返回到文档中可查看到效果，❶在"星期四"文本两侧添加对应的括号，❷单击"页眉和页脚工具丨设计"选项卡中的"关闭页眉和页脚"按钮，完成整个操作，如图4-58所示。

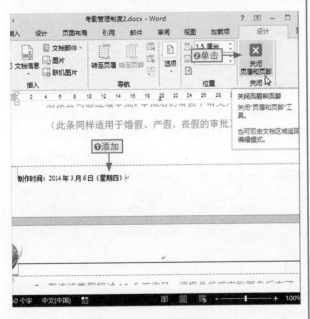

图4-58 插入页脚内容

3. 在奇偶页页脚添加页码

在长文档中，按照页码的奇偶性，可以将页面分为奇数页和偶数页。下面具体介绍在奇偶页中添加页码的方法。

本节素材	DVD/素材/Chapter04/考勤管理制度3.docx
本节效果	DVD/效果/Chapter04/考勤管理制度3.docx
学习目标	掌握设置奇偶页和添加页码的方法
难度指数	★★★★★

步骤01 ❶打开"考勤管理制度3"素材文件，进入页眉页脚编辑状态，❷选中"页眉和页脚工具丨设计"选项卡中的"奇偶页不同"复选框，如图4-59所示。

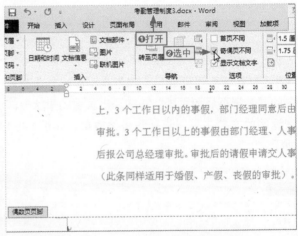

图4-59 选中"奇偶页不同"复选框

步骤02 ❶在页脚区域输入"制作单位：人事部"文本，❷并按空格将文本插入点定位到右侧，如图4-60所示。

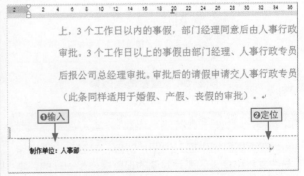

图4-60 输入页脚内容并定位文本插入点

步骤03 ❶单击"页码"下拉按钮，❷选择"当前位置"命令，❸在其子菜单中选择"加粗显示的数字"页码选项，如图4-61所示。

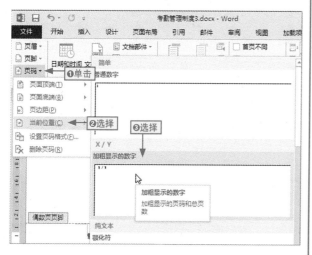

图4-61　选择页码选项

步骤04 ❶在"2"数字两侧分别输入"第"和"页"文本，❷在"5"数字两侧分别输入"共"和"页"文本，如图4-62所示。

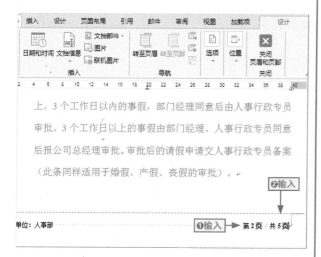

图4-62　设置页码格式

专家提醒 ┃ 编辑页码格式的注意事项

在插入的页码格式中进行编辑操作时，不能对数字进行修改，因为这是自动插入的一个页码占位符，如果手动修改后，其他页的页码将不自动改变。

步骤05 ❶选择所有的页码内容，❷单击"开始"选项卡，❸两次单击"加粗"按钮取消文本的加粗格式，如图4-63所示。

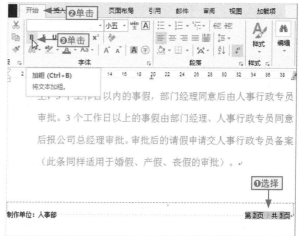

图4-63　取消页码的加粗格式

步骤06 ❶切换到奇数页页脚，❷输入空格定位文本插入点的位置到右侧，❸单击"页眉和页脚工具 ┃设计"选项卡，如图4-64所示。

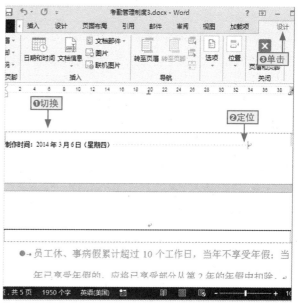

图4-64　定位文本插入点

步骤07 ❶单击"页码"下拉按钮，❷选择"当前位置"命令，❸在其子菜单中选择"加粗显示的数字"页码选项，如图4-65所示。

步骤08 返回到文档中编辑页码的内容并取消其加粗格式，最后单击"关闭页眉和页脚"按钮完成操作，如图4-66所示。

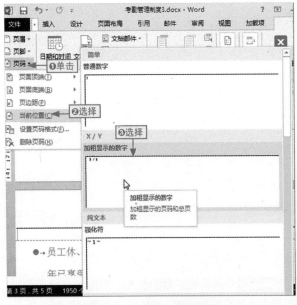

图4-65 选择页码样式

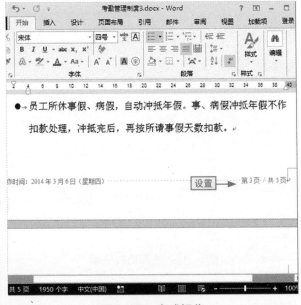

图4-66 完成操作

长知识 | 清除页眉、页脚和页码

在Word 2013中，如果要清除在页眉和页脚区域中添加的页眉内容、页脚内容或者页码内容，可以直接在"插入"选项卡或"页眉和页脚工具 设计"选项卡的"页眉和页脚"组中，单击"页眉"、"页脚"或"页码"下拉按钮，选择对应的"删除页眉"、"删除页脚"或"删除页码"选项即可完成清除，如图4-67所示。

需要注意的是，如果页码添加在页眉或者页脚中时，它也相当于页眉或者页脚内容，当这两个区域中只存在页码时，若要删除页码，这3个选项都可以完成删除操作。如果页眉或页脚中除了页码，还包括其他页眉和页脚内容，此时通过"删除页码"选项不能清除页码，只能通过"删除页眉"或"删除页脚"选项清除页眉或页脚内容。

图4-67 清除页眉、页脚和页码

4.4 文档的打印与输出

制作好的Word文档，要共享给其他人查阅时，可以通过纸质方式和电子版本方式，这就需要用户掌握有关文档打印的各种操作以及输出操作。

4.4.1 文档的预览及打印设置操作

1. 打印预览文档

在打印文档之前，首先要预览一下文档的整体效果，确认无误后再打印。在Word 2013中，打印预览文档的具体操作方法如下。

本节素材	DVD/素材/Chapter04/行政管理制度.docx
本节效果	DVD/效果/Chapter04/无
学习目标	掌握预览文档效果的方法
难度指数	★

步骤01 ❶打开"行政管理制度"素材文件，单击"文件"选项卡，❷单击"打印"选项卡，如图4-68所示。

图4-68 切换选项卡

步骤02 ❶在右侧窗格中可以查看到文档的打印预览效果，❷单击下方的"下一页"按钮还可以在不同页面之间切换，如图4-69所示。

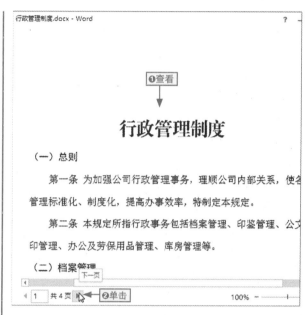

图4-69 切换预览文档

> **专家提醒 | 快速进入打印预览页面**
>
> 在Word 2013中，如果在快速访问工具栏中添加了"打印预览和打印"按钮，直接单击该按钮可快速进入打印预览页面，有关添加该按钮的操作在本书的第一章中有详细的讲解。

2. 设置打印选项

在预览文档效果后，还需要根据实际需要设置打印选项，然后再打印文档。下面具体介绍各种设置选项的具体操作方法。

本节素材	DVD/素材/Chapter04/行政管理制度.docx
本节效果	DVD/效果/Chapter04/无
学习目标	掌握打印文档设置的方法
难度指数	★★

步骤01 打开"行政管理制度"素材文件并进入打印预览页面，❶单击"单面打印"下拉按钮，❷选择"手动双面打印"选项，如图4-70所示。

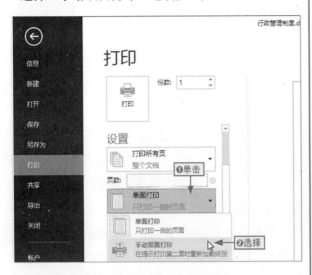

图4-70 设置手动双面打印

步骤02 单击"打印机"下拉按钮下方的"打印机属性"超链接，如图4-71所示。

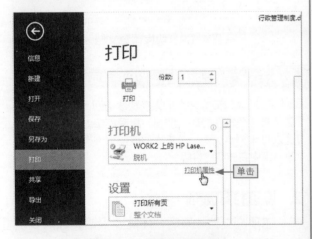

图4-71 设置打印机属性

步骤03 ❶在打开的属性对话框中单击"完成"选项卡，❷单击"每张页数"下拉按钮，❸选择"每张2页"选项，❹单击"确定"按钮，如图4-72所示。

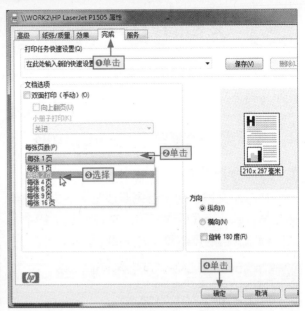

图4-72 设置每张打印的页数

步骤04 在返回的打印预览页面中，❶在"份数"数值框中输入"3"，❷单击"打印"按钮联机打印文档，如图4-73所示。

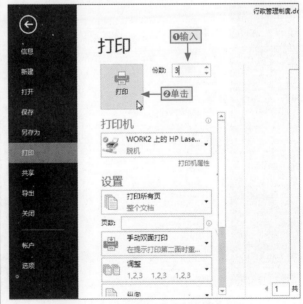

图4-73 设置打印份数并打印文档

4.4.2　将文档输出为PDF格式

如果要以电子版本的方式将文档发送给他人阅览，为了确保他人恶意修改文档内容，可以将其以PDF格式的方式输出。

要将文档输出为PDF格式非常简单，其具体操作方法如下。

本节素材	DVD/素材/Chapter04/行政管理制度.docx
本节效果	DVD/效果/Chapter04/行政管理制度.pdf
学习目标	掌握如何将docx格式的文档转化为pdf格式
难度指数	★★

步骤01 ❶打开"行政管理制度"素材文件，❷单击"文件"选项卡，如图4-74所示。

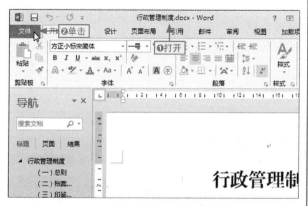

图4-74　切换选项卡

专家提醒 | 什么是PDF格式

PDF格式是一种便携的文件格式，它是由Adobe公司所开发的独特的跨平台文件格式。

该文件是以PostScript语言图像模型为基础，无论在哪种打印机上都可保证精确的颜色和准确的打印效果，即PDF会如实地再现原稿的每一个字符、颜色以及图像。

步骤02 ❶在打开的界面中单击"导出"选项卡，❷在界面右侧单击"创建PDF/XPS"按钮，如图4-75所示。

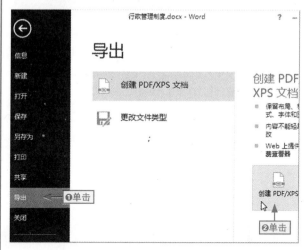

图4-75　创建PDF文件

步骤03 ❶在打开的"发布为PDF或XPS"对话框中设置文件的保存位置，❷单击"发布"按钮，如图4-76所示。

图4-76　发布PDF文件

步骤04 程序自动启动相应的阅读器软件并打开该文件，如图4-77所示。

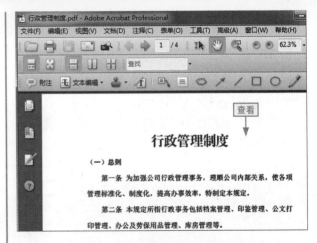

图4-77 查看PDF文件的效果

专家提醒 | PDF文件如何查看呢

PDF文件需要专门的软件才能打开，如果电脑中没有安装这些软件，是不能打开PDF文件的。

网上有很多PDF阅读器，下载安装就可以使用了，常用的阅读软件有Adobe Reader和Adobe Acroabt两种。它们都是Adobe公司开发的，所以对PDF格式的支持性最好。

长知识 | 通过"另存为"对话框发布PDF文件

在Word 2013中，除了使用共享功能发布PDF文件，还可以通过另存为功能发布PDF文件，其具体操作方法如下。

切换到文件选项卡，❶单击"另存为"选项卡，❷单击"浏览"按钮，❸在打开的"另存为"对话框中设置保存路径后单击"保存类型"下拉按钮，❹选择"PDF(*.pdf)"选项，最后单击"保存"按钮即可，如图4-78所示。

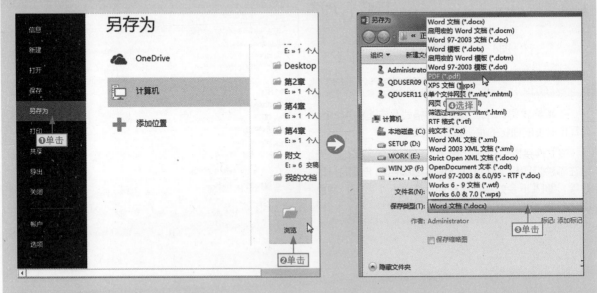

图4-78 通过"另存为"功能发布PDF文件

4.5 实战问答

 NO.1 | 如何取消页眉中的横线

元芳：我在Word文档的页眉中并没有添加横线，为什么页眉中会有一条横线呢？有什么方法可以将该横线删除呢？

大人：这条横线是你在编辑页眉时，程序自动为该段落添加的下框线效果，要删除该横线，直接取消该段落的下框线效果即可，其具体操作方法如下。

步骤01 ❶双击页眉区域进入页眉编辑状态，❷选择该段落标记，如图4-79所示。

步骤02 ❶单击"开始"选项卡，❷在"边框线"下拉菜单中选择"无框线"选项，如图4-80所示。

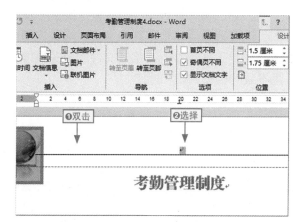

图4-79　选择段落

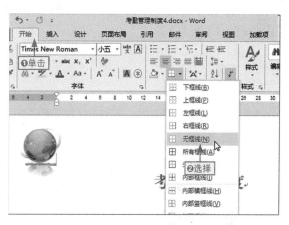

图4-80　取消边框线

 NO.2 | Adobe Reader和Adobe Acroabt有何区别

元芳：Adobe Reader和Adobe Acroabt都是Adobe公司开发的，都能很好地支持PDF格式的文件，那么它们到底有什么区别呢？

大人：这两款软件之间的区别是非常明显的。Adobe Reader是免费的，软件体积稍大，但是只能阅读PDF文件，不能编辑PDF文件。Adobe Acroabt软件不但可以打开PDF文件，对PDF格式的支持性好，而且可以编辑PDF文件，但是该软件是收费的。

 NO.3 | 如何设置自动发布后打开PDF文件

元芳：我的电脑中已经安装有PDF阅读器，为什么将Word文档成功地创建并发布后，还是没有打开PDF文件呢？

大人：这有可能是你取消了发布后打开文件这个设置，要想发布后自动打开PDF文件，在"发布为PDF或XPS"对话框的"保存类型"下拉按钮下方需要选中"发布后打开文件"复选框，此时发布后程序才能自动打开PDF文件。

4.6 思考与练习

填空题

1. 在Word 2013中，如果要快速删除文档中的所有批注，可在"删除"下拉列表中选择_____选项。

2. 在审阅文档过程中，可以使用_____和_____在文档中添加审阅意见。

3. 在Word文档中，直接在页眉或者页脚区域的空白位置双击_____，可快速进入页眉和页脚的可编辑状态。

选择题

1. 在Word 2013中，系统提供的修订标记显示方式是下列(   )选项。

A. 在批注框中显示修订

B. 以嵌入方式显示所有修订

C. 仅在批注框中显示批注和格式

D. 以上3种

2. 自定义设置页眉页脚时，下列(   )选项可以在页眉页脚中添加。

A. 图片　　　　　B. 时间

C. 页码　　　　　D. 以上3种

判断题

1. 创建样式，只能对字体格式和段落格式进行设置。　　　　　　　　(   )

2. 默认情况下，创建批注后，批注框都是显示的。　　　　　　　　　(   )

3. 在Word中当中添加的批注，其中在批注框显示的用户名是可以修改的。　(   )

操作题

【练习目的】编排并输出行政管理制度文档

下面通过编排并打印"行政管理制度"文档为例，让读者亲自体验在文档中使用样式、使用批注以及发布文档为PDF格式文件的相关操作，巩固本章的相关知识和操作。

【制作效果】

本节素材	DVD/素材/Chapter04/行政管理制度1.docx
本节效果	DVD/效果/Chapter04/行政管理制度1.pdf

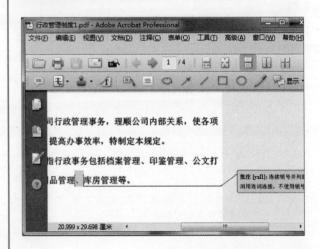

使用Excel存储数据的一般操作

本章要点

★ 新建并重命名工作表
★ 移动和复制工作表
★ 插入与删除行/列
★ 调整单元格的行高和列宽

★ 快速填充数据
★ 利用有效性规则限制数据
★ 套用格式美化表格效果
★ 在每页顶端重复打印标题行

学习目标

数据存储是Excel强大功能之一。熟练掌握存储数据的一般操作，不仅能帮助用户快速完成各类数据的分类存储，而且还可以为以后熟练掌握Excel管理和分析数据奠定基础。因此，本章挑选了有关存储数据的常见操作，让读者重点进行学习。

知识要点	学习时间	学习难度
操作工作表和单元格	50分钟	★★★
输入数据的特殊方法	60分钟	★★★★
美化电子表格与打印表格	30分钟	★★

重点实例

7月份各部门日常费用支出

序号	部门	负责人	支出总额	单位
1	总务部	傅奕飞	¥ 46,481.00	元
2	编程部	凌任飞	¥ 21,361.00	元
3	财务部	黄乃高	¥ 5,134.00	元
4	加工部	陈海	¥ 52,244.00	元
5	喷油部	王加付	¥ 18,129.00	元
6	市场部	梁永根	¥ 30,647.00	元
7	手工部	王和肖	¥ 26,060.00	元
8	丝印部	余泳晓	¥ 49,804.00	元
9	研发编程部	符景通	¥ 47,230.00	元
10	研发部	卢凤菊	¥ 3,568.00	元
11	研发加工部	朱星霖	¥ 4,861.00	元

填充数据

××有限公司员工档案记录表

联系电话	身份证号码	性别	民族	出生年月
1314456****	51112919770212****	男	汉	1977年2月12日
1371512****	33025319841023****	男	苗	1984年10月23日
1581512****	41244619820326****	女	汉	1982年3月26日
1324465****	41052119790125****	女	汉	1979年1月25日
1591212****	51386119810521****	男	汉	1981年5月21日
1324578****	61010119810317****	男	苗	1981年3月17日
1304453****	31048419830307****	女	汉	1983年3月7日
1384451****	10112519781222****	男	汉	1978年12月22日
1361212****	21045619821120****	男	汉	1982年11月20日
1334678****	41515319840422****	男	汉	1984年4月22日

添加边框和底纹

客户信息查询

身份证号码	联系电话	消费商品	生日
5138611981052l****	1591212****	黄金耳环	1981年
1234861981091B****	1391324****	黄金戒指	1981年
5117851983121B****	1398066****	黄金耳环	1983年
3104841983030Z****	1304453****	铂金戒指	1983
2132541985062B****	1342674****	玉石手镯	1985年
2104561982112O****	1361212****	铂金戒指	1982年
1015471983112B****	1369787****	珍珠项链	1983年
3302531984102B****	1371512****	铂金项链	1984年
3104841983030Z****	1304453****	铂金戒指	1983
2114111985051I****	1514545****	铂金项链	1985年
4105211979012S****	1324465****	玉石手镯	1979年
6101011981031Z****	1324578****	铂金戒指	1981年
4151531984042Z****	1334678****	黄金耳环	1984年

套用表格式

5.1 操作工作表

工作表作为数据存储的载体，是用户必须要了解和掌握的知识。本节将具体介绍一些有关操作工作表的基本操作，为后期在Excel中存储与管理数据奠定基础。

5.1.1 新建并重命名工作表

在Excel 2013中，程序默认情况下只有一张工作表，为方便数据管理，用户可根据需要新建指定名称的工作表。

本节素材	DVD/素材/Chapter05/订单统计表.xlsx
本节效果	DVD/效果/Chapter05/订单统计表.xlsx
学习目标	掌握新建工作表和重命名工作表的方法
难度指数	★★

步骤01 ❶打开"订单统计表"素材文件，❷在"一月订单"工作表标签上右击，❸选择"插入"命令，如图5-1所示。

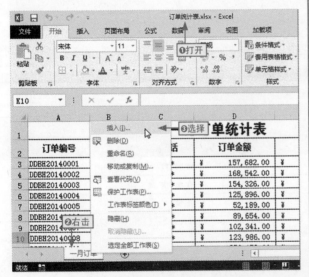

图5-1 选择"插入"命令

步骤02 在打开的"插入"对话框中保持默认"工作表"选项的选择状态，单击"确定"按钮，如图5-2所示。

图5-2 新建工作表

步骤03 ❶程序自动在当前工作表左侧插入工作表，在其上右击，❷选择"重命名"命令，如图5-3所示。

图5-3 重命名工作表

步骤04 ❶工作表标签自动进入可编辑状态，输入"二月订单"文本，❷单击工作表的其他位置完成重命名操作，如图5-4所示。

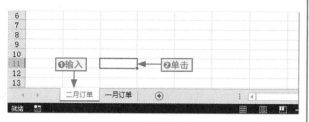

图5-4　完成重命名操作

5.1.2　移动和复制工作表

1. 移动工作表

在工作簿中，如果工作表的位置不符合要求，可以将其移动到任意指定的位置，其具体操作方法如下。

本节素材	DVD/素材/Chapter05/项目部工资表.xlsx
本节效果	DVD/效果/Chapter05/项目部工资表.xlsx
学习目标	掌握将工作表移动到指定位置的方法
难度指数	★★

步骤01 ❶打开"项目部工资表"素材文件，❷在"单元格"组单击"格式"按钮，❸选择"移动或复制工作表"命令，如图5-5所示。

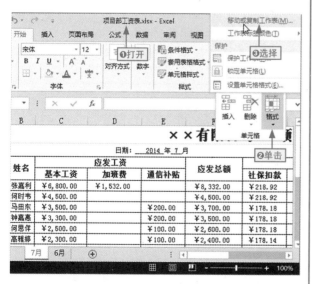

图5-5　选择"移动或复制工作表"命令

步骤02 ❶在打开的"移动或复制工作表"对话框中选择"(移至最后)"选项，❷单击"确定"按钮，如图5-6所示。

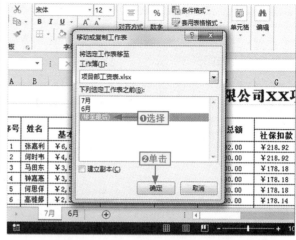

图5-6　设置工作表移动的位置

步骤03 在返回的工作界面中可查看到"7月"工作表被移动到"6月"工作表右侧，如图5-7所示。

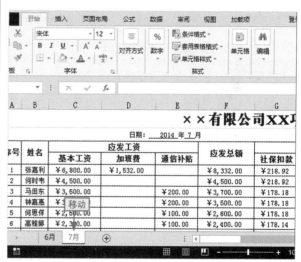

图5-7　查看移动工作表的效果

2. 复制工作表

如果要制作的工作表的结构和已有的工作表结构相似，此时可以通过复制工作表的方法快速制作一个副本文件，然后再编辑，这样可以提高制作效率，复制工作表的具体操作方法如下。

本节素材	DVD/素材/Chapter05/项目部工资表1.xlsx
本节效果	DVD/效果/Chapter05/项目部工资表1.xlsx
学习目标	掌握复制工作表的方法
难度指数	★★

步骤01 ❶打开"项目部工资表1"素材文件，❷在"7月"工作表标签上右击，❸选择"移动或复制"命令，如图5-8所示。

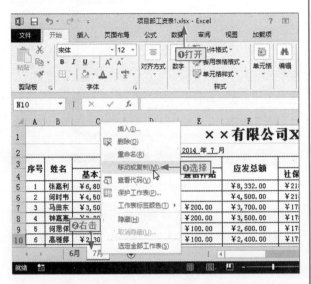

图5-8 选择"移动或复制"命令

步骤02 ❶在打开的"移动或复制工作表"对话框中选择"(移至最后)"选项，❷选中"建立副本"复选框，❸单击"确定"按钮，如图5-9所示。

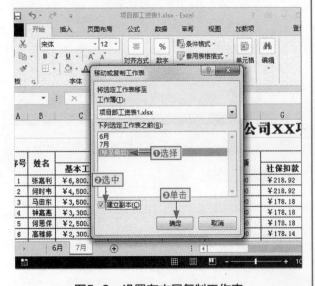

图5-9 设置在末尾复制工作表

步骤03 在返回的工作界面中即可查看到，程序自动根据"7月"工作表在末尾创建了一个名称为"7月(2)"的副本工作表，如图5-10所示。

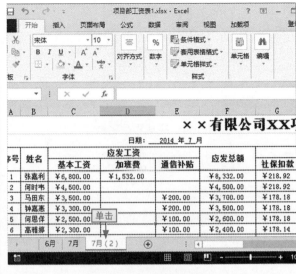

图5-10 查看副本文件

核心妙招 | 移动和复制操作的快速完成方法

在Excel 2013中，还可以结合鼠标和键盘快速完成工作表的移动和复制操作，其具体操作方法如下：

选择工作表，按住鼠标左键不放，拖动工作表到指定位置可完成移动操作，如图5-11上图所示；如果在拖动鼠标的过程中，按住Ctrl键，在目标位置释放鼠标左键可完成复制操作，如图5-11下图所示。

图5-11 拖动鼠标完成移动和复制

5.1.3　冻结和拆分工作表窗口

1. 冻结工作表窗口

如果工作表中的数据很多，要查看靠后数据与表头的对应关系，或者靠右数据与前几列的对应关系，此时就需要冻结工作表窗口。

本节素材	DVD/素材/Chapter05/产品月进货统计.xlsx
本节效果	DVD/效果/Chapter05/产品月进货统计.xlsx
学习目标	掌握冻结工作表窗口的方法
难度指数	★

步骤01 ❶打开"产品月进货统计"素材文件，❷选择B3单元格，如图5-12所示。

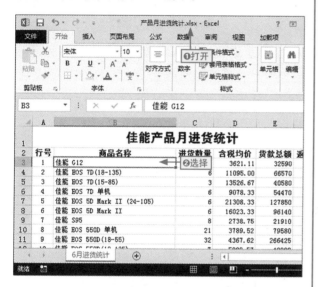

图5-12　选择冻结窗格的中心单元格

专家提醒 | 3种冻结方式的作用

在Excel中，系统提供了3种冻结方式，分别是冻结拆分窗格、冻结首行和冻结首列，各种冻结方式的具体作用如下：

◆ 冻结拆分窗格是以中心单元格左侧和上方的框线为边界将窗口分为4个部分。

◆ 冻结工作表的首行，垂直滚动查看工作表中的数据时，保持工作表的首行位置不变。

◆ 冻结工作表的首列，水平滚动查看工作表中的数据时，保持工作表的首列位置不变。

步骤02 ❶单击"视图"选项，❷在"窗格"组中单击"冻结窗格"下拉按钮，❸选择"冻结拆分窗格"选项，如图5-13所示。

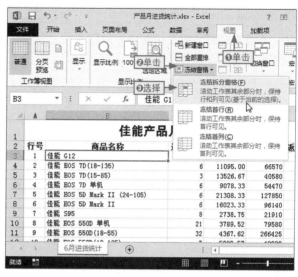

图5-13　选择冻结方式

步骤03 在返回的工作界面中，滚动鼠标滑轮，即可查看到靠前的记录被隐藏，表格标题、表头和首行始终显示，如图5-14所示。

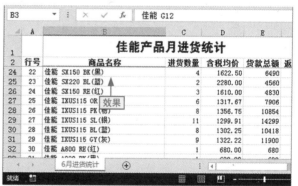

图5-14　查看冻结窗格的效果

2. 拆分工作表窗口

如果要对比查看相隔很远的数据，此时可以通过拆分工作表窗口功能将工作表窗口拆分为独立的窗格，从而在不同窗格中对比查看数据。

本节素材	DVD/素材/Chapter05/产品月进货统计1.xlsx
本节效果	DVD/效果/Chapter05/产品月进货统计1.xlsx
学习目标	掌握将工作表窗口拆分为多个窗格的方法
难度指数	★

步骤01 ❶打开"产品月进货统计1"素材文件，❷在工作表编辑区的表格靠中间的任意位置选择单元格，如图5-15所示。

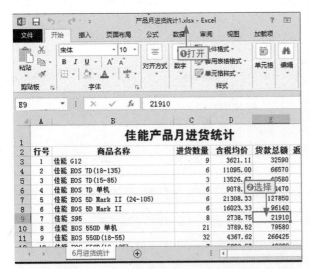

图5-15 选择拆分窗格的中心单元格

步骤02 ❶单击"视图"选项卡，❷在"窗口"组中单击"拆分"按钮(再次单击该按钮可取消拆分)，程序自动以中心单元格将窗口拆分为4个独立的窗格，如图5-16所示。

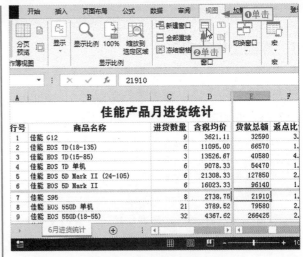

图5-16 拆分窗口

步骤03 选择左下角窗格的任意单元格，滚动鼠标滑轮，靠后的数据自动显示在当前位置，如图5-17所示。

图5-17 在拆分窗格中对比查看数据

长知识 ┃ 将窗口拆分为水平或垂直的两个窗格

在Excel中，如果要将工作表窗口拆分为水平或垂直的两个窗格，也是通过单击"拆分"按钮来完成的，例如要将工作表窗口拆分为垂直的两个窗格，❶可以选择某列，❷在"视图"选项卡"窗口"组中单击"拆分"按钮，如图5-18所示。

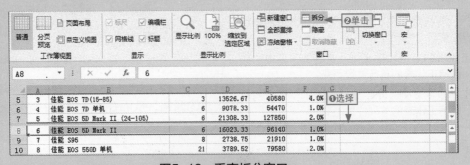

图5-18 垂直拆分窗口

5.2 操作单元格

单元格是工作簿的最小组成单位，主要用行号和列标来标识其位置，如果是连续的单元格区域，则中间使用冒号间隔。熟练地掌握单元格的各种基本操作，可以快速地对数据进行编辑。

5.2.1 插入与删除行/列

1. 插入行/列单元格

如果要在已有表格的中间位置增加数据，就会使用到插入到整行或整列的操作，二者的操作方法相似，下面以插入整行为例讲解其具体操作方法。

本节素材	DVD/素材/Chapter05/停车收费记录.xlsx
本节效果	DVD/效果/Chapter05/停车收费记录.xlsx
学习目标	掌握插入行/列的方法
难度指数	★★

步骤01 ❶打开"停车收费记录"素材文件，❷将鼠标光标移动到行号上，单击鼠标左键选择该行，如图5-19所示。

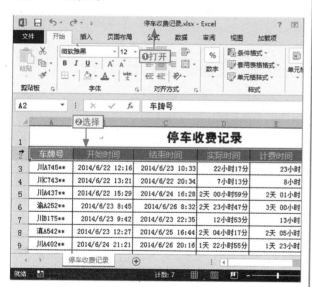

图5-19 选择整行单元格

核心妙招 | 一次性插入多行/列

如果要一次性插入多行多列，首先要拖动鼠标选择连续的多行或多列，再执行插入行或列操作即可。

步骤02 ❶单击"单元格"组的"插入"下拉按钮，❷选择"插入工作表行"选项，❸程序自动在选择行的上方插入一行，如图5-20所示。

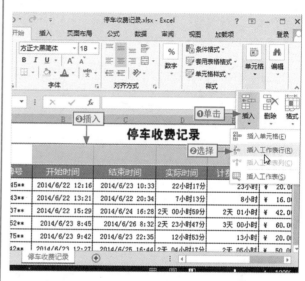

图5-20 插入一行单元格

专家提醒 | 插入工作表列

选择一列或者多列后，在"插入"下拉列表中选择"插入工作表列"选项即可在选择列的左侧插入一列或多列。

2. 删除行/列单元格

如果发现表格中有不需要的行/列，此时就需要将其选择，然后执行相应的删除行/列操作将其删除，二者的操作方法相似，下面以删除整行为例讲解其具体操作方法。

本节素材	DVD/素材/Chapter05/员工工资结算表.xlsx
本节效果	DVD/效果/Chapter05/员工工资结算表.xlsx
学习目标	掌握删除行/列的方法
难度指数	★★

步骤01 ❶打开"员工工资结算表"素材文件，❷选择第12行单元格，如图5-21所示。

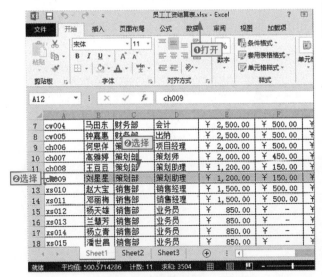

图5-21　选择要删除的行

步骤02 ❶单击"单元格"组中的"删除"下拉按钮，❷选择"删除工作表行"选项即可将选择的行删除，如图5-22所示。删除行后下方的记录上移。

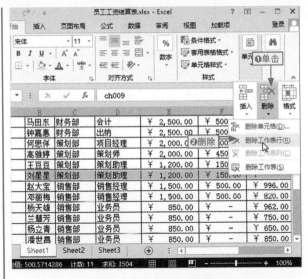

图5-22　删除工作表行

专家提醒 | 删除工作表列

选择一列或者多列后，在"删除"下拉列表中选择"删除工作表列"选项即可将选择的一列或多列删除，并且右侧的列向左移。

长知识 | 通过对话框插入/删除单元格

在Excel中，选择任意单元格后，在其快捷菜单中选择"插入"命令(或者在"插入"下拉菜单中选择"插入单元格"命令)，会打开"插入"对话框，如图5-23左图所示；如果在单元格的快捷菜单中选择"删除"命令(或者在"删除"下拉菜单中选择"删除单元格"命令)，会打开"删除"对话框，如图5-23右图所示。

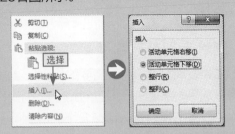 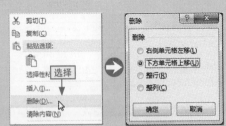

图5-23　"插入"对话框(左)和"删除"对话框(右)

在对话框中，"活动单元格右移""活动单元格下移""右侧单元格左移"和"下方单元格上移"单选按钮用于对单个单元格的插入与删除，"整行"和"整列"单选按钮用于对整行或整列单元格的插入与删除。

5.2.2 合并单元格

在制作表格时，如果某个项目或内容要占据相邻行或列的多个单元格，此时可以使用合并功能将其合并为一个单元格。

它既可以通过"对齐方式"组合并，也可以通过"设置单元格格式"对话框合并。

本节素材	DVD/素材/Chapter05/员工年度考核表.xlsx
本节效果	DVD/效果/Chapter05/员工年度考核表.xlsx
学习目标	掌握合并单元格的方法
难度指数	★

📖 步骤01 ❶打开"员工年度考核表"素材文件，❷选择A1:J1单元格区域，❸单击"合并后居中"下拉按钮，❹选择"合并后居中"选项，如图5-24所示。

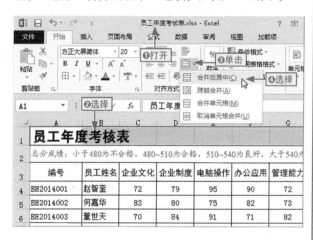

图5-24 选择"合并后居中"选项

🐷 **专家提醒 | 各种合并方式详解**

在"合并后居中"下拉列表中，各种选项对应的作用如下。

◆ **合并后居中**：用于将单元格合并后并将其对齐方式设置为居中对齐(与直接单击"合并后居中"按钮效果相同)。

◆ **合并单元格**：用于按原对齐方式合并单元格。

◆ **跨越合并**：用于按行将同行中相邻的多列单元格合并。

◆ **取消合并单元格**：用于将合并的单元格还原到未合并的状态，与选中合并后的单元格后单击"合并后居中"按钮相同。

📖 步骤02 ❶选择A2:J2单元格区域，❷在"对齐方式"组中单击右下角的"对话框启动器"按钮，如图5-25所示。

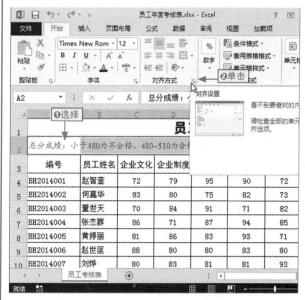

图5-25 选择要合并的单元格区域

📖 步骤03 程序自动打开"设置单元格格式"对话框的"对齐"选项卡，❶选中"合并单元格"复选框，❷单击"确定"按钮即可完成合并操作，如图5-26所示。

图5-26 "设置单元格格式"对话框

5.2.3 调整单元格的行高和列宽

1. 拖动鼠标调整行高和列宽

拖动鼠标调整行高和列宽是拖动行号下方或列标右侧的边框线，这是调整行高和列宽最快捷的方法。利用该方法也可以一次性对多行多列设置相同行高或列宽，其具体操作方法如下。

本节素材	DVD/素材/Chapter05/销售员提成统计.xlsx
本节效果	DVD/效果/Chapter05/销售员提成统计.xlsx
学习目标	掌握快速调整单元格行高和列宽的方法
难度指数	★★

步骤01 ❶打开"销售员提成统计"素材文件，❷将鼠标光标移动到第2行行号的下边框上，向下拖动鼠标增大行高，如图5-27所示。

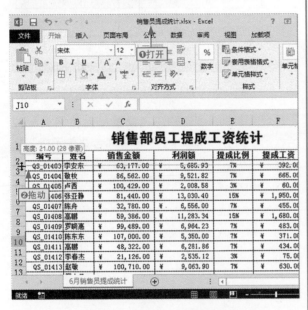

图5-27 调整一行的行高

> **专家提醒｜拖动鼠标减小行高**
>
> 将鼠标光标移动到行号的下边框上，向上拖动鼠标，此时程序将减小该边框上方行的行高。

步骤02 ❶选择连续的多行单元格，❷将鼠标光标移动到任意行号边框线上，向下拖动鼠标增大单元格的行高，如图5-28所示。

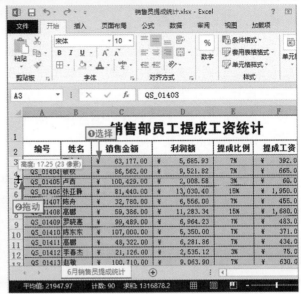

图5-28 调整连续多行的行高

步骤03 按住Ctrl键不放，依次单击要选择的列的列标选择不连续的多列，如图5-29所示。

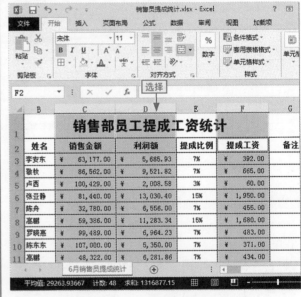

图5-29 选择不连续的多列

步骤04 将鼠标光标移动到C列和D列之间的边框线上，向右拖动鼠标增大单元格的列宽，如图5-30所示。

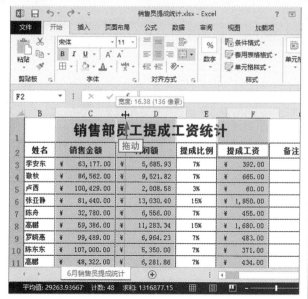

图5-30　调整不连续多列的列宽

2. 精确调整单元格的行高和列宽

如果用户需要快速精确调整单元格的行高和列宽，就需要使用"行高"和"列宽"对话框来完成，其具体操作方法如下。

本节素材	DVD/素材/Chapter05/销售员提成统计1.xlsx
本节效果	DVD/效果/Chapter05/销售员提成统计1.xlsx
学习目标	掌握用对话框调整单元格行高和列宽的方法
难度指数	★★★

步骤01　❶打开"销售员提成统计1"素材文件，❷选择第3~17行，如图5-31所示。

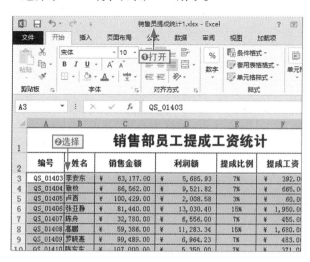

图5-31　选择连续多行

步骤02　❶在"开始"选项卡的"单元格"组中单击"格式"下拉按钮，❷选择"行高"命令，如图5-32所示。

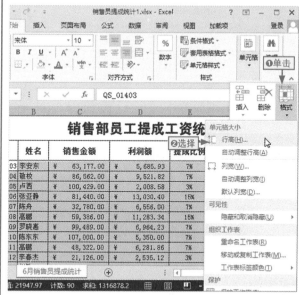

图5-32　选择"行高"命令

步骤03　❶在打开的"行高"对话框的"行高"文本框中输入"17"，❷单击"确定"按钮关闭对话框，并应用设置的行高，如图5-33所示。

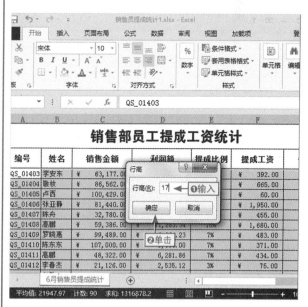

图5-33　精确调整行高

步骤04 ❶选择C、D和F列单元格，❷单击"单元格"组的"格式"下拉按钮，❸选择"列宽"命令，如图5-34所示。

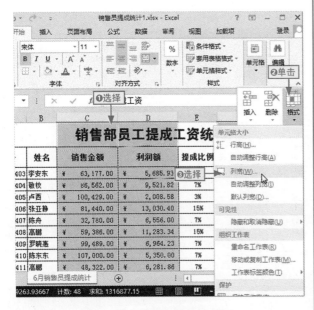

图5-34　选择"列宽"命令

步骤05 ❶在打开的"列宽"对话框的"列宽"文本框中输入"16"，❷单击"确定"按钮关闭对话框并应用设置的列宽，如图5-35所示。

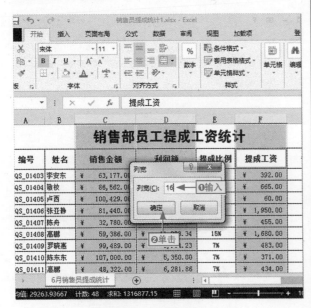

图5-35　精确调整列宽

核心妙招 | 利用快捷菜单精确设置行高和列宽

在Excel 2013中，选择相应的行或者列，在各自的快捷菜单中分别选择对应的"行高"或者"列宽"命令，即可打开对应的"行高"或"列宽"对话框，如图5-36所示，从而进行行高和列宽的精确设置。

图5-36　利用快捷菜单设置行高/列宽

3. 根据内容自动调整行高和列宽

在Excel中，还可以根据表格中的内容快速自动调整单元格的行高和列宽，它们都可以通过"格式"下拉菜单完成，其具体操作方法如下。

本节素材	DVD/素材/Chapter05/销售员提成统计2.xlsx
本节效果	DVD/效果/Chapter05/销售员提成统计2.xlsx
学习目标	掌握根据内容多少自动调整行高和列宽的方法
难度指数	★★★

步骤01 ❶打开"销售员提成统计2"素材文件，❷选择数据表的所有行，❸单击"格式"下拉按钮，❹选择"自动调整行高"命令，如图5-37所示。

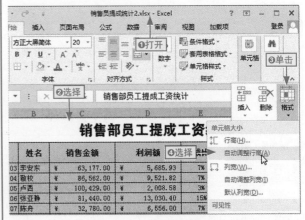

图5-37　自动调整行高

步骤02 ❶选择数据表的所有列，❷单击"格式"下拉按钮，❸选择"自动调整列宽"命令自动调整表格的列宽，如图5-38所示。

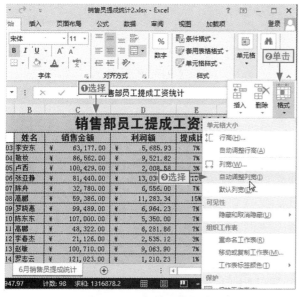

图5-38　自动调整列宽

核心妙招 | 自定义默认的列宽

工作表的默认列宽为8.38，用户可以根据需要自定义工作表的默认标准列宽，其方法如下：

❶在工作表中选择任意单元格，在"格式"下拉菜单中选择"默认列宽"命令，❷在打开的"标准列宽"对话框中重新自定义列宽后，❸单击"确定"按钮即可，如图5-39所示。

图5-39　自定义标准列宽

5.3　Excel中的数据录入的特殊方法

常规的数据录入方法与Word中录入数据的方法相似，针对Excel表格的特性，Excel还提供了一些特殊的数据录入方法，如填充数据、使用记录单录入、使用有效性规则约束录入的数据等。

5.3.1　快速填充数据

1. 拖动控制柄填充

在Excel中，拖动控制柄可以填充字符数据、文本数据和数值数据，不同的类型，填充效果不同，如图5-40所示。

填充字符数据

若数据为字母开头数字结尾的字符数据，拖动控制柄填充的数据类似于数值数据中的序列数据。

填充文本数据

若数据为文本数据，拖动控制柄填充填充相同数据，即将数据复制到拖动过的单元格中。

图5-40　拖动控制柄填充的数据类型及其效果

填充数值数据

若数据为纯数字的数值数据，拖动控制柄填充的数据可以是相同数据，也可以是序列数据。

图5-40　（续）

本节素材	DVD/素材/Chapter05/各部门费用支出汇总.xlsx
本节效果	DVD/效果/Chapter05/各部门费用支出汇总.xlsx
学习目标	掌握控制柄的使用方法
难度指数	★★★

步骤01 ❶打开"各部门费用支出汇总"素材文件，❷选择A3单元格，输入"1"，按Ctrl+Enter组合键确认的数据并选择当前数据单元格，如图5-41所示。

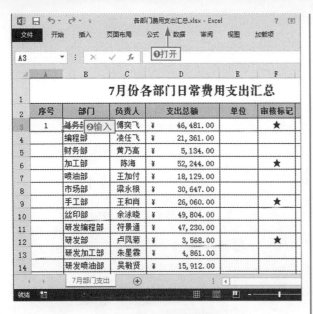

图5-41　输入数值数据

专家提醒 | 确认数据输入的其他方法

在单元格中输入数据后，按Enter键确认数据的输入并选择其下方的单元格；按Shift+Enter组合键确认数据的输入并选择其上方的单元格；按Tab键确认数据的输入并选择其右侧的单元格。

步骤02　将鼠标光标移动到A3单元格右下角的控制柄上(绿色小方块)，向下拖动鼠标到A16单元格，释放鼠标填充相同数据，如图5-42所示。

图5-42　填充相同数据

步骤03　❶单击"自动填充选项"标记右侧的下拉按钮，❷选中"填充序列"单选按钮完成序列数据的填充，如图5-43所示。

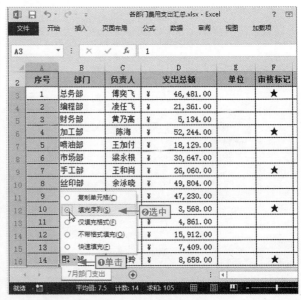

图5-43　填充序列数据

步骤04　选择F3单元格(或双击F3单元格)，在其中输入"元"文本，并按Ctrl+Enter组合键结束输入并选择该单元格，如图5-44所示。

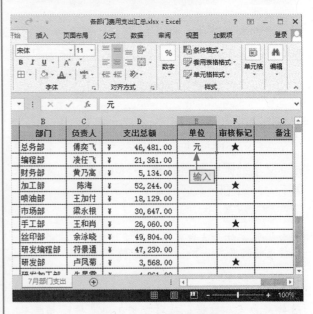

图5-44　输入文本数据

步骤05 拖动F3单元格的控制柄到F16单元格后，释放鼠标左键完成相同数据的填充，如图5-45所示。

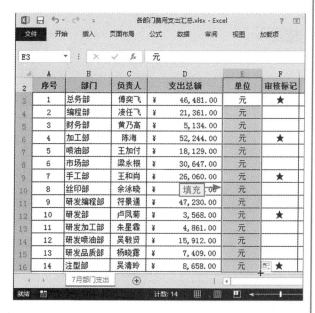

图5-45　填充相同数据

核心妙招 | 使用快捷键输入相同数据

选择要输入相同数据的多个单元格，将文本插入点定位到编辑栏中(也可直接输入数据)，输入相同数据后，直接按Ctrl+Enter组合键可以快速在选择的单元格区域中全部录入相同数据。

2. 利用对话框填充规律数据

在Excel中，程序还提供了通过"序列"对话框填充规律数据的方法，利用该方法设置的规律数据类型更多，其具体操作方法如下。

本节素材	DVD/素材/Chapter05/店面毛利分析.xlsx
本节效果	DVD/效果/Chapter05/店面毛利分析.xlsx
学习目标	掌握填充等差、等比、日期等规律数据的方法
难度指数	★★★★

步骤01 ❶打开"店面毛利分析"素材文件，❷在A4单元格中输入"2014/4/1"日期数据，❸选择A4:A25单元格区域，如图5-46所示。

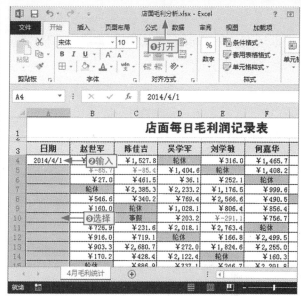

图5-46　输入数据并选择单元格区域

步骤02 ❶在"开始"选项卡的"编辑"组中单击"填充"下拉按钮，❷选择"序列"命令，如图5-47所示。

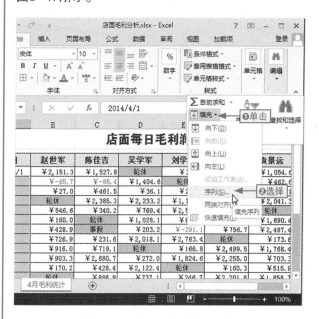

图5-47　选择"序列"命令

步骤03 在打开的"序列"对话框中保持"序列产生在"和"类型"参数的默认值，❶选中"工作日"单选按钮，❷单击"确定"按钮，如图5-48所示。

图5-48　设置填充依据

专家提醒 | 按工作日方式填充日期

按工作日填充日期是指在整个连续的日期中，只填充除星期六和星期日以外的时间，其他国家规定的法定假日此时也被包括在工作日填充的范围内。

步骤04 在返回的工作表中可查看到程序自动在选择的单元格区域中填充了这段时间的工作日日期，如图5-49所示。

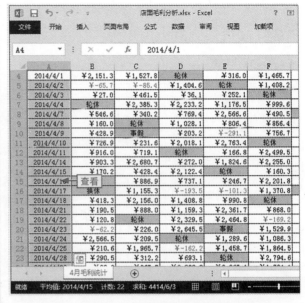

图5-49　查看填充结果

长知识 | 深入认识"序列"对话框

通过"序列"对话框可以对文本和数据进行更多的填充，深入理解该对话框的各个参数，可以帮助用户更快速地设置填充依据。下面分别讲解"序列产生在"、"类型"、"日期单位"栏以及"步长值"和"终止值"文本框的作用，具体内容如图5-50所示。

序列产生在	类型	日期单位	步长值和终止值
该参数用于指定序列填充的位置，其中，选中"行"单选按钮表示数据的填充方向为行；选中"列"单选按钮表示数据的填充方向为列。	选中"等差序列"单选按钮表示按等差规律填充数据；选中"等比序列"单选按钮表示按等比规律填充数据；选中"日期"单选按钮表示将日期数据按指定方式进行填充；选中"自动填充"单选按钮表示填充相同数据。	当类型为日期时，该栏中的所有项目才为可用状态，其中，选中"日"单选按钮表示逐日填充数据；选中"月"单选按钮表示年份和日期不变，月份逐月填充；选中"年"单选按钮表示月份和日期不变，年份逐年填充。	"步长值"文本框用于设置等差规律数据的差值以及等比规律数据的等比。"终止值"文本框用于设置数据填充的结束值。

图5-50　深入理解"序列"对话框的参数

5.3.2 使用记录单录入数据

在Excel中，如果表格的项目很多，为了确保录入的数据与项目的准确对应，此时可以使用记录单功能来录入数据，其具体操作方法如下。

本节素材	DVD/素材/Chapter05/员工档案.xlsx
本节效果	DVD/效果/Chapter05/员工档案.xlsx
学习目标	掌握使用记录单录入数据的方法
难度指数	★★★

步骤01 ❶打开"员工档案"素材文件，❷选择A1单元格，❸单击快速访问工具栏中的"记录单"按钮，如图5-51所示。

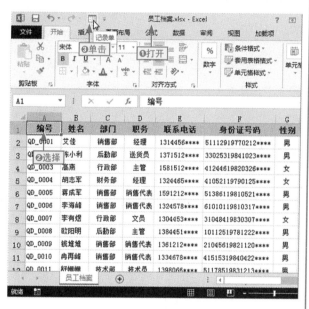

图5-51 单击"记录单"按钮

专家提醒 | 使用记录单功能的前提

默认情况下，快速访问工具栏中并没有显示"记录单"按钮，用户要使用记录单功能，首先需要通过自定义快速访问工具栏的相关操作在该工具栏中添加"记录单"按钮，有关具体操作可参见第一章的1.5.3节内容。

步骤02 ❶在打开的记录单对话框中显示了表格中的第一条记录，并可查看当前工作表中的总记录数，❷单击"新建"按钮，如图5-52所示。

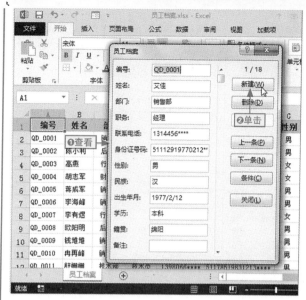

图5-52 查看记录并新建记录

步骤03 ❶程序自动新建一条空白记录，在其中根据文本框名称的提示，逐个录入对应的数据，❷单击"关闭"按钮，如图5-53所示。

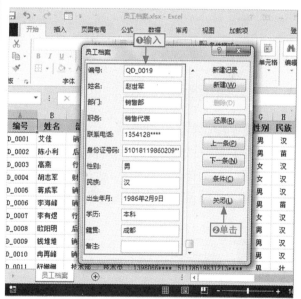

图5-53 录入新记录的数据

步骤04 在返回的工作表中可查看到，程序自动在表格末尾插入了一条新记录，如图5-54所示。

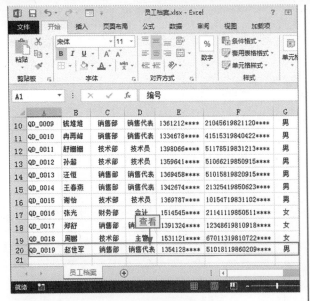

图5-54　查看添加的新记录

🐱 专家提醒 ｜ 利用记录单对话框管理记录

在记录单对话框中，通过单击"上一条"和"下一条"按钮还可以逐条浏览表格中的所有数据记录；单击"删除"按钮可删除当前显示的记录；单击"还原"按钮可清空新建记录时录入的数据；单击"条件"按钮，还可以设置查看指定条件的数据记录。

5.3.3　利用有效性规则限制数据

1. 用序列限制录入的数据

在Excel中，如果要限制用户录入指定序列中的数据，此时可以使用数据有效性功能的序列有效性条件来限制录入的数据，其具体操作方法如下。

本节素材	DVD/素材/Chapter05/员工签到表.xlsx
本节效果	DVD/效果/Chapter05/员工签到表.xlsx
学习目标	掌握利用序列来限制录入数据的方法
难度指数	★★★

📀 步骤01 ❶打开"员工签到表"素材文件，❷选择要设置数据有效性的单元格区域，这里选择B3:B56单元格区域，如图5-55所示。

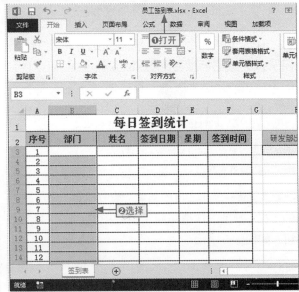

图5-55　选择设置有效性的单元格区域

📀 步骤02 ❶单击"数据"选项卡，❷在"数据工具"组中单击"数据验证"下拉按钮，❸选择"数据验证"命令，如图5-56所示。

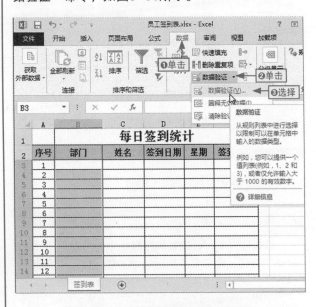

图5-56　打开"数据验证"对话框

🐮 专家提醒 ｜ 快速打开"数据验证"对话框

在Excel中，直接单击"数据工具"组中的"数据验证"按钮也可以打开"数据验证"对话框。

步骤03 ❶在打开的"数据验证"对话框的"设置"选项卡中单击"允许"下拉列表框右侧的下拉按钮，❷选择"序列"选项，如图5-57所示。

图5-57　设置序列约束

步骤04 ❶在"来源"文本框中输入"市场部,销售部,客服部,技术部"序列，❷单击"确定"按钮，如图5-58所示。

图5-58　设置具体的约束条件

步骤05 ❶在返回的工作表中可查看到单元格右侧都有一个下拉按钮，❷直接在其中输入"财务部"，如图5-59所示，按Enter键确认。

图5-59　输入非法数据

步骤06 程序自动打开警告对话框，提示输入了非法值，单击"取消"按钮关闭对话框并重新选择该单元格，如图5-60所示。

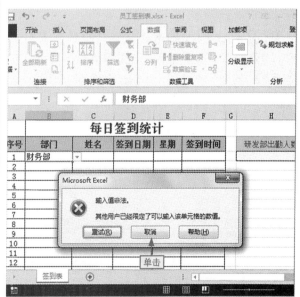

图5-60　处理非法值

步骤07 ❶单击B3单元格右侧的下拉按钮，❷选择"市场部"选项后程序自动会将选择的选项内容输入到单元格中，如图5-61所示。

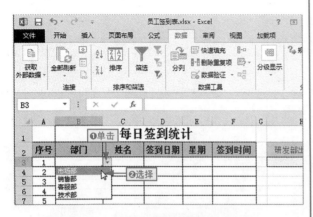

图5-61　通过下拉列表录入有效数据

2. 录入指定范围的数值数据

对于成绩、年龄等数据，这是大于零的数据，为了避免用户输入小于零的数据，可以通过数据有效性功能将录入的数据约束在某个指定的范围，其具体操作方法如下。

本节素材	DVD/素材/Chapter05/期末考试成绩统计.xlsx
本节效果	DVD/效果/Chapter05/期末考试成绩统计.xlsx
学习目标	掌握将录入的数据约束在某个范围的方法
难度指数	★★★

步骤01 ❶打开"期末考试成绩统计"素材文件，❷选择要设置数据有效性的单元格区域，这里选择E2:J27单元格区域，如图5-62所示。

图5-62　选择要设置数据有效性的单元格

步骤02 ❶单击"数据"选项卡，❷在"数据工具"组中单击"数据验证"按钮打开"数据验证"对话框，如图5-63所示。

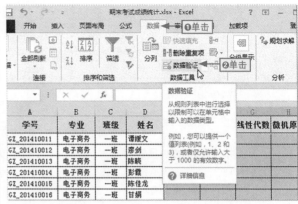

图5-63　打开"数据验证"对话框

步骤03 ❶在打开对话框的"设置"选项卡中设置"允许"为"小数"，❷单击"数据"下拉按钮，❸选择"大于或等于"选项，如图5-64所示。

图5-64　设置有效性的允许条件

专家提醒 | 删除设置的数据有效性

如果要清除为单元格设置的数据有效性条件，可以选择单元格后，打开"数据验证"对话框，单击"全部清除"按钮。

步骤04 ❶在"最小值"文本框中输入"0"，❷单击"确定"按钮完成有效性条件的设置，如图5-65所示。

图5-65　设置数据范围的约束条件

步骤05 ❶在返回的文本框中输入第一个学生的英语成绩为-80，按Enter键，❷在打开的警告对话框中单击"取消"按钮，如图5-66所示。

图5-66　录入负数后提示输入非法值

步骤06 依次在工作表中录入有效的科目成绩，完成整个操作，如图5-67所示。

学号	专业	班级	姓名	大学英语	高等数学	线性代数	微机原
GZ_201410011	电子商务	一班	谭缓文	79	79.8	88.7	60.3
GZ_201410012	电子商务	一班	廖剑	85	84.8	60.5	60.9
GZ_201410013	电子商务	一班	陈晓	94	61.8	61	85.7
GZ_201410014	电子商务	一班	录入	97	89	62	68
GZ_201410015	电子商务	一班	陈佳龙	95	86.7	83.6	84.7
GZ_201410016	电子商务	一班	甘娟	95	97.7	82.2	78
GZ_201410017	电子商务	一班	万磊	46	56.1	69.9	81.7
GZ_201410018	电子商务	一班	徐羽	74	91	99.3	96.7
GZ_201410019	电子商务	一班	时刚亮	73	95.4	88	95.2
GZ_201410020	电子商务	一班	何柳	66	85.9	97.8	80.9
GZ_201410021	电子商务	一班	刘钦	82	97.5	87.2	97.3
GZ_201410022	电子商务	一班	朱丹妮	63	92	95.1	97.9

图5-67　录入各科的有效成绩

长知识 | 设置输入提示和自定义警告信息

在"数据验证"对话框的"输入信息"选项卡中，如果设置了输入信息，当用户在选择单元格输入数据时，会自动弹出输入提示信息，如图5-68左图所示；如果在"出错警告"选项卡中设置了错误信息和警告对话框的样式，当用户输入非法值后，打开的提示对话框将按设置的错误信息和对话框类型显示，如图5-68右图所示。

图5-68　设置输入提示(左)和自定义警告信息(右)

5.4 美化电子表格

为了让制作的电子表格外观更美观，数据表中的数据展示更清晰，用户可对表格进行各种美化操作。在Excel中，系统提供了手动美化和自动美化两大类方法。

5.4.1 手动美化表格效果

1. 设置单元格的格式

在表格中，默认输入的数字、日期等格式都是按照默认效果显示的，为了让各种数据更符合实际意义，可以对默认的数字、日期等数据的格式进行设置，其具体操作方法如下。

本节素材	DVD/素材/Chapter05/销售月报表.xlsx
本节效果	DVD/效果/Chapter05/销售月报表.xlsx
学习目标	掌握设置单元格格式的方法
难度指数	★★★

步骤01 ❶打开"销售月报表"素材文件，❷选择B3:B32单元格区域，如图5-69所示。

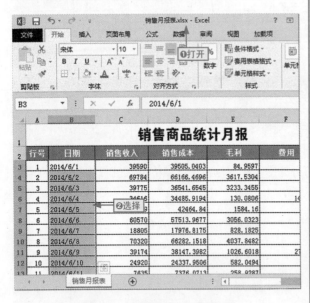

图5-69 选择所有日期数据

步骤02 在"开始"选项卡"数字"组中单击"对话框启动器"按钮，打开"设置单元格格式"对话框，如图5-70所示。

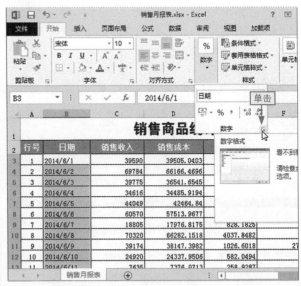

图5-70 单击"对话框启动器"按钮

步骤03 在"数字"选项卡中，程序自动选择"日期"分类，❶在"类型"列表框中选择一种日期样式，❷单击"确定"按钮，如图5-71所示。

图5-71 选择一种日期类型

步骤04 ❶选择C3:F32单元格区域，❷在"数字"组中单击下拉列表框右侧的下拉按钮，❸选择"会计专用"选项，如图5-72所示。

步骤05 此时程序自动为选择的单元格区域中的数字应用对应的会计专用格式，至此完成整个操作，如图5-73所示。

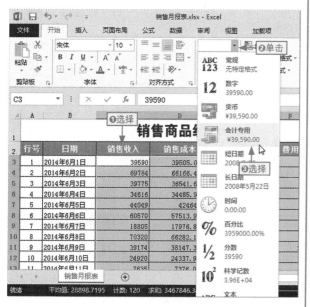

图5-72 为费用单元格区域设置会计专用格式

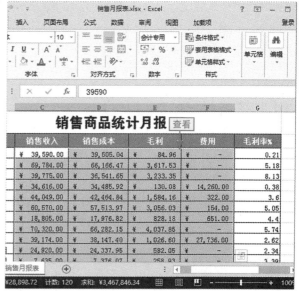

图5-73 查看最终效果

长知识 | 为小数设置指定的小数位数

在Excel中，如果要调整小数数据的小数位数，可以选择单元格区域后，单击"数字"组中的"增加小数位数"或者"减少小数位数"按钮来逐位增加或减少小数位数，如图5-74左图所示。

如果要快速精确设置指定的小数位数，可打开"设置单元格格式"对话框，选择一种数字分类后，在右侧的"小数位数"数值框中输入小数位数即可，如图5-74右图所示。

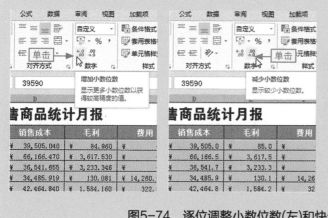

图5-74 逐位调整小数位数(左)和快速精确设置小数位数(右)

2. 添加边框和底纹效果

在工作表中，为了让行列效果区分更明确，信息记录的显示效果更清晰，可以通过为表格添加边框和底纹效果来实现，其具体操作方法如下。

本节素材	DVD/素材/Chapter05/员工档案1.xlsx
本节效果	DVD/效果/Chapter05/员工档案1.xlsx
学习目标	掌握为表格添加边框和底纹的方法
难度指数	★★★

步骤01 ❶打开"员工档案1"素材文件，❷选择A2:L21单元格区域，如图5-75所示。

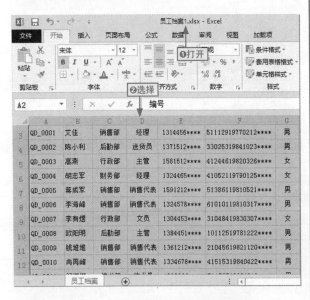

图5-75 选择表头和表格数据区域

步骤02 ❶在"字体"组中单击"边框"按钮右侧的下拉按钮，❷选择"其他边框"命令，如图5-76所示。

专家提醒｜添加边框的说明

在"字体"组中，"边框"按钮默认显示的是"下框线"按钮，单击该按钮后可为选择的单元格添加对应的边框，当单击按钮右侧的下拉按钮后，在弹出的下拉菜单中列举了很多的快速添加边框的选项，选择选项即可快速添加边框。

需要注意的是，当选择相应的边框选项后，"边框"按钮的默认"下框线"按钮将变为当前选项对应的按钮。

图5-76 选择"其他边框"命令

步骤03 ❶在打开的"设置单元格格式"对话框的"边框"选项卡中选择一种线条样式，❷单击"上边框"按钮和"下边框"按钮添加对应的边框，如图5-77所示。

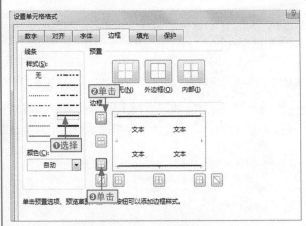

图5-77 添加上边框和下边框

步骤04 ❶在"样式"列表框中选择左侧最后一种样式，❷单击"内部"按钮快速为表格内容添加边框，❸单击"确定"按钮确认，如图5-78所示。

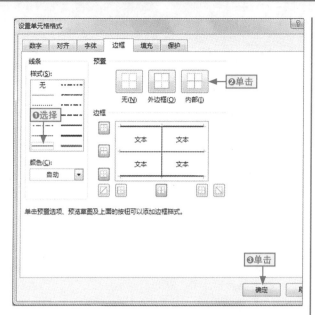

图5-78 添加内部边框线

步骤05 ❶在工作表中选择所有表头数据所在的单元格，❷单击"字体"组中的"其他边框"按钮，如图5-79所示。

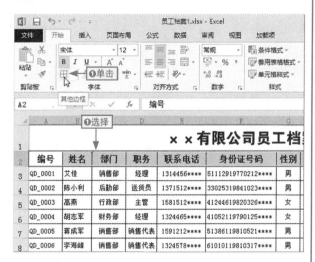

图5-79 单击"其他边框"按钮

步骤06 ❶在打开的"设置单元格格式"对话框中单击"填充"选项卡，❷选择一种背景颜色选项，如图5-80所示。

图5-80 选择填充颜色

步骤07 ❶在"图案颜色"下拉列表框中选择一种图案颜色，❷单击"图案样式"下拉按钮，❸选择一种图样样式，❹单击"确定"按钮完成整个操作，如图5-81所示。

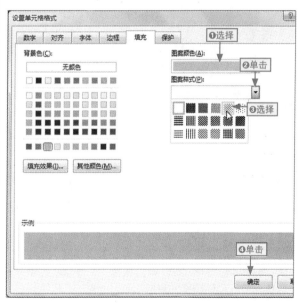

图5-81 设置填充图案和样式

核心妙招 | 快速添加底纹效果

在"字体"组中单击"填充颜色"下拉按钮右侧的下拉按钮，选择相应的颜色即可快速为单元格添加底纹效果。

5.4.2 套用格式美化表格效果

1. 套用单元格格式

在Excel中，程序内置了多种单元格样式，这些样式中实现预定义了单元格的填充色、边框效果和字体效果等，应用这些格式，可快速为单元格的内容进行格式化，其具体操作方法如下。

本节素材	DVD/素材/Chapter05/员工工资结算表1.xlsx
本节效果	DVD/效果/Chapter05/员工工资结算表1.xlsx
学习目标	掌握内置单元格格式的应用和修改方法
难度指数	★★

步骤01 ❶打开"员工工资结算表1"素材文件，❷选择A1标题单元格，❸单击"样式"组"单元格样式"下拉按钮，❹选择"标题1"样式，如图5-82所示。

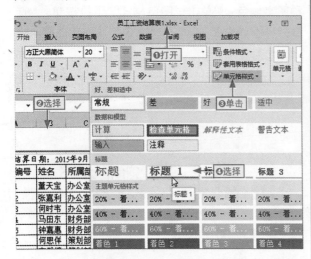

图5-82 套用"标题1"样式

专家提醒｜应用单元格格式的说明

如果选择的单元格中事先设置了字体格式和填充颜色，当应用标题单元格格式时，所有的字体格式将被替代，但是单元格填充颜色保留；应用除标题以外的其他单元格样式，则单元格的字体格式和填充颜色都将被替代。

步骤02 保持单元格的选择状态，❶将其字体格式修改为"方正大黑简体，20"，❷单击"加粗"按钮取消加粗格式，如图5-83所示。

图5-83 修改套用的单元格格式

2. 套用表格格式

如果要快速为表格中的表头和表格内容添加专业搭配效果的边框和底纹样式，可以使用程序内置的表格格式来快速完成，其具体操作方法如下。

本节素材	DVD/素材/Chapter05/客户信息查询.xlsx
本节效果	DVD/效果/Chapter05/客户信息查询.xlsx
学习目标	掌握内置表格格式的应用和设置方法
难度指数	★★

步骤01 ❶打开"客户信息查询"素材文件，❷选择A2:G22单元格区域，如图5-84所示。

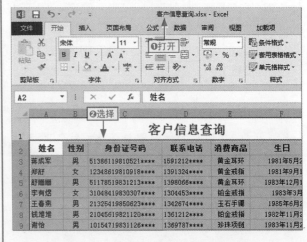

图5-84 选择所有表头和内容区域

步骤02 ❶单击"样式"组中的"套用表格格式"下拉按钮，❷选择"表样式浅色9"选项，如图5-85所示。

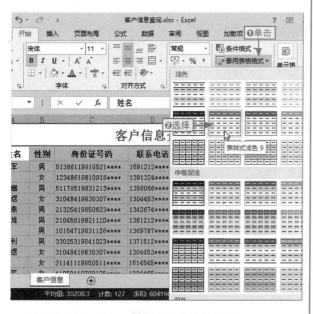

图5-85　选择内置的表格样式

步骤03 在打开的"套用表格式"对话框中保持默认数据的来源及"表包含标题"复选框的选中状态，单击"确定"按钮，如图5-86所示。

图5-86　确认应用表格样式

专家提醒 | 套用表格式的相关说明

在套用表格样式时，如果要将选择的单元格区域的第一行设置为表头，则必须选中"表包含标题"复选框，否则在套用表格样式后，表格顶部将自动添加一行显示每列的标记。

此外，为表格套用样式后，拖动垂直滚动条查看靠后的数据时，如果表头被隐藏了，此时表格的列表将自动变为对应的表头项目。

步骤04 ❶在"表格工具 设计"选项卡中取消选中"筛选按钮"复选框，❷选中"镶边列"复选框，完成样式选项的设置，如图5-87所示。

图5-87　修改表格样式选项

核心妙招 | 快速复制样式

套用表格样式后，除了使用插入行的方法快速复制整行单元格的样式，还可在表格末行任意选择一个单元格，拖动控制柄复制一个单元格的方式来实现，如图5-88所示。

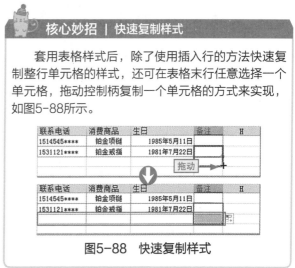

图5-88　快速复制样式

5.5 打印表格

如果要将电子表格输出到纸张上，就需要打印表格，对于打印操作，与Word相似。由于表格的特性，在Excel中，电子表格的打印也分为多种情况。

5.5.1 设置打印区域

在Excel中，如果要打印整张表格中的部分表格内容，首先就需要确定打印区域，其具体操作方法如下。

本节素材	DVD/素材/Chapter05/期末考试座位表.xlsx
本节效果	DVD/效果/Chapter05/无
学习目标	掌握设置打印区域的方法
难度指数	★

步骤01 ❶打开"期末考试座位表"素材文件，❷选择A2:G38单元格区域，如图5-89所示。

图5-89 选择目标单元格区域

步骤02 ❶单击"页面布局"选项卡，❷在"页面设置"组中单击"打印区域"下拉按钮，❸选择"设置打印区域"选项，如图5-90所示。

专家提醒 | 取消打印区域

选择设置的打印区域中的任意一个单元格，在"打印区域"下拉列表中选择"取消打印区域"选项可以取消设置的打印区域。

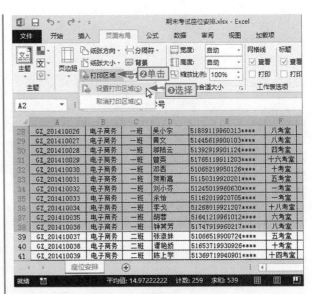

图5-90 设置打印区域

专家提醒 | Excel中的3种打印方式

在Excel中，系统提供了3种打印方式，第一种是打印选定的区域，第二种是打印活动工作表，第三种是打印整个工作簿，这些设置都是通过"文件"选项卡中"打印"选项卡的"设置"下拉列表来设置的，如图5-91所示。

图5-91 Excel中的3种打印方式

其中，打印活动工作表是指当前活动工作簿窗口中的活动工作表，它可以是单张工作表，也可以是多张工作表。而打印整个工作簿是指打印当前活动工作簿窗口中的所有工作表。

5.5.2 在每页顶端重复打印标题行

由于表格的内容比较多，在打印时可能出现多页显示，但是默认情况下，当表格内容跨页后，程序不会自动在每页都添加标题行，因此从第二页开始，表格内容和表头就不能对应了。

此时用户需要手动来设置在每页顶端重复打印标题行，其具体操作方法如下。

本节素材	DVD/素材/Chapter05/期末考试座位表.xlsx
本节效果	DVD/效果/Chapter05/无
学习目标	掌握在每页顶端重复打印标题行的方法
难度指数	★★

步骤01 ❶打开"期末考试座位表"素材文件，❷选择任意单元格，❸单击"页面布局"选项卡，❹在"页面设置"组中单击"打印标题"按钮，如图5-92所示。

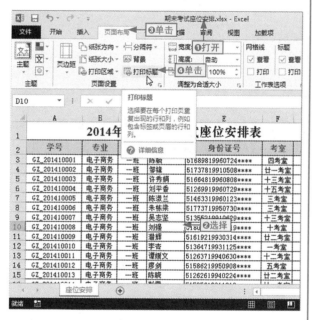

图5-92 单击"打印标题"按钮

步骤02 程序自动打开"页面设置"对话框的"工作表"选项卡，❶将文本插入点定位到"顶端标题行"文本框中，❷单击其右侧的折叠按钮，如图5-93所示。

图5-93 单击"折叠"按钮

步骤03 ❶在工作表中选择第2行单元格，❷单击"页面设置-顶端标题行"对话框中的"展开"按钮，如图5-94所示。

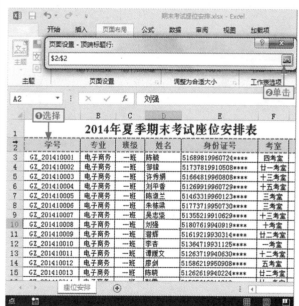

图5-94 选择重复打印的标题行

步骤04 在展开的"页面设置"对话框中直接单击"打印预览"按钮，如图5-95所示。

图5-95 单击"打印预览"按钮

图5-96 查看重复打印标题行的设置效果

专家提醒 | 在每页重复打印标题列

在Excel 2013中，如果要在每页的左侧打印标题列，此时需要在"页面设置"对话框中的"左端标题列"文本框中设置要打印的列的列标，单击"确定"按钮即可。

步骤05 ❶在打印预览区域中单击预览区域下方的"下一页"按钮，❷在第二页的顶端即可查看到添加的标题行，如图5-96所示。

5.6 实战问答

?! NO.1 | 如何快速在当前工作表右侧插入工作表

元芳：通过快捷菜单和"单元格"组中的"插入"下拉菜单，都是在当前工作表的左侧插入工作表，如果要在右侧插入工作表，还需要将该工作表进行移动操作，有没有什么快捷方法在当前工作表的右侧插入工作表呢？

大人：当然有，而且方法还很简单，其操作为：❶在工作表标签组的右侧单击"新工作表"按钮，❷程序自动在其右侧插入一个空白工作表，如图5-97所示。

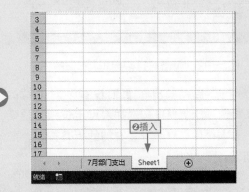

图5-97 在当前工作表右侧插入工作表

NO.2 | 为何填充的末尾值与设置的终止值不同

 元芳：选择单元格区域后，打开"序列"对话框，并在其中设置了终止值，为什么填充的最后一个数据与设置的终止值不同呢？

大人：这主要是与你在操作时选择了指定的单元格区域有关。在Excel中，如果选择填充区域，终止值小于单元格区域，则填充到终止值，如果大于单元格区域，则填充到单元格区域数据单元格区域；如果只选择序列数据的起始一个单元格，在填充序列数据时，系统自动在指定方向上填充指定终止值结束的序列数据。

 NO.3 | 如何设置自动换行

 元芳：在合并的单元格中，输入的数据比较多，但是还是不能完全显示输入的所有内容，我想让它换行显示，在Excel中可以这么操作吗？

大人：当然可以了，❶选择要换行显示的内容所在的单元格，❷直接单击"对齐方式"组中的"自动换行"按钮即可，如图5-98所示。这种换行，程序自动按照单元格的列宽来自动识别换行的位置。此外，用户还可以在任意位置按Alt+Enter组合键进行强行换行。

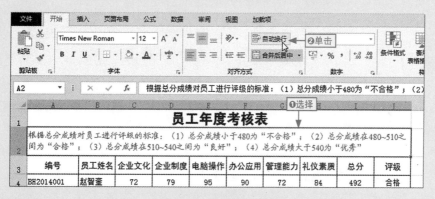

图5-98　设置自动换行

 NO.4 | 货币格式和会计专用有何区别

 元芳：Excel中提供了两种可以代表金额的数据类型，分别是货币格式和会计专用格式，那这两种格式有什么区别呢？

大人：这两种格式在本质上没有任何区别，在表格中都用于表示与货币金额有关的数据，唯一的区别在于显示效果上：对于货币格式而言，它主要用于表示一般货币数值，其是按照货币数据的最左侧数据靠左对齐；而会计专用格式可以对一列数值进行货币符号和小数点对齐，当要快速比较数据之间的大小时，最好选择会计专用格式。

5.7 思考与练习

填空题

1. 如果要快速调整行高和列宽，可以用鼠标拖动单元格的_____；如果要精确调整单元格的行高和列宽，就需要打开_____对话框来完成。

2. 使用数据验证功能不仅可以用_____限制录入的数据，还可以将数据限定在_____。

选择题

1. 在Excel中，下列( )选项不能用于在单元格中结束数据的输入。

A. 按Enter键

B. 按Alt键

C. 按Ctrl+Enter组合键

D. 按Tab键

2. 下列( )选项可以将合并的单元格进行拆分。

A. 合并后居中　　　　B. 合并单元格

C. 取消合并单元格　　D. A和C都可以

判断题

1. 通过"设置单元格格式"对话框可以更详细地设置单元格格式。 ( )

2. 在Excel中，工作表的默认标准列宽是8.38。 ( )

3. 将选择的单元格区域按原对齐方式合并，只能通过"合并后居中"下拉列表的"合并单元格"选项。 ( )

操作题

【练习目的】编辑技能等级评定表的外观

下面通过编辑"技能等级评定"工作表的外观效果为例，让读者亲自体验精确调整行高、套用与修改单元格样式、套用表格样式与编辑表格样式选项的相关操作，巩固本章的相关知识和操作。

【制作效果】

| 本节素材 | DVD/素材/Chapter05/技能等级评定.xlsx |
| 本节效果 | DVD/效果/Chapter05/技能等级评定.xlsx |

公式、函数和
名称的应用

本章要点

★ 输入公式并计算结果　　★ 将函数结果转化为数值

★ 复制公式　　★ 定义名称的方法

★ 插入函数的方法　　★ 批量定义名称并查看

★ 搜索需要的函数　　★ 在公式或函数中使用名称

学习目标

Excel的数据计算功能非常强大，不仅能帮助我们快速计算各种数据，还能提高计算的准确性。本章具体安排了一些与公式、函数应用相关的基础知识与使用操作内容，目的是帮助读者快速了解与掌握使用公式与函数计算数据的各种方法与技巧。

知识要点	学习时间	学习难度
单元格引用、公式与函数基础掌握	45分钟	★★★
使用公式和函数计算数据	90分钟	★★★★★
在Excel中使用名称	50分钟	★★★

重点实例

使用公式计算数据

使用函数计算数据

在公式中使用名称

6.1 了解单元格的引用方式

单元格的引用方式有3种，即相对引用、绝对引用和混合引用，不同的引用类型，在外观显示上只是是否有"$"符号，但在公式和函数中的应用却有着很大的差别。

学习目标	了解相对引用、绝对引用和混合引用
难度指数	★★

◆ 相对引用

相对引用是指在公式中被引用的单元格地址随着公式位置的改变而改变。它是Excel在同一工作表中引用单元格时使用的默认类型，如图6-1所示为相对引用中单元格的变化示意图。

原始位置　　　　　**目标位置**

C8 —— 复制公式到上一行 / 行号减1，列标不变 → C7

C8 —— 复制公式到右一列 / 行号不变，列标加1 → D8

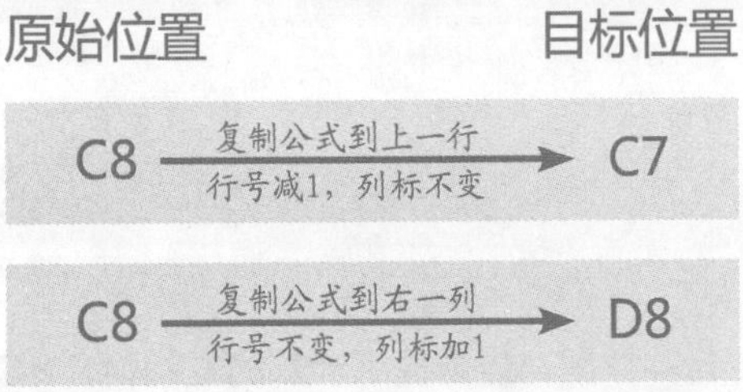

图6-1　相对引用的单元格变化示意图

 专家提醒 | 相对引用的补充说明

通过自动填充、选择性粘贴公式或移动/复制单元格等方法复制单元格中的公式，相对引用的单元格地址会随着新单元格地址的变化而变化。而在原单元格的编辑栏中复制的公式，并双击新单元格进行粘贴，公式中相对引用的单元格地址不会发生改变。

◆ 绝对引用

绝对引用是指无论用何种方法将公式复制到任意位置，该引用地址始终保护不变。从引用地址的形态上来看，它在单元格列标和行号之前分别添加了"$"符号，如图6-2所示为绝对引用中单元格的变化示意图。

原始位置　　　　　**目标位置**

$C$8 —— 复制公式到上一行 / 行号不变，列标不变 → $C$8

$C$8 —— 复制公式到右一列 / 行号不变，列标不变 → $C$8

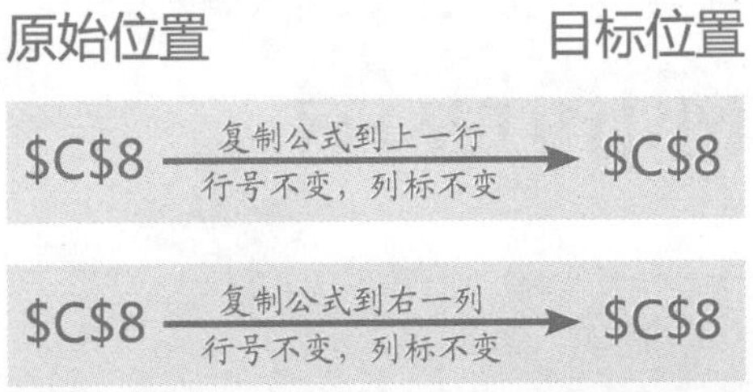

图6-2　绝对引用的单元格变化示意图

◆ 混合引用

混合引用是只在单元格中，行号或列标的任意一个部分前添加"$"符号，当引用位置改变时，添加了"$"符号的绝对引用部分不会改变，只有相对引用部分的地址才改变，如图6-3所示为混合引用中单元格的变化示意图。

原始位置　　　　　**目标位置**

$C8 —— 复制公式到上一行 / 行号减1，列标不变 → $C7

$C8 —— 复制公式到右一列 / 行号不变，列标不变 → $C8

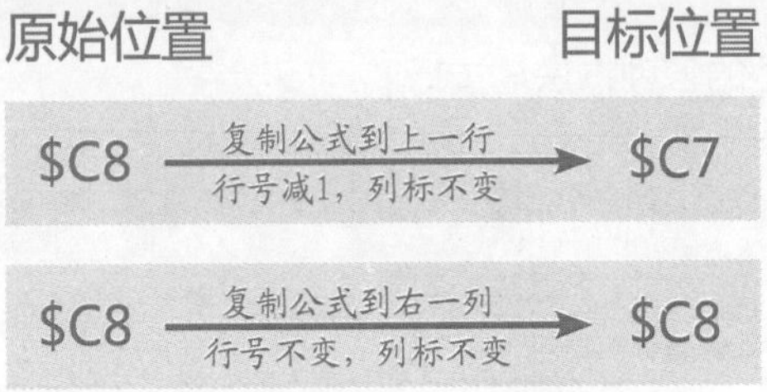

图6-3　混合引用的单元格变化示意图

 核心妙招 | 使用快捷键更改引用方式

在编辑栏的公式中选择需要切换引用方式的单元格地址，重复按F4键，即可依次切换到绝对引用、行绝对列相对引用、行相对列绝对引用和相对引用，如此循环。

6.2 公式与函数的基础掌握

要在Excel中使用公式或者函数来计算数据，首先要了解一些基本知识，如公式的结构、函数的结构、各种运算符及其优先级别等。

学习目标	了解公式和函数的构成以及各种运算符
难度指数	★★

◆公式

公式是以等号"="开始，用不同的运算符将操作数按照一定的规则连接起来的表达式，如图6-4所示为一个简单的公式示意图。

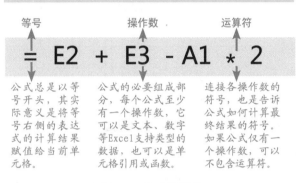

等号   操作数   运算符

$$= E2 + E3 - A1 * 2$$

公式总是以等号开头，其实际意义是将等号右侧的表达式的计算结果赋值给当前单元格。

公式的必要组成部分，每个公式至少有一个操作数，它可以是文本、数字等Excel支持类型的数据，也可以是单元格引用或函数。

连接各操作数的符号，也是告诉公式如何计算最终结果的符号。如果公式仅有一个操作数，可以不包含运算符。

图6-4 公式的结构

◆函数

函数是将特定的计算方法和计算顺序打包起来，通过参数接收要计算的数据并返回特定结果的表达式，如图6-5所示为一个简单的函数示意图。

函数名   括号   参数

AVERAGEA(H5:H35)

每一个函数都有唯一的名称，此名称通常能反映函数的功能。如SUM、MAX、COUNT、IF等。

一对半角小括号是函数的标识符，函数的所有参数都必须包含在这一对小括号内。即使没有参数，也必须要有括号。

参数是决定函数运算结果的因素，由函数的功能而定，有些函数可以不带参数，有些函数可带多个参数。

图6-5 函数的结构

◆各种运算符

运算符是决定公式计算方式的重要组成。Excel中的运算符有算术运算符、文本运算符、比较运算符、括号运算符和引用运算符5种，如图6-6所示。

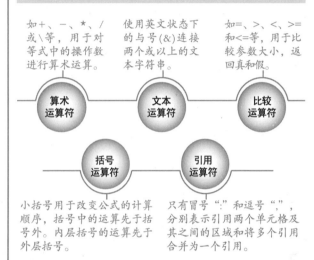

如+、-、*、/或\等，用于对等式中的操作数进行算术运算。

使用英文状态下的与号(&)连接两个或以上的文本字符串。

如=、>、<、>=和<=等，用于比较参数大小，返回真和假。

算术运算符   文本运算符   比较运算符

括号运算符   引用运算符

小括号用于改变公式的计算顺序，括号中的运算先于括号外。内层括号的运算先于外层括号。

只有冒号":"和逗号","，分别表示引用两个单元格及其之间的区域和将多个引用合并为一个引用。

图6-6 各种运算符

◆运算符的优先级

运算符的优先级是指在公式中包含多个表达式时，程序对公式的计算顺序，具体的优先级顺序如图6-7所示。

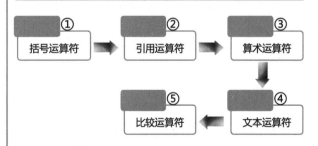

① 括号运算符 → ② 引用运算符 → ③ 算术运算符 → ④ 文本运算符 → ⑤ 比较运算符

图6-7 各种运算符的优先级顺序

6.3 使用公式计算数据

要使用公式计算数据，首先需要确定计算结果的保存位置，然后在其中输入正确的公式后计算结果即可。此外，为了提高计算效率，复制公式这项基本操作也是用户必须掌握的。

6.3.1 输入公式并计算结果

输入公式的方法与输入数据的方法相似，只是在每次输入公式前，首先要输入一个"＝"，要计算公式的结果，直接结束公式的输入即可。

本节素材	DVD/素材/Chapter06/工资结算表.xlsx
本节效果	DVD/效果/Chapter06/工资结算表.xlsx
学习目标	掌握公式的输入与计算的方法
难度指数	★★

步骤01 ❶打开"工资结算表"素材文件，❷选择K3单元格，❸在编辑栏中单击鼠标左键定位文本插入点，如图6-8所示。

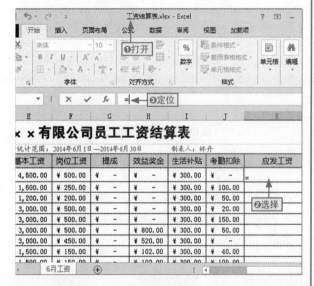

图6-8 在编辑栏中定位文本插入点

步骤02 直接用鼠标选择E4单元格在公式中输入第一个操作数，如图6-9所示。

专家提醒 | 输入公式的其他方法

除了用鼠标选择的方式输入操作数外，用户也可以直接输入单元格的引用地址来输入操作数。

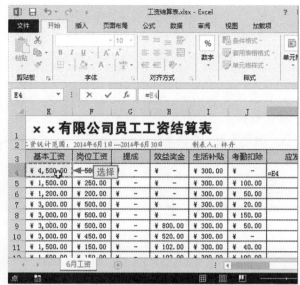

图6-9 输入第一个操作数

步骤03 ❶在编辑栏中输入"＋"运算符，❷选择F4单元格输入第二个操作数，如图6-10所示。

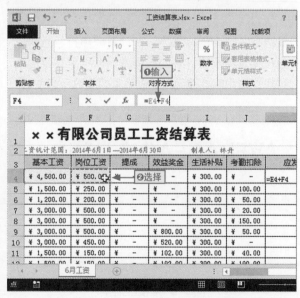

图6-10 输入运算符和第二个操作数

步骤04 用相同的方法将应发工资的计算公式全部输入完，如图6-11所示。

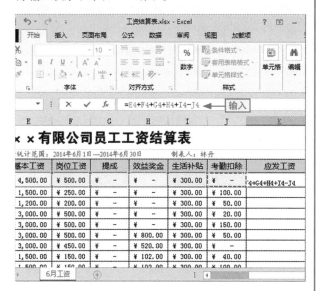

图6-11 完成公式的输入

步骤05 直接按Ctrl+Enter组合键结束公式的输入，此时程序自动在J4单元格中计算出结果，如图6-12所示。

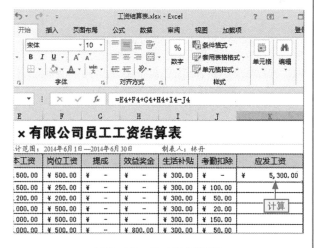

图6-12 公式计算结果

6.3.2 复制公式

如果在某列或者某行中，要计算的数据所引用的位置相似，只是具体对应的行列不同而已，对于这种相似公式的数据计算，可以使用复制公式的方法简化操作。

学习目标	掌握复制公式的各种操作方法
难度指数	★★

◆ 通过菜单填充复制公式

❶选择包含公式的单元格及要填充公式的单元格，❷单击"填充"下拉按钮，❸选择"向下"命令完成操作，如图6-13所示。

图6-13 向下填充完成公式的复制

◆ 拖动控制柄复制公式

选择包含公式的单元格，向下拖动其控制柄到目标位置，释放鼠标左键完成公式的复制操作，如图6-14所示。

	F	G	H	I	J		K
11	¥ 150.00	¥ －	¥ 102.00	¥ 300.00	¥ 40.00	¥	2,012.00
12	¥ 150.00	¥ －	¥ 102.00	¥ 300.00	¥ 100.00	¥	1,952.00
13	¥ 500.00	¥ 996.00	¥ 350.00	¥ 300.00	¥ 20.00	¥	4,626.00
14	¥ 500.00	¥ 820.00	¥ 300.00	¥ 300.00	¥ －	¥	4,420.00
15	¥ －	¥ 962.00	¥ 346.00	¥ 300.00	¥ 50.00	¥	2,758.00
16	¥ －	¥ 750.00	¥ 162.00	¥ 300.00	¥ 100.00	¥	2,312.00
17	¥ －	¥ 650.00	¥ 120.00	¥ 300.00	¥ －	¥	2,270.00
18	¥ －	¥ 850.00	¥ 315.00	¥ 300.00	¥ －	¥	2,665.00
19	¥ －	¥ 941.00	¥ 340.00	¥ 300.00	¥ 250.00	¥	2,531.00
20	¥ －	¥ 735.00	¥ 189.00	¥ 300.00	¥ 60.00	¥	2,364.00
21	¥ 450.00	¥ －	¥ 102.00	¥ 300.00	¥ 300.00	¥	3,052.00
22	¥ 450.00	¥ －	¥ 150.00	¥ 300.00	¥ 150.00	¥	3,250.00
23	¥ －	¥ 530.00	¥ 53.00	¥ 300.00	¥ －	¥	2,083.00
24	¥ －	¥ 480.00	¥ 48.00	¥ 300.00	¥ 40.00	¥	1,988.00
25	¥ －	¥ 531.00	¥ 53.00	¥ 300.00	¥ －	¥	2,084.00
26	¥ －	¥ 493.00	¥ 49.00	¥ 300.00		¥	2,042.00
27						拖动	

图6-14 拖动控制柄复制公式

◆双击控制柄复制公式

❶选择包含公式的单元格，❷双击其控制柄，程序自动向下填充公式到整个数据表格的结束位置，如图6-15所示。

◆通过粘贴选项复制公式

❶选择包含公式的单元格，按Ctrl+C组合键复制，❷选择目标单元格，❸单击"粘贴"下拉按钮，❹选择"公式"选项，如图6-16所示。

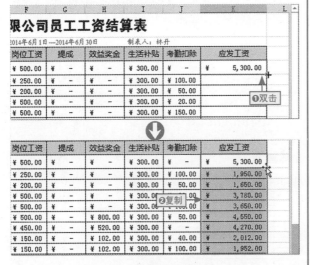

图6-15 双击控制柄复制公式

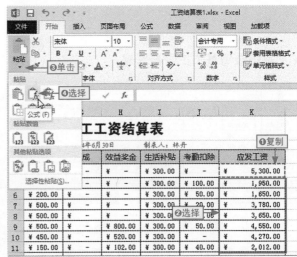

图6-16 使用粘贴选项复制公式

6.4 使用函数计算数据

在Excel中，对于比较复杂的数据计算，可以使用程序内置的各种函数来完成。此外，使用函数计算数据，还可以简化公式。

6.4.1 插入函数的方法

由于函数包含参数，各参数必须按正确的顺序和格式输入，因此比仅包含单元格引用和常数的公式输入方法要复杂一些。

本节素材	DVD/素材/Chapter06/工资结算表1.xlsx
本节效果	DVD/效果/Chapter06/工资结算表1.xlsx
学习目标	掌握插入函数的方法
难度指数	★★

步骤01 ❶打开"工资结算表1"素材文件，❷选择K4单元格，如图6-17所示。

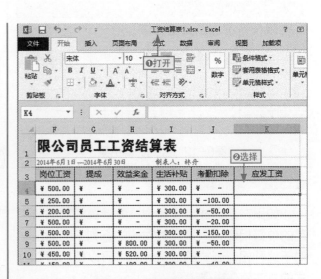

图6-17 选择目标单元格

步骤02 ❶单击"公式"选项卡，❷在"函数库"组中单击"插入函数"按钮，如图6-18所示。

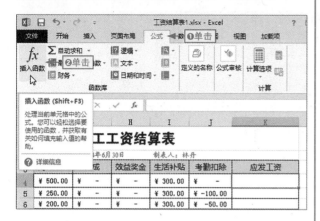

图6-18 单击"插入函数"按钮

专家提醒 | 打开"插入函数"对话框的方法

在编辑栏中单击"插入函数"按钮，或者在"函数库"组中的各个函数分类下拉菜单中选择"插入函数"命令，都可以打开"插入函数"对话框。

步骤03 ❶在打开的"插入函数"对话框的"选择函数"列表框中选择"SUM"选项，❷单击"确定"按钮，如图6-19所示。

图6-19 选择SUM()函数

步骤04 在打开的"函数参数"对话框中，程序自动在"Number1"文本框中显示了要求和数据，确认后单击"确定"按钮，如图6-20所示。

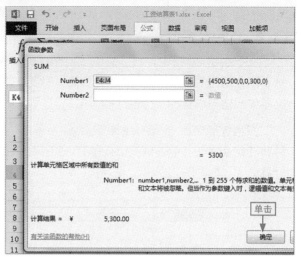

图6-20 设置函数参数

步骤05 在返回的对话框中可以查看到计算结果，拖动该单元格的控制柄复制公式计算其他员工的应发工资，如图6-21所示。

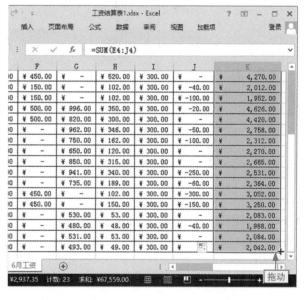

图6-21 复制公式计算其他员工的应发工资

专家提醒 | 手动输入函数

如果用户对一些常用的函数的结构比较了解，还可以直接在单元格或者编辑栏中输入函数名称及对应的参数，完成函数的输入。

长知识 | 快速自动计算数据

在Excel 2013中，程序提供了自动计算数据的功能，通过该功能可以快速对求和、平均值、计数、最大值和最小值这类运算进行计算。需要注意的是，这种自动计算功能必须满足两个条件，第一，结果单元格与数据源单元格相邻；第二，连续的数据源单元格区域都要参加计算。

其具体操作是：❶选择结果单元格，❷单击"公式"选项卡中的"自动求和"按钮(如果要进行其他运算的自动求和，单击该按钮右侧的下拉按钮，选择对应的选项即可)，程序自动在结果单元格中输入计算公式，如图6-22所示，最后按Ctrl+Enter组合键即可计算结果。

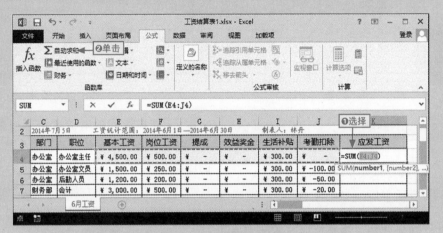

图6-22 快速自动求和

6.4.2 嵌套函数的应用

Excel的函数能够返回一个结果，如果返回的这个结果是另一个函数的参数，这就是函数的嵌套。

下面将根据员工的总分成绩，以使用IF()函数的嵌套结构进行评级为例，讲解有关嵌套函数的应用。

本节素材	DVD/素材/Chapter06/员工年度考核表.xlsx
本节效果	DVD/效果/Chapter06/员工年度考核表.xlsx
学习目标	掌握利用IF()函数的嵌套结构进行条件判断的方法
难度指数	★★★

步骤01 ❶打开"员工年度考核表"素材文件，❷选择J4：J16单元格区域，如图6-23所示。

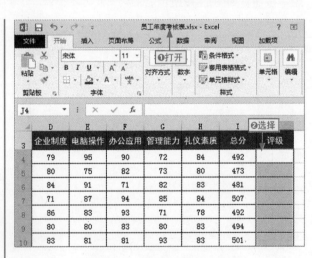

图6-23 选择结果单元格

步骤02 ❶在编辑栏中输入"=IF(I4>540,"优秀",IF(I4>510,"良好",IF(I4>480,"合格","不合格")))"公式，❷按Ctrl+Enter组合键计算结果，如图6-24所示。

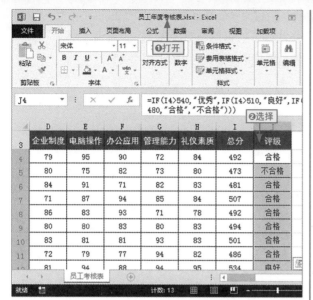

图6-24 根据总分计算出对应的评级

专家提醒 | 嵌套函数的使用注意事项

由于函数的参数对数据的类型有固定要求，因此在使用嵌套函数时，作为参数的函数的返回值的数据类型必须与外层函数对应位置的参数类型相同，否则函数将返回错误值。

6.4.3 搜索需要的函数

在Excel中，系统提供了12大类共计472个函数，如此多的函数，用户不可能全部记住，如果用户只知道计算目的，但是不知道用什么函数来计算，此时可以通过系统提供的搜索功能查找需要的函数。

本节素材	DVD/素材/Chapter06/公招成绩表.xlsx
本节效果	DVD/效果/Chapter06/公招成绩表.xlsx
学习目标	掌握搜索求平均值函数计算数据的方法
难度指数	★★★

步骤01 ❶打开"公招成绩表"素材文件，❷选择I3单元格，❸在编辑栏中单击"插入函数"按钮，如图6-25所示。

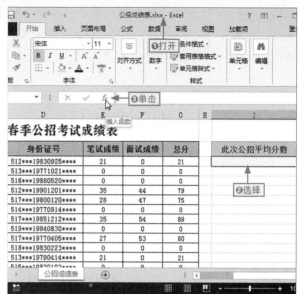

图6-25 单击"插入函数"按钮

步骤02 ❶在打开的对话框的"搜索函数"文本框中输入"平均值"关键字，❷单击"转到"按钮，程序自动根据关键字将搜索到的相关函数显示在"选择函数"列表框中，如图6-26所示。

图6-26 根据关键字搜索所需的函数

专家提醒 | 设置关键字的注意事项

在"搜索函数"文本框中输入所需函数的关键字时，允许同时设置多个关键字，它们之间用空格隔开，但是，关键字不能太多，否则可能搜索不到。

步骤03 ❶在"选择函数"列表框中选择需要的函数，如选择"AVERAGE"选项，❷单击"确定"按钮，如图6-27所示。

步骤04 ❶在打开的"函数参数"对话框中设置要计算平均值的数据源区域，❷单击"确定"按钮完成数据的计算，如图6-28所示。

图6-27 选择需要的函数

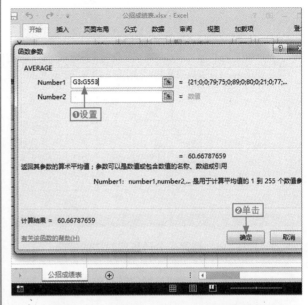

图6-28 设置参与平均值计算的数据源

长知识 | 根据名称查找函数

如果用户能够记住所需函数的开头几个字母，❶可以在"插入函数"对话框中将"或选择类别"设置为"全部"，❷在键盘上按函数的前几个字母对应的键，如需要查找COUNT()函数，可以只输入名称中的"COU"部分，便可自动跳到以该字母开头的函数处，如图6-29所示。

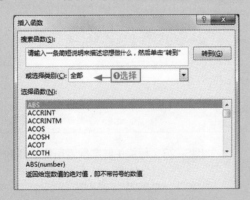

图6-29 根据名称查找函数

需要注意的是，在输入名称时，必须连续按键，不能停顿，否则将搜索出错误的结果。此外，在"选择函数"列表框中选择函数后，在该列表框下方将显示该函数的具体功能和语法结构。如果要查看该函数的详细帮助，可以单击单元格左下角的"有关该函数的帮助"超链接。

6.4.4　将函数结果转化为数值

利用公式计算得到的结果，当引用位置的数据改变时，公式的计算结果将自动更新，如果用户想要固定得到的计算结果，让其不随引用位置的数据改变而改变，可以通过将计算结果转化为数值来实现，其具体操作方法如下。

本节素材	DVD/素材/Chapter06/公招成绩表1.xlsx
本节效果	DVD/效果/Chapter06/公招成绩表1.xlsx
学习目标	掌握将计算结果转化为常规数值的方法
难度指数	★★

步骤01 ❶打开"公招成绩表1"素材文件，❷选择I3单元格，在"剪贴板"组中单击"复制"按钮，如图6-30所示。

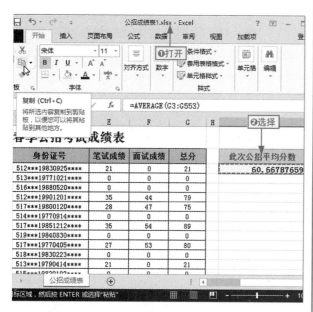

图6-30　对计算结果单元格执行复制操作

步骤02 ❶单击"粘贴"下拉按钮，❷选择"选择性粘贴"命令，如图6-31所示。

核心妙招

在Excel 2013中，执行复制操作后，直接按Ctrl+Alt+V组合键可以快速打开"选择性粘贴"对话框。

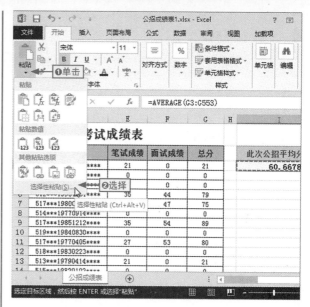

图6-31　选择"选择性粘贴"命令

步骤03 ❶在打开的"选择性粘贴"对话框中选中"数值"单选按钮，❷单击"确定"按钮，如图6-32所示。

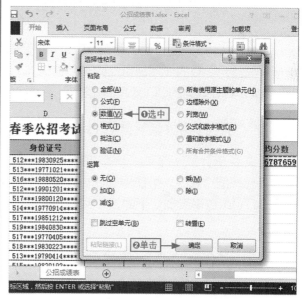

图6-32　将计算结果转化为数值

步骤04 在返回的工作表中可查看到，结果没有改变，但是在编辑栏中可查看到，计算公式已经没有了，如图6-33所示。

图6-33　查看将公式转化为数值的结果

　　将公式结果转化为数值，如果是在原始单元格上转换，这种转换不会改变原始单元格的格式。

　　如果将公式结果复制到其他位置并将结果转化为数值，如果直接以值的方式转化，则原始单元格的字体格式不会复制到目标位置。如果要转化值并应用原始单元格的格式，则需要在"粘贴"下拉菜单中选择"值和源格式"选项，如图6-34所示。

图6-34　以"值和源格式"方式粘贴

6.5　其他常用函数的应用

　　虽然Excel中内置了很多函数，但是有些函数是针对某些特殊的行业领域，对于普通用户而言，掌握一些常用函数的应用即可，如求和的SUM()函数、求平均值的AVERAGE()函数、条件判断的IF()函数、统计数据的COUNT()函数……前面3个函数已经介绍过了，本节将不再赘述。

6.5.1　统计数据COUNT()

　　当需要统计某一个或多个数据集中包含数字的单元格的个数时，可使用统计函数类型中的COUNT()函数来实现，下面通过实例讲解其具体应用。

本节素材	DVD/素材/Chapter06/工资结算表2.xlsx
本节效果	DVD/效果/Chapter06/工资结算表2.xlsx
学习目标	掌握COUNT()函数的实际用法
难度指数	★★

步骤01 ❶打开"工资结算表2"素材文件，❷选择L28单元格，如图6-35所示。

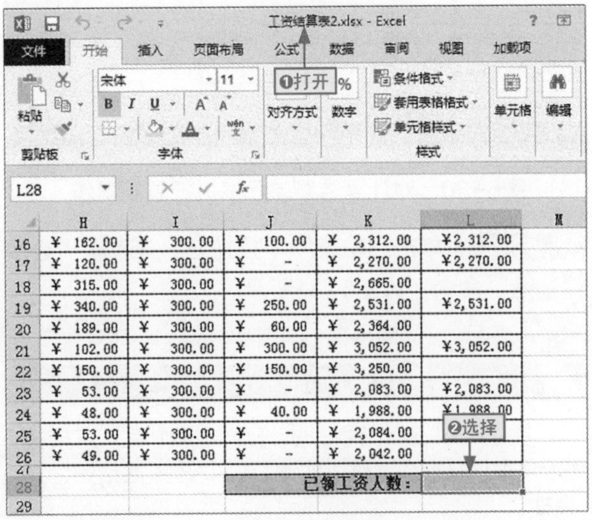

图6-35　选择保存结果的单元格

步骤02 ❶单击"公式"选项卡，❷单击"其他函数"下拉按钮，❸选择"统计"命令，❹在其子菜单中选择"COUNT"选项，如图6-36所示。

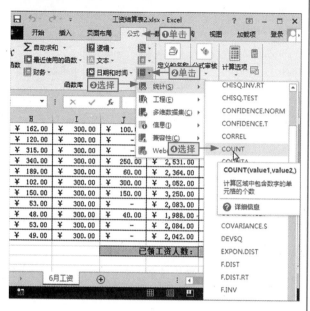

图6-36　选择COUNT()函数

步骤03 ❶在打开的"函数参数"对话框的"Value1"文本框中设置要参加统计的单元格区域，❷单击"确定"按钮，如图6-37所示。

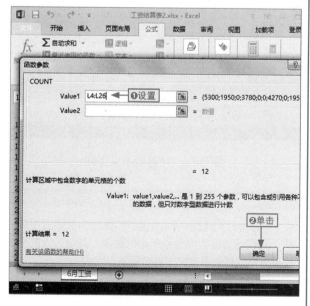

图6-37　设置COUNT()函数的参数

步骤04 在返回的工作表中可以查看到统计已领工资的人数，如图6-38所示。

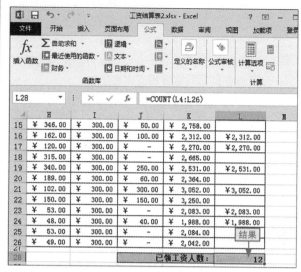

图6-38　查看最终的统计结果

核心妙招 | 统计单元格区域中的非空个数

COUNT()函数仅统计给定的数据集中的数字的个数，如果在数据集中既有数值，也有文本和逻辑值等类型的数据，而这些数据都要被统计在内，则需要使用COUNTA()函数来完成。

6.5.2　求最值MAX()和MIN()

求最值是数据分析中最常见的应用，在Excel中，通过MAX()函数和MIN()函数可以分别从一组数据中获得最大值和最小值，下面通过实例讲解其具体应用。

本节素材	DVD/素材/Chapter06/各部门费用支出汇总.xlsx
本节效果	DVD/效果/Chapter06/各部门费用支出汇总.xlsx
学习目标	掌握MAX()函数和MIN()函数的实际用法
难度指数	★★

步骤01 打开"各部门费用支出汇总"素材文件，❶在G4单元格中输入"=ma"，❷双击"MAX"选项手动插入MAX()函数，如图6-39所示。

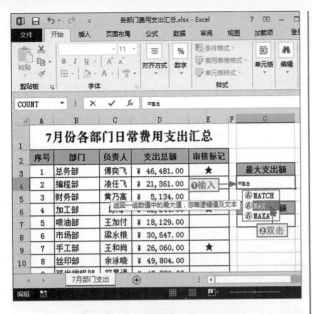

图6-39　手动插入MAX()函数

步骤02 ❶设置MAX()函数的参数为D3:D16单元格区域，❷按Ctrl+Enter组合键计算出最大支出额，如图6-40所示。

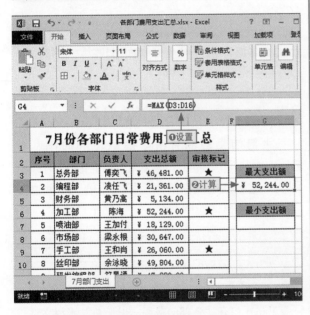

图6-40　计算最大支出额

步骤03 ❶在G7单元格中输入"=mi"，❷双击"MIN"选项手动插入MIN()函数，如图6-41所示。

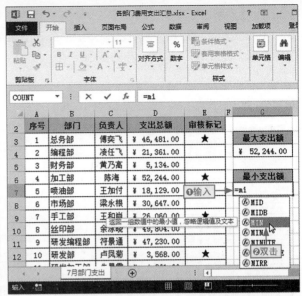

图6-41　手动输入MIN()函数

步骤04 ❶设置MIN()函数的参数为D3:D16单元格区域，❷按Ctrl+Enter组合键计算出最小支出额，如图6-42所示。

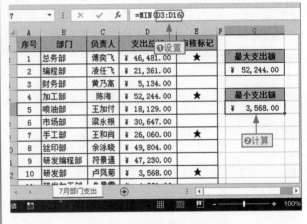

图6-42　计算最小支出额

专家提醒 | 最值函数的参数说明

当MAX()函数和MIN()函数的参数为数组或引用时，则只计算该数组或引用中的数字，其中包含的空白单元格、逻辑值或文本将被忽略。

6.6 在Excel中使用名称

在Excel中，系统提供了名称功能，如果为单元格或者公式定义了名称后，可以直接在公式和函数中对其进行引用，比使用单元格地址引用更直观。

6.6.1 定义名称的方法

Excel中的名称并不是工作簿创建时就有的，要使用名称，首先需要定义名称，其具体的创建方法如下。

本节素材	DVD/素材/Chapter06/员工档案管理.xlsx
本节效果	DVD/效果/Chapter06/员工档案管理.xlsx
学习目标	掌握为单元格定义名称的方法
难度指数	★★★

步骤01 ❶打开"员工档案管理"素材文件，❷选择I3:I20单元格区域，❸单击"公式"选项卡，如图6-43所示。

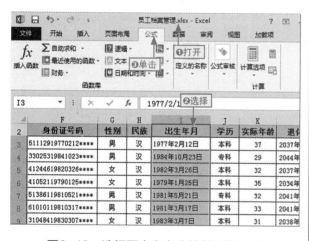

图6-43 选择要定义名称的单元格区域

核心妙招 | 使用名称框定义名称

使用名称框定义名称是最快捷的一种方法，其具体操作是：选择单元格或单元格区域，在名称框中输入需要定义的名称，按Enter键确定。

步骤02 ❶单击"定义的名称"组中的"定义名称"下拉按钮，❷选择"定义名称"命令，如图6-44所示。

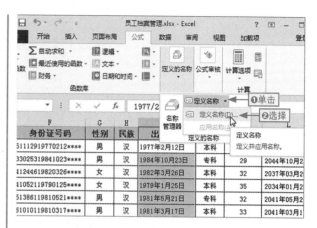

图6-44 选择"定义名称"命令

步骤03 ❶在打开的"新建名称"对话框的"名称"文本框中输入"出生年月"，❷单击"确定"按钮，如图6-45所示。

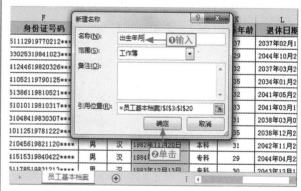

图6-45 为选择的单元格区域定义名称

专家提醒 | 定义单元格名称的注意事项

在定义单元格名称的过程中，要注意名称不能与系统内置的单元格名称重复，也不能使用Excel的一些固定用法来作为单元格名称。例如名称不能使用"A1"、"B2"等本身代表单元格地址的字符串，也不能使用如"Print_Area"、"Print_Titles"等代表单元格内置名称的字符串。

步骤04 在返回的工作界面的名称框中可以查看到为当前选择的单元格区域定义的"出生年月"名称，如图6-46所示。

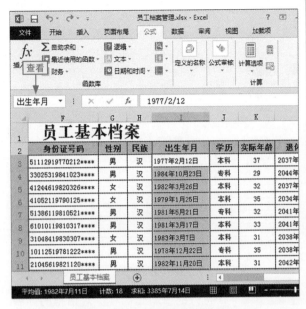

图6-46 查看定义的名称

> **专家提醒 | 为公式定义名称**
>
> 若公式中的某个计算部分在该公式中会多次被使用到，则可以将该部分定义一个名称，其方法是：选择任意单元格，打开"新建名称"对话框，❶在"名称"文本框中输入名称，❷在"引用位置"文本框中输入公式，❸单击"确定"按钮，如图6-47所示。

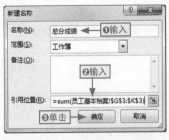

图6-47 为公式定义名称

6.6.2 批量定义名称并查看

如果要一次性为多个单元格区域分别定义不同的名称，可以使用批量定义单元格名称功能来实现，创建完成后，可以通过名称管理器来查看创建的名称，其具体操作方法如下。

本节素材	DVD/素材/Chapter06/应收款记录.xlsx
本节效果	DVD/效果/Chapter06/应收款记录.xlsx
学习目标	掌握批量定义名称及查看名称的方法
难度指数	★★★

步骤01 ❶打开"应收款记录"素材文件，❷选择A2:G23单元格区域，如图6-48所示。

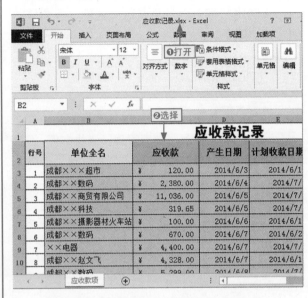

图6-48 选择要定义名称的单元格区域

步骤02 ❶单击"公式"选项卡，❷在"定义的名称"组中单击"根据所选内容创建"按钮，如图6-49所示。

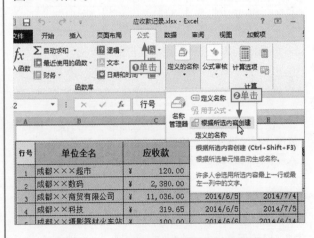

图6-49 根据所选内容批量创建名称

步骤03 ❶在打开的"以选定区域创建名称"对话框中选中"首行"复选框，❷单击"确定"按钮，如图6-50所示。

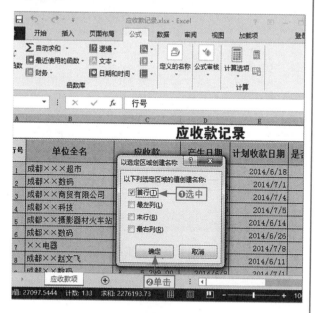

图6-50 设置创建名称的依据

步骤04 程序自动按照首行的字段为名称来定义当前列的单元格区域，在"定义的名称"组中单击"名称管理器"按钮，如图6-51所示。

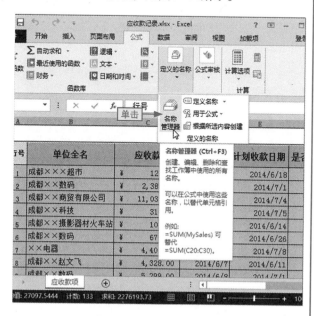

图6-51 启用名称管理器

步骤05 在打开的"名称管理器"对话框中即可查看到批量创建的单元格名称，如图6-52所示。

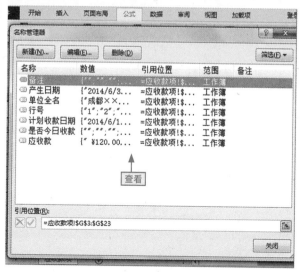

图6-52 查看批量创建的单元格名称

专家提醒 | 名称管理器的其他用途

在"名称管理器"对话框中，单击"新建"按钮可以继续新建名称；在对话框中间的列表框中选择名称选项，单击"编辑"按钮，在打开的对话框中可对名称进行编辑操作；选择名称选项后单击"删除"按钮，可以将当前选择的名称删除；如果要同时删除多个名称，则可以选择多个名称选项后执行删除操作。

6.6.3 在公式或函数中使用名称

定义单元格名称的主要目的还是为了在公式中引用名称的数据来让公式更加直观或有效地简化公式，其具体操作方法如下。

本节素材	DVD/素材/Chapter06/员工档案管理1.xlsx
本节效果	DVD/效果/Chapter06/员工档案管理1.xlsx
学习目标	掌握在公式或函数中使用名称的方法
难度指数	★★★

步骤01 ❶打开"员工档案管理1"素材文件，❷选择K3:K20单元格区域，❸在编辑栏中输入"=DATEDIF()"部分，❹并将文本插入点定位到括号中间，如图6-53所示。

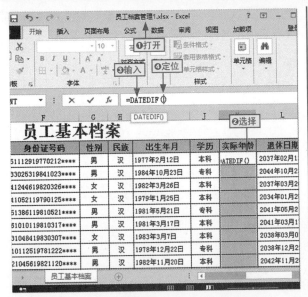

图6-53 手动插入DATEDIF()函数

步骤02 ❶单击"公式"选项卡，❷在"定义的名称"组中单击"用于公式"下拉按钮，❸选择"出生年月"选项将其插入到公式中，如图6-54所示。

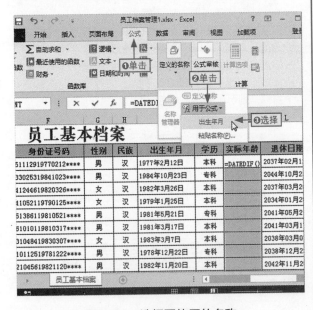

图6-54 选择要使用的名称

步骤03 ❶在编辑栏中完成公式的输入，❷按Ctrl+Enter组合键结束公式的输入并完成数据的计算，如图6-55所示。

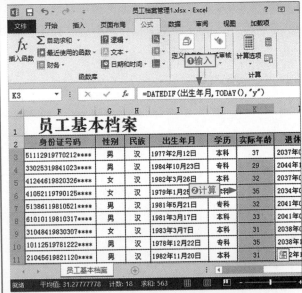

图6-55 计算每个员工的实际年龄

专家提醒 | 手动在公式或者函数中输入名称

在Excel 2013中，如果用户可以记住要使用的名称的全称，还可以通过手动的方式在公式或函数中插入名称，其方法如下。

❶在要使用的名称位置输入名称的前几个关键字，如输入"出生"，此时程序自动弹出一个信息列表，在其中显示了以该关键字打头的名称，❷在需要的名称选项上双击鼠标即可将该名称插入到公式或者函数中，如图6-56所示。

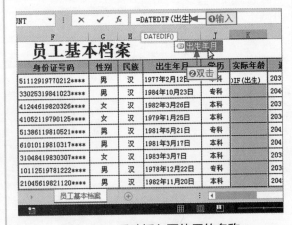

图6-56 手动插入要使用的名称

6.7 实战问答

? ! NO.1 | 公式结果会出现哪些常见错误

 元芳：在用公式计算数据时，当确认了输入的公式后，却发现在结果单元格中出现了"#NAME?"结果，这是为什么呢？

 大人：在使用公式或者函数计算数据时，如果公式错误或者函数参数不正确，都可能导致结算结果出错或者无法计算，"#NAME?"结果就是一种错误类型，出现该错误的原因可能是使用Excel不能识别的文本、使用了不存在的名称、单元格区域的引用中没有使用冒号等，此外，还有一些常见错误类型及其造成的原因如图6-57所示。

#DIV/0!	当除数为0，或引用的单元格返回空值时将出现这种错误。
#N/A	当数值对函数或公式不可用时将出现这种错误。
#NUM!	当公式或函数中含有无效数值时将出现这种错误。
#VALUE!	当使用的函数参数或参数类型错误时将出现这种错误。

图6-57 常见错误类型及产生的原因

? ! NO.2 | DATEDIF()函数是什么函数

 元芳：我在Excel的帮助和"插入函数"对话框中都没有找到这个函数，它到底是什么函数，有什么用呢，具体怎么用呢？

 大人：这是Excel的一个隐藏函数，它主要用于返回两个日期之间间隔的年、月、日数，其语法结构是：DATEDIF(start_date,end_date,unit)，其中start_date参数用于指定起始日期，end_date参数用于指定终止日期，unit参数用于指定所需信息的返回类型，参数值可以为"Y"(时间段中的整年数)、"M"(时间段中的整月数)、"D"(时间段中的天数)、"MD"(忽略日期中月和年的天数)、"YM"(忽略日期中的日和年的月数)、"YD"(忽略日期中的年的天数)。

? ! NO.3 | 什么是局部名称和全局名称

 元芳：在"新建名称"对话框中有一个"范围"下拉列表框，其中有"工作簿"和当前工作表名称两个选项，它们有什么作用呢？

 大人：这个"范围"下拉列表框主要用于设置定义的名称作用域，即在哪些位置起作用。在Excel中，根据其作用范围不同，名称被分为全局名称和局部名称。其中，全局名称是工作簿级别名称，其作用范围为整个工作簿，即可以在当前工作簿的任意工作表的公式中调用；局部名称是工作表级别名称，其作用范围为当前工作表。

6.8 思考与练习

填空题

1. 单元格的默认引用方式是＿＿＿＿＿。

2. 公式的开头始终是＿＿＿＿，函数的标志性符号是＿＿＿＿。

3. 在Excel中对单元格、单元格区域或者公式创建名称后，可通过＿＿＿＿来查看创建的名称。

选择题

1. 按照相对引用、绝对引用、混合引用的顺序，下列( )选项的排序是正确的。

A. $A$6、B3、C$9

B. A6、$B3、$C9

C. A6、$B$3、C$9

D. $A6、B$3、C9

2. 下列( )选项的运算符的优先级别最高。

A. 引用运算符   B. 算术运算符

C. 比较运算符   D. 文本运算符

判断题

1. 在Excel中，要确定公式的结束，可以使用Enter键、Ctrl+Enter组合键和Tab键。( )

2. 如果要统计指定单元格区域的个数，可以使用COUNT()函数。 ( )

3. 在Excel中既可以为单元格或者单元格区域定义名称，还可以为公式定义名称。 ( )

操作题

【练习目的】汇总销售部员工应发工资总额

下面通过在"工资结算表"工作表中汇总销售部所有员工的应发工资总额为例，让读者亲自体验插入函数、搜索函数相关操作，巩固本章的相关知识和操作。

【制作效果】

本节素材	DVD/素材/Chapter06/工资结算表3.xlsx
本节效果	DVD/效果/Chapter06/工资结算表3.xlsx

F	G	H	I	J	K
—	¥ 962.00	¥ 346.00	¥ 300.00	¥ 50.00	¥ 2,758.00
—	¥ 750.00	¥ 162.00	¥ 300.00	¥ 100.00	¥ 2,312.00
—	¥ 650.00	¥ 120.00	¥ 300.00	¥ —	¥ 2,270.00
—	¥ 850.00	¥ 315.00	¥ 300.00	¥ —	¥ 2,665.00
—	¥ 941.00	¥ 340.00	¥ 300.00	¥ 250.00	¥ 2,531.00
—	¥ 735.00	¥ 189.00	¥ 300.00	¥ 60.00	¥ 2,364.00
450.00	¥ —	¥ 102.00	¥ 300.00	¥ 300.00	¥ 3,052.00
450.00	¥ —	¥ 150.00	¥ 300.00	¥ 150.00	¥ 3,250.00
—	¥ 530.00	¥ 53.00	¥ 300.00	¥ —	¥ 2,083.00
—	¥ 480.00	¥ 48.00	¥ 300.00	¥ 40.00	¥ 1,988.00
—	¥ 531.00	¥ 53.00	¥ 300.00	¥ —	¥ 2,084.00
—	¥ 493.00	¥ 49.00	¥ 300.00	¥ —	¥ 2,042.00
			销售部员工应发工资总额	¥	23,946.00

6月工资

掌握Excel中的基本
数据管理操作

本章要点

★ 根据一个字段排序   ★ 创建分类汇总的几种情况

★ 自定义排序序列   ★ 使用删除重复项功能

★ 自动筛选数据   ★ 突出显示数据

★ 高级筛选   ★ 使用图形比较数据大小

学习目标

　　数据的基本管理操作主要包括对表格中的数据进行各种排序、筛选符合条件的数据、按分类字段将数据汇总、检查重复数据以及使用条件格式处理数据，这些都是日常办公中的常见处理操作。为了让读者快速掌握并实践应用这些功能，本章详细地安排了这些内容，并通过图解操作的方式进行具体讲解。

知识要点	学习时间	学习难度
数据排序和筛选操作	100分钟	★★★★★
分类汇总和处理重复数据	70分钟	★★★
使用条件格式处理数据	50分钟	★★

重点实例

高级筛选数据	分类汇总数据	突出显示数据

7.1 对数据进行排序操作

数据排序是数据分析中使用频率较高的操作之一，Excel可以按数值、文本、日期和时间等数据进行升序和降序排列。数据排序操作分为根据一个字段排序、根据多个字段排序及自定义排序3种。

7.1.1 根据一个字段排序

根据一个字段排序是指将指定数据区域中的某一列的列标题作为排序关键字，让Excel根据此列数值执行升序或降序排列。

本节素材	DVD/素材/Chapter07/销售月报表.xlsx
本节效果	DVD/效果/Chapter07/销售月报表.xlsx
学习目标	掌握按一个字段进行升序或降序排序的方法
难度指数	★

步骤01 ❶打开"销售月报表"素材文件，❷选择毛利列所在的任意数据单元格，如选择E3单元格，如图7-1所示。

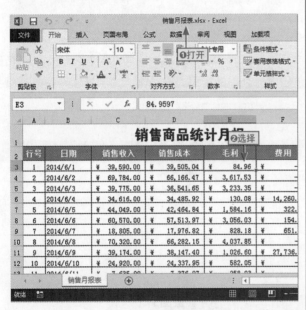

图7-1 选择排序依据的任意单元格

步骤02 ❶单击"数据"选项卡，❷在"排序和筛选"组中单击"降序"按钮将表格数据按照毛利的降序顺序重排，如图7-2所示。

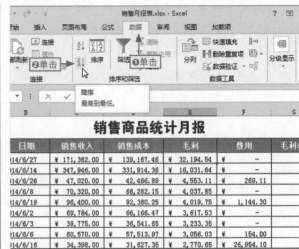

图7-2 按毛利的降序顺序排序

核心妙招 | 快速排序的其他方法

选择需要以其为关键排序的列中的任意单元格，右击，选择"排序"命令，在其子菜单中选择所需的排列方式，如图7-3上图所示；或者在"开始"选项卡"编辑"组中单击"排序和筛选"按钮，在弹出的下拉菜单中选择所需的排列方式，如图7-3下图所示。

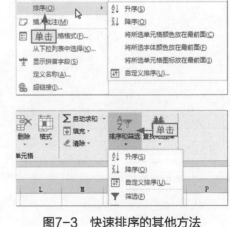

图7-3 快速排序的其他方法

7.1.2　根据多个字段排序

根据多个字段排序是指根据多列字段的数据对表格数据进行排序，这种排序方法也可以处理通过一个字段排序后排序结果有重复的情况。

本节素材	DVD/素材/Chapter07/工作人员考试成绩表.xlsx
本节效果	DVD/效果/Chapter07/工作人员考试成绩表.xlsx
学习目标	掌握按多个字段进行升序或降序排序的方法
难度指数	★★

步骤01 ❶打开"工作人员考试成绩表"素材文件，❷选择任意数据单元格，❸单击"数据"选项卡，如图7-4所示。

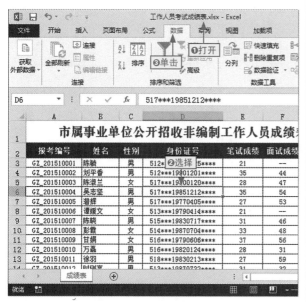

图7-4　切换选项卡

步骤02 ❶在打开的"排序"对话框的主要关键字栏中单击"列"下拉列表框右侧的下拉按钮，❷选择"总分"选项，如图7-5所示。

专家提醒｜通过下拉菜单打开"排序"对话框

选择任意数据单元格后，在"开始"选项卡"编辑"组中单击"排序和筛选"下拉按钮，选择"自定义排序"命令也可以打开"排序"对话框。

图7-5　设置主要关键字

步骤03 ❶在主要关键字的"次序"下拉列表框中选择"降序"命令，❷单击"添加条件"按钮添加次要关键字栏，如图7-6所示。

图7-6　添加次要关键字栏

步骤04 ❶设置次要关键字的排序依据为面试成绩的降序排序，❷添加一个排序依据为报考编号的升序次要关键字，❸单击"确定"按钮，如图7-7所示。

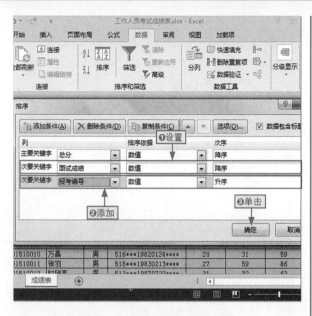

图7-7 完成排序依据的设置

步骤05 在返回的工作表中可查看到当总分相同时，程序自动按面试成绩的降序继续排序，当面试成绩也相同时，则按报考编号的升序排序，如图7-8所示。

图7-8 查看排序结果

专家提醒 | 删除条件

在"排序"对话框中，如果添加了多余的排序依据，可以选择该排序依据，直接单击对话框上方的"删除条件"按钮将其删除。

7.1.3 自定义排序序列

在处理数据的过程中，如果需要按某种特定的序列进行排序，可以利用系统内置的序列或用户自己定义序列来进行排序。

本节素材	DVD/素材/Chapter07/员工档案管理.xlsx
本节效果	DVD/效果/Chapter07/员工档案管理.xlsx
学习目标	掌握创建自定义序列并排序的方法
难度指数	★★★★

步骤01 ❶打开"员工档案管理"素材文件，❷选择任意数据单元格，❸单击"编辑"组中的"排序和筛选"下拉按钮，❹选择"自定义排序"命令，如图7-9所示。

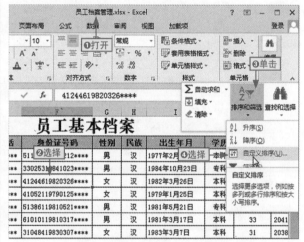

图7-9 打开"排序"对话框

步骤02 ❶在打开的"排序"对话框的主要关键字栏中的"列"下拉列表框中选择"学历"选项，❷在"次序"下拉列表框中选择"自定义序列"选项，如图7-10所示。

专家提醒 | 使用内置序列

在Excel中，月份、星期、季度、天干和地支等序列都是内置的序列，在对包含这些数据的列进行排序时，只需要打开"排序"对话框，在"次序"下拉列表框中选择"自定义序列"选项，在打开的"自定义序列"对话框中选择序列后单击"确定"按钮即可。

图7-10 选择"自定义序列"选项

步骤03 ❶在打开的"自定义序列"对话框中选择"新序列"选项，❷在"输入序列"列表框中输入自定义的序列，如图7-11所示。

图7-11 输入新序列

专家提醒｜输入新序列的注意事项

在输入新序列时，各个序列之间用英文状态下的逗号分隔，或者输入一个序列后按Enter键换行输入下一个序列数据。

步骤04 ❶单击"添加"按钮将输入的序列数据添加到左侧的"自定义序列"列表框中，❷单击"确定"按钮，如图7-12所示。

图7-12 添加自定义序列

步骤05 ❶在返回的"排序"对话框的"次序"下拉列表框中选择需要的自定义序列的顺序，❷单击"确定"按钮确认设置的排序依据，程序自动按要求对表格数据进行排序，如图7-13所示。

E	F	G	H	I	J	K
联系电话	身份证号码	性别	民族	出生年月	学历	实际年
1359641****	51066219850915****	男	汉	1985年9月15日	硕士	28
1531121****	67011319810722****	女	汉	1981年7月22日	硕士	32
1314456****	51112919770212****	男	汉	1977年2月12日	本科	37
1581512****	41244619820326****	女	汉	1982年3月26日	本科	32
1324465****	41052119790125****	女	汉	1979年1月25日	本科	35
1324578****	61010119810317****	男	汉	1981年3月17日	本科	33
1304453****	31048419830307****	女	汉	1983年3月7日	本科	31
1361212****	21045619821120****	男	汉	1982年11月20日	本科	31
1369458****	51015819820915****	男	汉	1982年9月15日	本科	31
1371512****	33025319841023****	男	汉	1984年10月23日	专科	29

图7-13 按自定义序列的顺序排序的效果

7.2 筛选符合条件的数据

筛选数据源是根据一定的条件找出符合条件的数据记录，而将不符合条件的数据记录暂时隐藏起来，以方便操作。筛选数据源主要有自动筛选、自定义筛选和高级筛选3种方式。

7.2.1 自动筛选数据

自动筛选可以快速完成简单的筛选操作，它是通过在筛选器中选中或取消选中复选框来完成的，其具体操作方法如下。

本节素材	DVD/素材/Chapter07/客户信息查询.xlsx
本节效果	DVD/效果/Chapter07/客户信息查询.xlsx
学习目标	掌握通过筛选器自动筛选数据的方法
难度指数	★★

步骤01 ❶打开"客户信息查询"素材文件，❷选择任意数据单元格，❸单击"数据"选项卡，❹单击"筛选"按钮进入筛选状态，如图7-14所示。

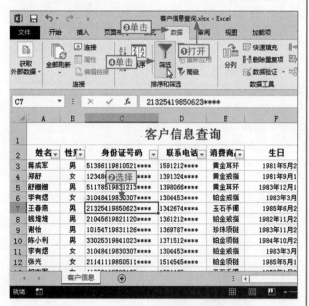

图7-14 进入工作表的筛选状态

步骤02 ❶单击"消费商品"单元格右侧的下拉按钮，❷在弹出的筛选器中取消选中"全选"复选框，❸选中"铂金戒指"复选框，❹单击"确定"按钮，如图7-15所示。

图7-15 设置筛选条件

步骤03 在返回的工作表中即可查看到此时表格中只显示了消费商品为铂金戒指的所有客户的信息，如图7-16所示。

图7-16 查看筛选结果

核心妙招 | 进入和退出筛选状态

选择任意数据后，直接按Ctrl+Shift+L组合键，或者在"开始"选项卡"编辑"组中单击"排序和筛选"按钮，在弹出的下拉菜单中选择"筛选"命令，都可以进入工作表的筛选状态。如果要退出筛选窗体，选择任意数据单元格后，再次执行进入筛选状态的操作即可。

7.2.2　自定义筛选

　　自动筛选只能根据当前列中已存在的某具体值作为筛选条件，而自定义筛选允许用户设定两个条件来模糊筛选所需数据记录。

本节素材	DVD/素材/Chapter07/商品销售统计.xlsx
本节效果	DVD/效果/Chapter07/商品销售统计.xlsx
学习目标	掌握自定义设置筛选条件的方法
难度指数	★★★

步骤01 ❶打开"商品销售统计"素材文件，❷选择任意数据单元格，❸按Ctrl+Shift+L组合键进入筛选状态，如图7-17所示。

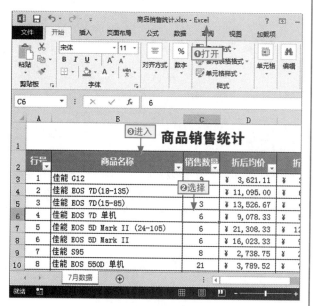

图7-17　进入筛选状态

步骤02 ❶单击"毛利率"单元格右侧的下拉按钮，❷在弹出的筛选器中选择"数字筛选/介于"命令，如图7-18所示。

专家提醒 | 筛选器中的命令说明

　　根据被筛选的列的数据类型不同，筛选器中的命令也不同，如数字类型对应的命令为"数字筛选"，文本类型对应的命令为"文本筛选"，日期数据对应的命令为"日期筛选"。

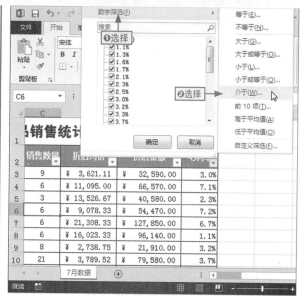

图7-18　选择数字筛选条件命令

步骤03 ❶在打开的"自定义自动筛选方式"对话框的右上角下拉列表框中输入5%，❷在右下角下拉列表框中输入"8%"，❸单击"确定"按钮，如图7-19所示。

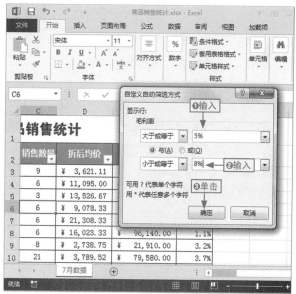

图7-19　自定义筛选条件

专家提醒 | "与""或"单元格按钮的作用

在"自定义自动筛选方式"对话框中，"与"单选按钮表示两个条件同时满足，"或"单选按钮表示任意一个条件满足即可。

步骤04 在返回的工作表中即可查看到，当前工作表中只显示了毛利率在5%~8%的相关数据记录，如图7-20所示。

图7-20 查看筛选结果

7.2.3 高级筛选

在"自定义自动筛选方式"对话框中，只能针对一个字段最多设置两个条件，如果要设置更多字段的多条件筛选条件，此时就需要使用系统提供的高级筛选功能来完成。

高级筛选的关键在于如何设置筛选的条件区域，具体来说，条件区域需要满足如图7-21所示的几个规则。

规则1 条件区域的第1行为条件的列标签行，需要与筛选的数据源区域的筛选条件列标签相同。

图7-21 高级筛选的条件区域需要满足的规则

 规则2 在条件区域的列标签行的下方，至少应包含一行具体的筛选条件(筛选条件中的日期、数值、文本数据都不加引号)。

 规则3 如果某个字段具有两个或两个以上筛选条件，可在条件区域中对应的列标签下方的单元格中依次列出各个条件，各条件之间的逻辑关系为"或"。

 规则4 要筛选同时满足两个以上列标签条件的记录，可在条件区域的同一行中对应的列标签下输入各个条件，各条件之间的逻辑关系为"与"。

规则5 要筛选满足多组条件(每一组条件都包含针对多个字段的条件)之一的记录，可将各组条件输入在条件区域中的不同行上。

图7-21 （续）

本节素材	DVD/素材/Chapter07/应收款记录.xlsx
本节效果	DVD/效果/Chapter07/应收款记录.xlsx
学习目标	掌握利用高级筛选进行更多条件的数据筛选的方法
难度指数	★★★★★

步骤01 ❶打开"应收款记录"素材文件，❷在数据表下方添加"筛选条件区域"表格，并设置对应的表格格式，如图7-22所示。

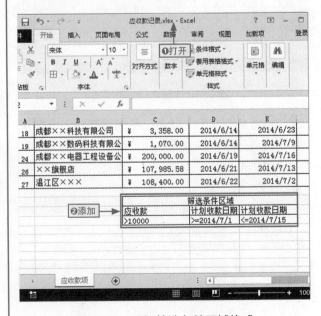

图7-22 添加筛选条件区域格式

步骤02 ❶单击"数据"选项卡，❷在"排序和筛选"组中单击"高级"按钮打开"高级筛选"对话框，如图7-23所示。

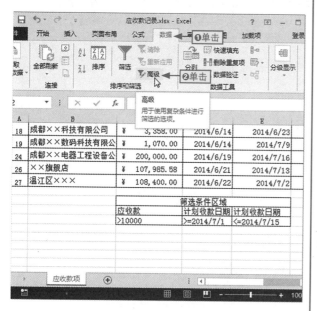

图7-23　单击"高级"按钮

步骤03 ❶选中"将筛选结果复制到其他位置"单选按钮，❷将文本插入点定位到"条件区域"文本框中，选择筛选条件区域，如图7-24所示。

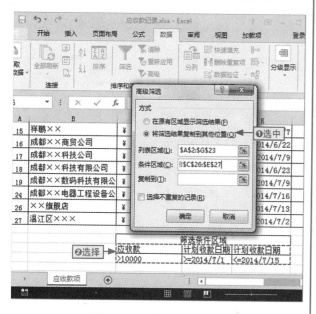

图7-24　引用条件区域

步骤04 ❶将文本插入点定位到"复制到"文本框中，选择A29单元格，❷单击"确定"按钮，如图7-25所示。

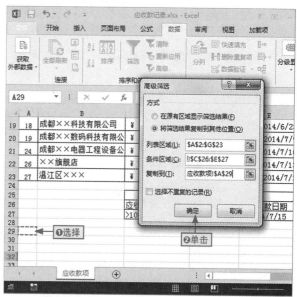

图7-25　设置筛选结果的保存位置

步骤05 在返回的工作表中即可查看到，程序自动在数据表中将指定收款日期内应收款大于10000的收款记录筛选出来保存在相应的位置，如图7-26所示。

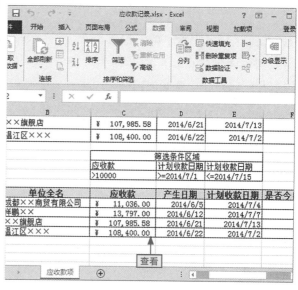

图7-26　查看筛选结果

在筛选文本时，如果筛选条件为模糊的条件，如查找姓杨，名字为3个字的客户资料，此时就可以在打开的"自定义自动筛选方式"对话框中使用系统提供的通配符来完成。在Excel中，通配符只有两个，即"?"和"*"，它们的具体作用如图7-27所示。

"?"通配符

"?"通配符主要用于替代一个字符，例如在姓名字段中设置筛选条件为"杨?"，表示查找姓杨，名字为两个字的员工的记录。

"*"通配符

"*"通配符主要用于替代0个或多个字符，例如在姓名字段中设置筛选条件为"杨*"，表示查找姓杨的员工的记录。

图7-27　使用通配符设置筛选条件

7.3　对数据进行分类汇总操作

分类汇总是数据分析中使用较多的一种操作，它可以以某列为关键字，将相同的数据记录归结到一起，并对指定的列进行求和、计数、求平均值等计算。

7.3.1　创建分类汇总的几种情况

1. 根据某列创建分类汇总

如果要创建分类汇总，首先要确定汇总字段以及汇总方式，这些设置都可以通过"分类汇总"对话框来完成，其具体操作方法如下。

本节素材	DVD/素材/Chapter07/期末考试座位安排.xlsx
本节效果	DVD/效果/Chapter07/期末考试座位安排.xlsx
学习目标	掌握根据一个字段创建计数分类的方法
难度指数	★★

步骤01　❶打开"期末考试座位安排"素材文件，❷选择任意数据单元格，❸单击"数据"选项卡，❹在"分级显示"组中单击"分类汇总"按钮，如图7-28所示。

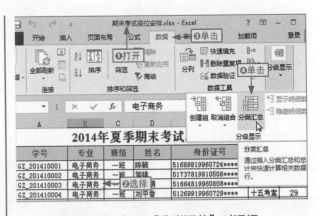

图7-28　打开"分类汇总"对话框

在创建分类汇总之前，首先需要确认工作表是否按汇总字段进行排序，如果没有排序，需要先进行排序操作，否则创建出来的分类汇总将非常混乱。

步骤02 ❶在打开的"分类汇总"对话框中单击"分类字段"下拉列表框右侧的下拉按钮，❷选择"专业"选项，如图7-29所示。

图7-29　设置分类汇总字段

步骤03 ❶在"汇总方式"下拉列表框中选择"计数选项"，❷在"选定汇总项"列表框中仅选中"姓名"复选框，❸单击"确定"按钮，如图7-30所示。

图7-30　设置汇总方式和汇总项

步骤04 在返回的工作表中可查看到工作表左侧窗格中有3个按钮，单击"2"按钮可查看2级汇总明细，如图7-31所示。

图7-31　查看2级汇总明细数据

> **专家提醒 ｜ 按级别查看分类汇总**
>
> 　　根据一个汇总字段创建分类汇总后，数据记录被分为3个级别，第1级为所有类别的总计汇总结果，第2级别为每一个类别的分别汇总结果，第3级为所有数据的明细数据和汇总结果。直接通过单击"1""2""3"按钮可分别查看不同级别的明细数据。

2. 在工作表中创建多个分类汇总

　　在Excel中，还可以在表格中创建第二个分类汇总时，程序自动将前面创建的分类汇总替换掉，要在工作表中创建多个分类汇总，必须通过设置多个分类汇总同时被保存，其具体操作方法如下。

本节素材	DVD/素材/Chapter07/期末考试座位安排1.xlsx
本节效果	DVD/效果/Chapter07/期末考试座位安排1.xlsx
学习目标	掌握同时将创建的多个分类汇总保存下来的方法
难度指数	★★★

步骤01 ❶打开"期末考试座位安排1"素材文件，❷选择任意数据单元格，如图7-32所示。

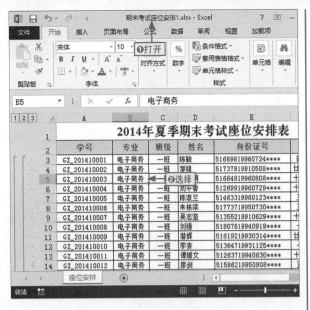

图7-32 选择任意数据单元格

步骤02 ❶单击"数据"选项卡，❷在"分级显示"组中单击"分类汇总"按钮打开"分类汇总"对话框，如图7-33所示。

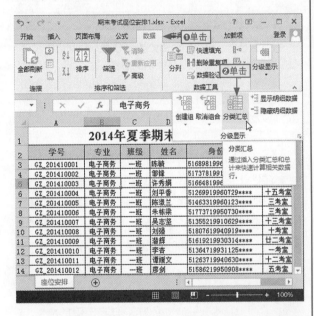

图7-33 单击"分类汇总"按钮

步骤03 ❶在"分类字段"下拉列表框中选择"班级"选项，❷在"选定汇总项"列表框中仅选中"身份证号"复选框，如图7-34所示。

图7-34 设置分类字段和汇总项

步骤04 ❶取消选中"替换当前分类汇总"复选框，❷单击"确定"按钮完成在原分类汇总的基础上创建其他分类汇总，如图7-35所示。

图7-35 创建多个分类汇总

步骤05 在返回的工作表中可查看到工作表左侧窗格中又添加了一个按钮，单击"3"按钮可查看3级汇总明细，如图7-36所示。

图7-36　查看3级汇总明细数据

在已有分类汇总的工作表中创建其他计数分类汇总，此时在设置汇总项时，不能选择已经作为分类汇总字段的列作为汇总项，否则计数结果将出错。如图7-37所示，"专业"字段已经作为分类字段创建了分类汇总，此时将其作为班级分类汇总的汇总项，第一个专业分类汇总的计数结果就出错了。

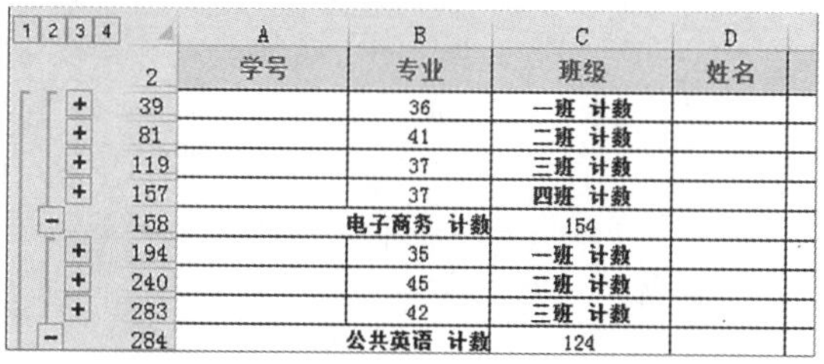

图7-37　汇总项选错导致结果错误

7.3.2　隐藏/显示汇总明细

通过工作表左侧的窗格，只能按级别显示当前级别的汇总行数据，如果要单独查看某个汇总的明细数据，可以通过如下两种方法来实现。

学习目标	掌握查看指定汇总项的明细数据的方法
难度指数	★

◆ 通过任务窗格操作

在工作表左侧窗格中单击 "+" 按钮可展开当前汇总项的明细数据，如图7-38图所示，此时该按钮变成 "-" 按钮，单击该按钮可隐藏该明细数据，只显示汇总行。

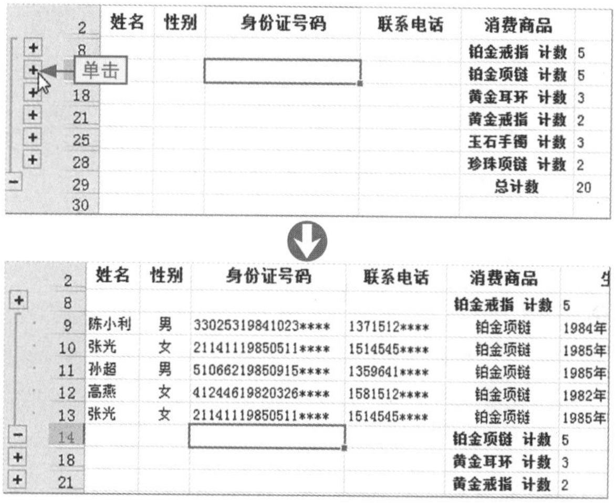

图7-38　通过任务窗格显示明细数据

◆ 通过功能区选项卡操作

选择任意数据单元格，在 "数据" 选项卡的 "分级显示" 组中单击 "显示明细数据" 按钮或 "隐藏明细数据" 按钮，显示或隐藏当前分类的明细数据，如图7-39所示。

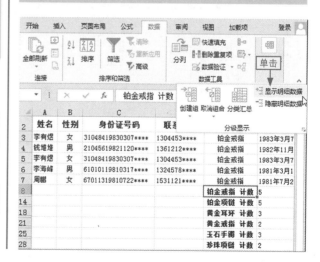

图7-39　通过功能区按钮显示明细数据

7.4 处理表格中的重复数据

在表格中录入数据时，尤其是一次性要录入很多数据时，难免会重复录入一些数据记录。因此，在录入完数据后，最好通过重复项功能检查一下是否有重复记录，以确保数据的正确性。

7.4.1 使用删除重复项功能

如果要直接在原始数据记录中检查某条记录的所有项是否与其他记录的对应项完全相同，并自动检查重复项将其删除，可以使用删除重复项功能来实现，其具体操作方法如下。

本节素材	DVD/素材/Chapter07/公招成绩表.xlsx
本节效果	DVD/效果/Chapter07/公招成绩表.xlsx
学习目标	掌握在数据源中自动匹配并删除重复项的方法
难度指数	★★★

步骤01 ❶打开"公招成绩表"素材文件，❷单击"数据"选项卡，❸单击"数据工具"组中的"删除重复项"按钮，如图7-40所示。

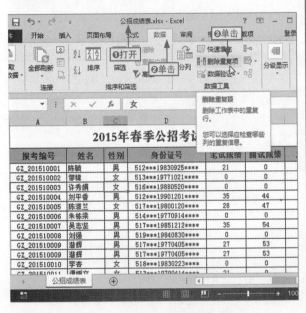

图7-40 单击"删除重复项"按钮

步骤02 在打开的"删除重复项"对话框中保持所有复选框的选中状态，单击"确定"按钮，如图7-41所示。

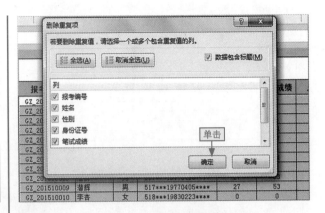

图7-41 设置检查重复记录的列

步骤03 在打开的提示对话框中提示发现的重复记录数目，并将其删除的提示信息，直接单击"确定"按钮完成操作，如图7-42所示。

图7-42 查看筛选结果

核心妙招 | 检查记录的部分是否重复

在使用删除重复项功能删除重复记录时，如果表格中的某些数据是自动填充的，如序号数据，要检查除了这列以外的其他数据记录是否重复，则直接在"删除重复项"对话框中取消选中不需要检测的列对应的复选框，如不忽略序号数据检查表格是否有重复记录，则取消选中"序号"复选框即可。

7.4.2 利用筛选功能删除重复项

在检测重复项时，如果担心因为设置了错误的匹配条件而误删除了表格中的记录，此时可以使用筛选功能在不改变数据源的前提下将不包含重复项的数据筛选出来，其具体操作方法如下。

本节素材	DVD/素材/Chapter07/公招成绩表1.xlsx
本节效果	DVD/效果/Chapter07/公招成绩表1.xlsx
学习目标	掌握不修改数据源的情况下处理重复项的方法
难度指数	★★★

步骤01 ❶打开"公招成绩表1"素材文件，❷选择任意数据单元格，❸单击"数据"选项卡，❹单击"高级"按钮，如图7-43所示。

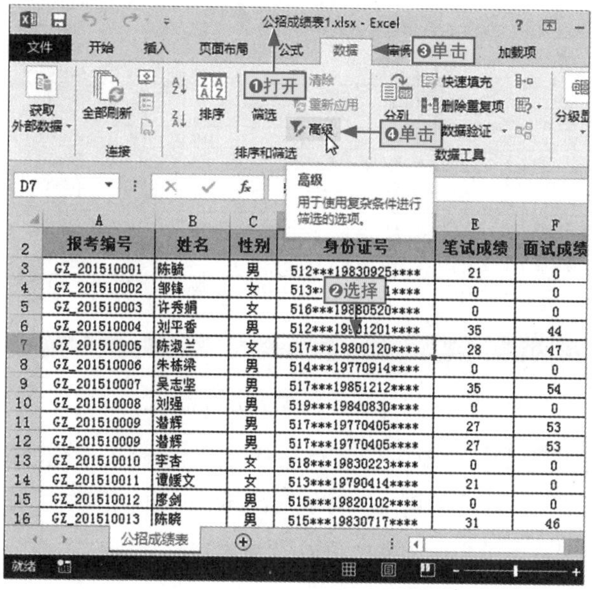

图7-43 单击"高级"按钮

步骤02 ❶在打开的"高级筛选"对话框中选中"将筛选结果复制到其他位置"单选按钮，❷将文本插入点定位到"复制到"文本框后选择A559单元格，如图7-44所示。

专家提醒 | 利用筛选功能删除重复项的说明

在Excel中，利用筛选功能删除重复项时，程序自动将每条记录的所有项进行完全匹配，不能手动设置忽略哪些列来检测重复项。

图7-44 设置筛选结果的保存位置

步骤03 ❶选中"选择不重复的记录"复选框，❷单击"确定"按钮，如图7-45所示，此时程序自动在列表区域中完全匹配每条记录，并将最终不重复的数据记录保存在指定位置。

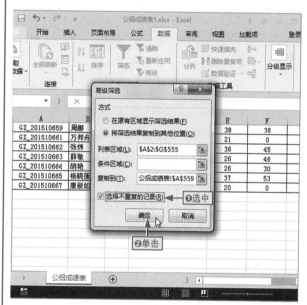

图7-45 将不重复的记录筛选出来并保存在指定位置

7.5 使用条件格式处理数据

如果要将表格中某些符合指定条件的数据突出显示出来，以方便数据的分析与管理，此时可以使用程序提供的条件格式功能来完成。

7.5.1 突出显示数据

要达到突出显示数据的目的，可以使用条件格式中的突出显示单元格规则和项目选取规则，如图7-46所示。

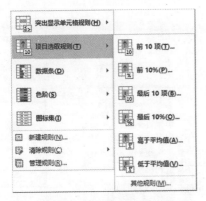

图7-46 突出显示数据的条件格式

二者的操作基本相似，下面通过突出显示工资最大的三项数据为例，讲解相关的操作，其具体操作方法如下。

本节素材	DVD/素材/Chapter07/工资结算表.xlsx
本节效果	DVD/效果/Chapter07/工资结算表.xlsx
学习目标	掌握突出显示最大数据的方法
难度指数	★★★

步骤01 ❶打开"工资结算表"素材文件，❷选择K4:K26单元格区域，如图7-47所示。

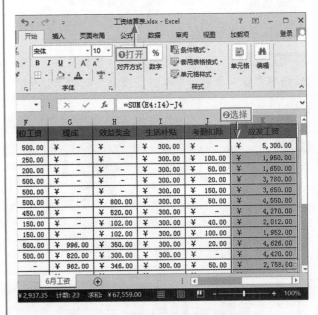

图7-47 选择应发工资单元格区域

步骤02 ❶单击"条件格式"下拉按钮，❷选择"项目选取规则"命令，❸在其子菜单中选择"前10项"命令，如图7-48所示。

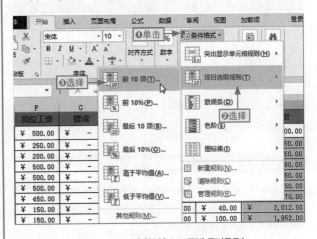

图7-48 选择前10项选取规则

步骤03 ❶在打开的"前10项"对话框的数值框中输入"3"，❷在"设置为"下拉列表框中选择"自定义格式"命令，如图7-49所示。

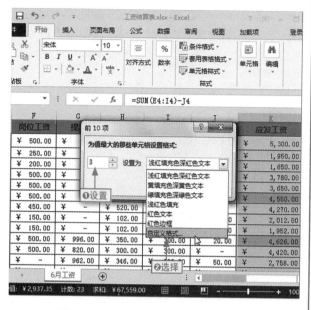

图7-49 设置自定义突出显示规则

步骤04 在打开的"设置单元格格式"对话框的"字体"选项卡中选择"加粗"选项，为突出显示的单元格字体设置加粗格式，如图7-50所示。

图7-50 设置加粗格式

步骤05 ❶单击"填充"选项卡，❷选择"黄色"背景色，❸单击"确定"按钮完成自定义突出显示规则的操作，如图7-51所示。

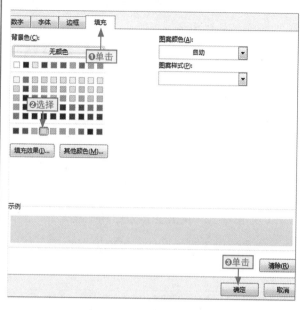

图7-51 设置填充效果

步骤06 在返回的"前10项"对话框中单击"确定"按钮完成将值最大的前3项突出显示的操作，如图7-52所示。

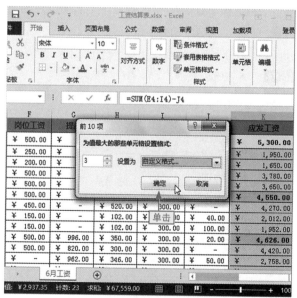

图7-52 应用设置的条件格式突出数据

7.5.2 使用图形比较数据大小

使用条件格式功能还可以对指定数据集的大小用数据条、色阶和图标集这几种图形的方式表示，如图7-53所示。

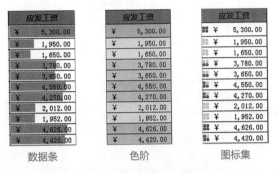

数据条　　　　色阶　　　　图标集

图7-53　突出显示数据的条件格式

三者的操作基本相似，下面通过实例讲解具体操作方法。

本节素材	DVD/素材/Chapter07/产品月进货统计.xlsx
本节效果	DVD/效果/Chapter07/产品月进货统计.xlsx
学习目标	掌握数据条、色阶和图标集的使用方法
难度指数	★★★

步骤01 ①打开"产品月进货统计"素材文件，②选择C3:C59单元格区域，③单击"条件格式"下拉按钮，④选择"数据条/紫色数据条"选项应用数据条条件格式，如图7-54所示。

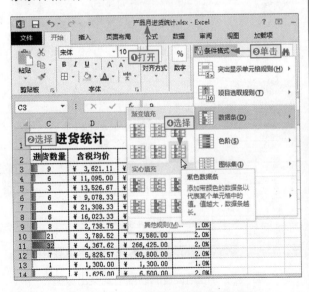

图7-54　为单元格区域应用数据条

步骤02 ①选择E3:E59单元格区域，②单击"条件格式"下拉按钮，③选择"色阶/红–白–蓝色阶"命令应用色阶条件格式，如图7-55所示。

图7-55　为单元格区域应用色阶

步骤03 ①选择F3:F59单元格区域，②单击"条件格式"下拉按钮，③选择"图标集/五等级"命令应用图标集条件格式，如图7-56所示。

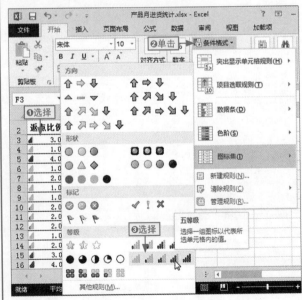

图7-56　为单元格区域应用图标集

7.6 实战问答

 NO.1 | 如何挑选包含？和*的数据

 元芳：使用"?"和"*"通配符可以在数据筛选中进行模糊条件的设置，如果要搜索包含"?"和"*"的数据，应该怎么设置筛选条件呢？

大人：要筛选出包含"?"和"*"的内容，可以使用波浪符号"~"来区别通配符，如果在"?"和"*"之前有波浪符号"~"，则表示当前的"?"和"*"为要筛选的内容而不是通配符。

 NO.2 | 如何将筛选结果保存到新工作表

 元芳：在Excel 2013中，利用高级筛选功能，可以将筛选结果保存到其他工作表中吗？具体应该怎么操作呢？

大人：当然可以，只是在打开"高级筛选"对话框时，需要在其他工作表中进行，引用数据时从其他工作表中引用，其具体操作方法如下。

步骤01 ❶在"筛选结果"工作表单击"数据"选项卡，❷单击"高级"按钮，如图7-57所示。

步骤02 ❶设置筛选条件和结果保存位置，❷单击"确定"按钮，如图7-58所示。

图7-57 打开"高级筛选"对话框

图7-58 设置筛选条件和保存位置

 NO.3 | 如何清除工作表中的条件格式

 元芳：我在工作表中应用了条件格式规则，现在不需要这些规则了，有什么方法可以快速将这些规则删除呢？

大人：选择任意单元格，在"条件格式"下拉菜单中选择"清除规则"命令，在其子菜单中选择"清除整个工作表的规则"选项即可。

7.7　思考与练习

填空题

1. 数据排序操作分为＿＿＿＿＿＿3种。

2. 在"自定义自动筛选方式"对话框中，"与"单选按钮表示＿＿＿＿＿＿＿，"或"单选按钮表示＿＿＿＿＿＿。

3. 在Excel 2013中，通配符只有两个，即＿＿＿＿＿＿。

选择题

1. 下列(　　)不可能出现在筛选器。

A. "数字筛选"　　　　B. "文本筛选"

C. "货币筛选"　　　　D. "日期筛选"

2. 下列(　　)选项不能用于比较数据的大小。

A. 突出显示单元格规则　B. 数据条

C. 色阶　　　　　　　　D. 图标集

判断题

1. 数据排序只能根据数字的大小以及汉字的拼音排序。　　　　　　　　　(　　)

2. 选择任意数据后，按Ctrl+Shift+L组合键可快速进入筛选状态。　　　　(　　)

3. 利用筛选功能删除重复项，允许用户手动设置忽略哪些列不进行重复项匹配。　(　　)

操作题

【练习目的】管理总分在80以上的女员工信息

下面通过在"公招成绩表"工作表中将成绩在80分以上的考生信息挑选出来，并依次按总分和面试成绩的降序顺序排序为例，让读者亲自体验数据排序和筛选的相关操作，巩固本章的相关知识和操作。

【制作效果】

本节素材	DVD/素材/Chapter07/公招成绩表3.xlsx
本节效果	DVD/效果/Chapter07/公招成绩表3.xlsx

	A	B	C	D	E	面
1	筛选条件					
2	性别	总分				
3	女	>80				
4						
5	筛选结果					
6	报考编号	姓名	性别	身份证号	笔试成绩	面
7	GZ_201510132	姚芳	女	512***19820225****	38	
8	GZ_201510449	朱莲花	女	515***19870509****	39	
9	GZ_201510552	曾娜	女	511***19841120****	36	
10	GZ_201510016	甘娟	女	516***19790606****	37	
11	GZ_201510648	何李春	女	519***19870328****	37	
12	GZ_201510207	漆志辣	女	511***19840406****	33	
13	GZ_201510568	孔亮	女	513***19830727****	36	
14	GZ_201510041	袁婷婷	女	517***19790703****	37	
15	GZ_201510624	郭胜有	女	517***19890512****	38	
16	GZ_201510499	甘娜	女	511***19761013****	39	
17	GZ_201510155	阳庆	女	519***19750619****	32	
18	GZ_201510376	黄喜桃	女	513***19870801****	33	
19	GZ_201510493	谭江萍	女	514***19881201****	36	
20	GZ_201510522	邱赫	女	511***19771026****	36	
21	GZ_201510498	丁辅	女	514***19831115****	37	

公招成绩表　筛选结果

使用图表将抽象的
关系直观化

本章要点

★ 根据数据源创建图表　　★ 创建迷你图
★ 调整图表大小和位置　　★ 处理柱形图中的缺口
★ 更改图表类型　　　　　★ 处理折线图中的断裂
★ 美化图表的外观　　　　★ 让最值数据始终显示

学习目标

　　图形化展示数据不仅让数据结果更清晰，更是日常办公中经常使用的数据分析手段。本章详细介绍了有关图表对象和迷你图的常规使用，还特意精选了一些图表在日常办公中的各种使用技巧，目的是让读者不仅掌握图表的基本操作，更能学会实战应用。

知识要点	学习时间	学习难度
认识、创建并编辑图表	80分钟	★★★★★
使用迷你图分析数据	30分钟	★★
图表中的各种实用技巧	60分钟	★★★

重点实例

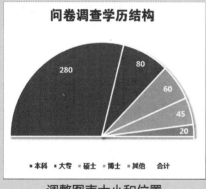

调整图表大小和位置

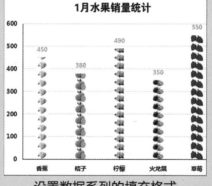

设置数据系列的填充格式

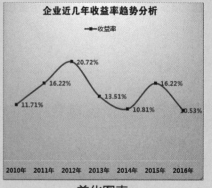

美化图表

8.1 认识图表的基本组成

对于不同类型的图表，其结构也可能不同，其中柱形图、条形图和折线图可包含的图表元素最多。除图表区以外，其他任何图表元素都是可选的，以柱形图为例，一张完整的图表通常可能包含如图8-1所示的图表元素。

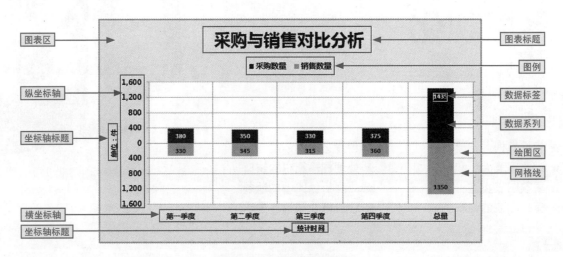

图8-1 图表的组成部分

常见图表组成部分的具体含义如图8-2所示。

图表区

整个图表的画布，图表中的其他所有元素都包含在图表区以内。

绘图区

表格数据以图形方式出现的区域，也是图表中最重要的组成部分，没有绘图区就无法显示任何数据关系。

数据系列

根据数据源中的数据绘制到图表中的数据点，一个图表可以包含一个或多个数据系列。

图表标题

对当前图表表现的数据进行必要的说明，通常要求从图表标题中可看出图表的功能或图表要表达的思想。

纵坐标轴

显示图表中各数据系列在图表区中的高度代表的数值大小，通常在创建图表时由Excel自动分配显示间隔。

横坐标轴

沿水平方向(在条形图中是按垂直方向)显示的各类别的分类的名称。

数据标签

代表当前数据点数值大小的说明文本(数据标签中可包含数据系列名称和类别名称)。

图例项

用于标识当前图表中各数据系列代表的意义，通常在图表中具有两个或两个以上数据系列时才用图例项。

图8-2 图表中部分组成部分的作用

8.2   创建一个完整的图表

创建一个完整、具有分析意义的图表，需要经历3个过程，即根据数据源创建图表、为图表添加标题以及调整图表的大小和位置。

8.2.1   根据数据源创建图表

数据源是图表创建的依据，在创建图表之前，首先需要准备创建图表所需的数据源，然后根据数据源创建指定类型的图表。在Excel 2013中，可以通过如下几种方法创建图表。

学习目标	掌握创建图表的各种方法
难度指数	★★

◆ 根据图表类别创建

❶选择数据源，❷单击"插入"选项卡，❸单击图表类别下拉按钮，如单击"柱形图"下拉按钮，❹选择需要的图表类型即可，如图8-3所示。

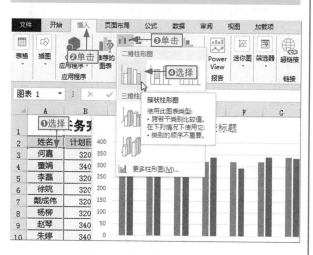

图8-3   根据图表类别创建

◆ 根据对话框创建

选择数据源，单击"图表"组的"对话框启动器"按钮，❶在打开的"插入图表"对话框中单击图表类型选项卡，❷选择一种图表类型，❸单击"确定"按钮即可，如图8-4所示。

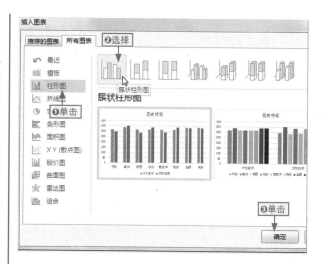

图8-4   根据对话框创建

专家提醒 | "插图图表"对话框说明

在Excel 2013中，在"插图图表"对话框中选择图表类型后，在其下方会有根据数据创建图表后的预览效果。

在该对话框中增加了一个"推荐的图表"选项卡，在该选项卡中，程序自动根据选择的数据生成了一些图表选项，如图8-5所示，选择图表后单击"确定"按钮即可。此外，也可以在"图表"组中单击"推荐的图表"按钮打开该对话框。

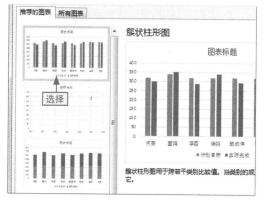

图8-5   推荐的图表类型

◆通过快速分析库创建

❶选择数据源，❷单击"快速分析"按钮，❸在打开的快速分析库中选择"图表"选项，❹在下方选择图表类型，如图8-6所示。

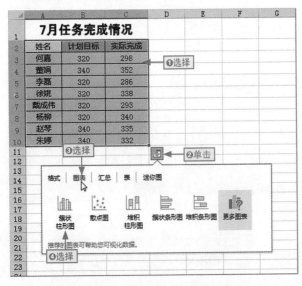

图8-6　通过快速分析库创建图表

8.2.2　为图表添加合适的标题

创建图表后，还需要为图表添加一个合适的标题，让读者能快速了解图表的意图并让图表信息更加明确。

专家提醒｜图表标题的相关说明

在Excel 2013中，如果创建的图表只有一个数据系列，则程序会默认将数据源的表头作为图表标题，如果创建的图表有多个数据系列，则程序只会添加一个图表标题占位符。

如果不小心删掉了图表标题占位符，还需要用户手动添加占位符，再编辑标题。

本节素材	DVD/素材/Chapter08/7月任务完成情况.xlsx
本节效果	DVD/效果/Chapter08/7月任务完成情况.xlsx
学习目标	掌握添加并编辑图表标题的方法
难度指数	★★

步骤01 ❶打开"7月任务完成情况"素材文件，❷选择图表激活"图表工具"选项卡组，❸单击"图表工具｜设计"选项卡，如图8-7所示。

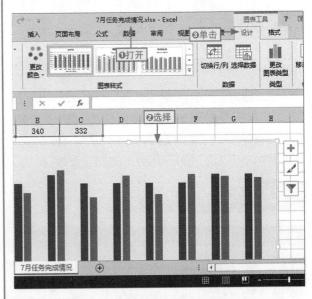

图8-7　选择图表并切换选项卡

步骤02 ❶单击"图表布局"组的"添加图表元素"下拉按钮，❷选择"图表标题"命令，❸在其子菜单中选择"图表上方"选项，如图8-8所示。

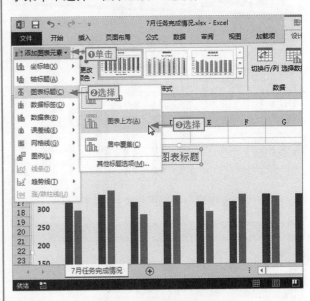

图8-8　添加图表标题

步骤03 选择占位符中的文本，按Delete键将其删除，然后输入"7月员工计划目标和实际完成对比"标题名称，如图8-9所示。

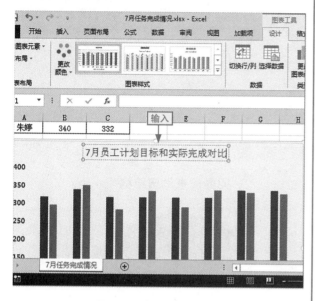

图8-9 修改标题名称

步骤04 ❶选择标题占位符文本框，❷单击"开始"选项卡，❸在"字体"组中设置字体格式为"方正大黑简体，20，深蓝"，如图8-10所示。

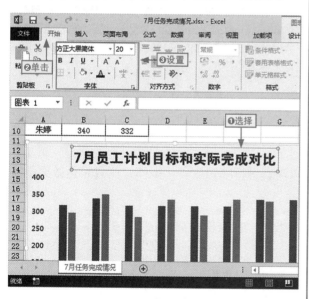

图8-10 设置图表标题格式

核心妙招 | "图表元素"按钮的使用

选择图表后，在其右侧将出现"图表元素"按钮，❶单击该按钮，❷在弹出的图表元素库中选中要添加的图表元素的复选框，❸单击其右侧的下拉按钮，❹在弹出的菜单中选择需要的选项即可在图表中添加对应的图表元素，如图8-11所示。

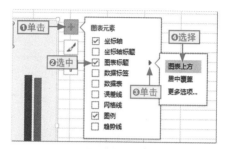

图8-11 利用图表元素库添加图表标题

8.2.3 调整图表的大小和位置

在Excel 2013中创建的图表，默认大小为12.7厘米×7.62厘米，这样的大小通常都不符合用户的实际需求，此时就需要对图表的大小进行调整，并将其调整到合适的位置。

本节素材	DVD/素材/Chapter08/问卷调查学历结构统计.xlsx
本节效果	DVD/效果/Chapter08/问卷调查学历结构统计.xlsx
学习目标	掌握精确调整图表大小和移动图表位置的方法
难度指数	★★

步骤01 ❶打开"问卷调查学历结构统计"素材文件，❷选择图表，如图8-12所示。

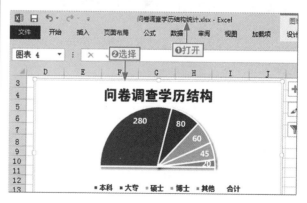

图8-12 选择图表

步骤02 ❶单击"图表工具｜格式"选项卡，❷在"大小"组中的"高度"和"宽度"数值框中设置高度和宽度，如图8-13所示。

步骤03 在图表的空白位置按下鼠标左键不放，拖动鼠标光标将图表移动到合适的位置，如图8-14所示。

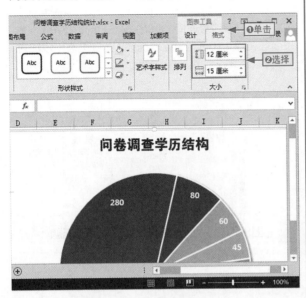

图8-13　精确调整图表大小

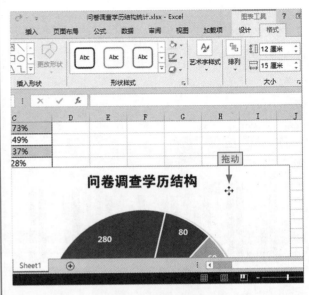

图8-14　移动图表位置

核心妙招｜拖动控制点调整图表大小

选择需要调整大小的图表，将鼠标光标移动到图表区的4个角或4边的中心(这8个位置均有几个小圆点)，将鼠标光标移动到这些控制点上，当其变为双向箭头时，拖动鼠标光标即可快速调整图表的高度和宽度。

核心妙招｜快速统一多个图表的大小

如果在同一张工作表中有多张图表，并且要求这些图表具有相同的某个特定的大小，手动逐个调整显然非常慢，此时可按住Ctrl键或Shift键，依次选择要调整统一大小的图表，再通过"图表工具｜格式"选项卡调整其大小。

8.3　编辑并美化图表

创建图表后，如果发现图表不符合要求，还可以对其进行编辑或美化操作，让其表达效果更符合实际需求。

8.3.1　更改图表类型

每一种图表都有各自的功能和用户，当发现创建了错误的图表类型后，可以通过更改图表类型快速更改错误的图表。

本节素材	DVD/素材/Chapter08/一周现金流量记录.xlsx
本节效果	DVD/效果/Chapter08/一周现金流量记录.xlsx
学习目标	掌握快速更改创建的错误图表类型的方法
难度指数	★★★

步骤01 ❶打开"一周现金流量记录"素材文件，❷选择图表，如图8-15所示。

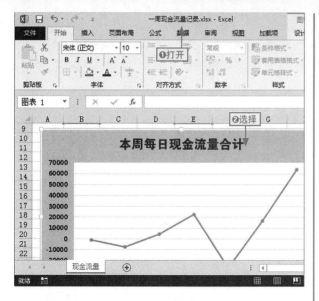

图8-15　选择图表

步骤02 ❶单击"图表工具丨设计"选项卡，❷在"类型"组中单击"更改图表类型"按钮，如图8-16所示。

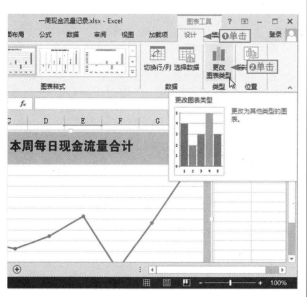

图8-16　单击"更改图表类型"按钮

步骤03 ❶在打开的"更改图表类型"对话框中单击"柱形图"选项卡，❷在右侧的窗格中选择"簇状柱形图"选项，❸单击"确定"按钮，如图8-17所示。

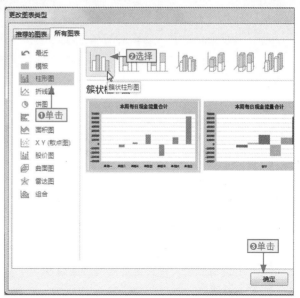

图8-17　选择需要的图表类型

步骤04 在返回的工作表中可以查看到折线图图表被更改为柱形图图表，如图8-18所示。

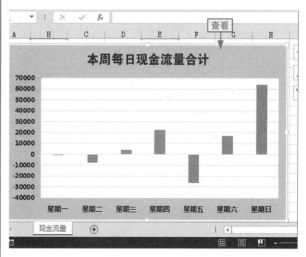

图8-18　查看更改图表类型后的效果

专家提醒丨更改图表类型的说明

在Excel中，使用更改图表类型功能修改错误的图表时，程序只会对图表的类型进行修改，对于早期为图表设置的各种效果，则不会被修改。

长知识 | 图表能处理哪些关系的数据

在同一组数据源，如果分析目的不同，则使用的图表类型也不同。在Excel中，常处理的数据关系有比较关系、占比关系、趋势关系、相关关系及其他关系，其与图表类型的对应如图8-19所示。

比较关系&图表类型

柱形图和条形图是比较关系的首选图表类型。柱形图主要用于展示一段时间内数据的变化情况，或者各类别之间数值的大小比较情况；条形图可以看作是顺时针旋转90°后的柱形图，但它弱化了时间的变化，偏重于比较数量的大小。

占比关系&图表类型

要展示数据点与整体的占比关系，可选择饼图和圆环图。饼图以一个圆代表整体，用不同的扇区代表每一个分类，扇区的大小即表示所占的比重；圆环图与饼图功能相似，但饼图只能显示一个系列的数据，而圆环图可同时显示多个数据系列。

趋势关系&图表类型

要分析一组数据的变化趋势，可使用折线图或面积图。折线图用于描述连续数据的变化情况，突出数据随着时间改变而变化的过程；面积图主要强调总体值随时间变化的趋势，同时还兼具对总体与部分的关系的展示功能。

相关关系&图表类型

对于几组数据之间的相关性分析，可使用散点图和雷达图。散点图用于比较成对的数据，或者显示一些独立的数据点之间的关系；雷达图通常用于对比几个数据系列之间的聚合程度，此图表类型使阅读者能同时对多个指标的发展趋势一目了然。

其他关系&图表类型

Excel还提供了气泡图、股价图和曲面图等图表类型，这些图表可分析具有特殊要求的数据。气泡图可展示一组随着时间的推移而变化的数值与原始数值大小之间的比例关系；股价图用于展示一段时间内股价变化情况；曲面图用来帮助用户找出几组数据之间的最佳组合。

图8-19　各种数据关系与图表类型的对应

8.3.2　添加图表数据

创建图表后，用户还可以根据需要向图表中添加其他数据，其具体的实现方法有3种，分别介绍如下。

学习目标	掌握在图表中增加新数据的方法
难度指数	★★

◆使用快捷键添加

❶选择要添加到图表中的数据系列的所有数据，按Ctrl+C组合键复制，❷选择图表，❸按Ctrl+V组合键粘贴，如图8-20所示。

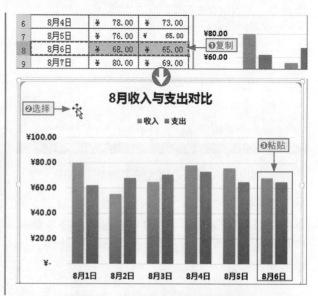

图8-20　通过快捷键添加图表数据

◆ 拖动数据源区域添加

❶选择图表，数据源区域中带蓝色边框的区域即为图表的数据系列所在的区域，❷拖动该区域右下角的顶点以调整数据源区域，也可以向图表中添加数据系列，如图8-21所示。

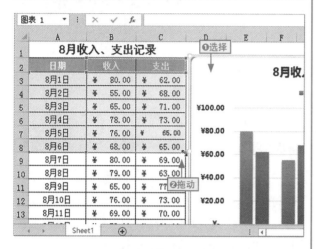

图8-21　拖动数据源区域添加数据

◆ 通过对话框添加

选择图表，❶单击"图表工具 | 设计"选项卡"数据"组的"选择数据"按钮，❷在打开的"选择数据源"对话框中重新设置图标区域即可，如图8-22所示。

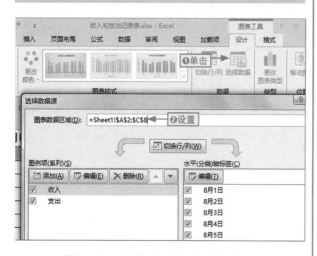

图8-22　通过对话框添加图表数据

核心妙招 | 通过快捷菜单添加图表数据

在图表中任意位置右击，在弹出的快捷菜单中选择"选择数据"命令，如图8-23所示，在打开的"选择数据源"对话框中也可设置添加图表数据。

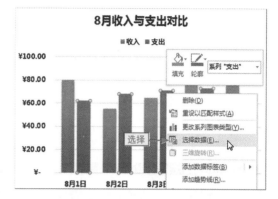

图8-23　用快捷菜单打开"选择数据源"对话框

专家提醒 | 删除图表数据

根据向图表中添加数据系列的方法可以推测，删除数据系列也应该有3种方法，分别介绍如下。

◆ 选择数据系列后按Delete键将相关数据删除。

◆ 选择图表后，在数据源中通过调整减小蓝色边框将不需要的数据引用的单元格从范围内删除。

◆ 选择图表后，打开"选择数据源"对话框，重新选择图表数据源。

8.3.3　设置数据系列的填充格式

绝大多数类型的图表都可以对其数据点或数据系列设置填充效果，而使用图片填充数据系列，可以让数据系列代表的项目更加明了。

本节素材	DVD/素材/Chapter08/1月水果销量.xlsx
本节效果	DVD/效果/Chapter08/1月水果销量.xlsx
学习目标	掌握用图片填充数据系列的方法
难度指数	★★★★

步骤01 ❶打开"1月水果销量"素材文件，❷两次单击"香蕉"数据系列将该数据系列选中，如图8-24所示。

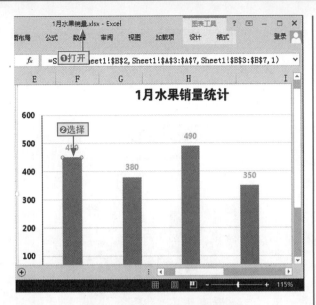

图8-24　选择单个数据系列

步骤02 ❶单击"图表工具 | 格式"选项卡，❷在"形状样式"组中单击"对话框启动器"按钮，❸在打开的窗格中单击"填充线条"选项卡，如图8-25所示。

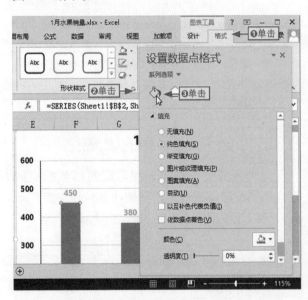

图8-25　打开"设置数据点格式"窗格

步骤03 ❶选中"图片或纹理填充"单选按钮，❷单击"文件"按钮，如图8-26所示。

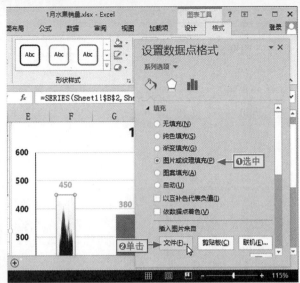

图8-26　选择填充的文件来源

步骤04 ❶在打开的"插入图片"对话框中选择文件的保存位置，❷在中间的列表框中选择需要的图片选项，❸单击"插入"按钮，如图8-27所示。

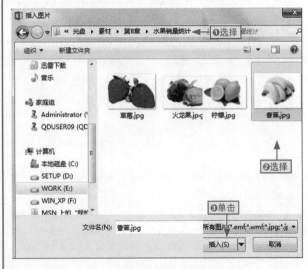

图8-27　插入图片文件

专家提醒 | 选择数据系列组

在图表中选择任意一个数据系列，系统自动会将该图例项的所有数据系列点全部选择中。

步骤05 在返回的工作界面中可查看到图片以伸展方式填充，在窗格中选中"层叠"单选按钮更改图片的填充方式，如图8-28所示。

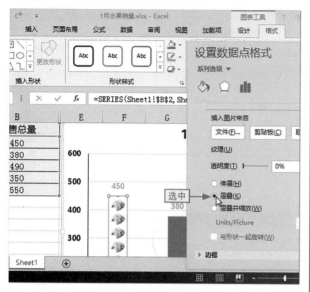

图8-28 更改图片在数据系列中的填充方式

步骤06 ❶选择"橘子"数据系列，❷在窗格中选中"图片或纹理填充"单选按钮，❸单击"文件"按钮，如图8-29所示。

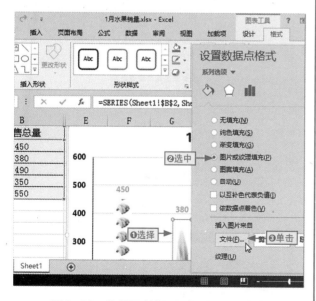

图8-29 为橘子数据系列设置图片填充

步骤07 ❶在打开的"插入图片"对话框中选择需要的图片文件，❷单击"插入"按钮插入图片，如图8-30所示。

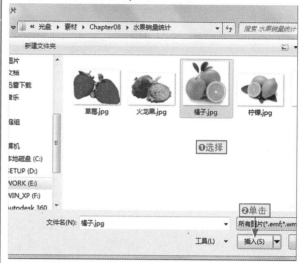

图8-30 选择图片

步骤08 用相同的方法为其他数据系列设置对应的图片填充完成整个操作，如图8-31所示。

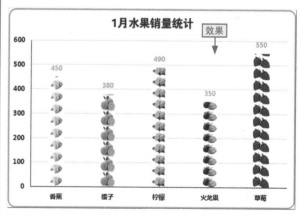

图8-31 查看填充样式

专家提醒 ｜ 连续设置数据系列格式

打开"设置数据点格式"窗格后，选择不同的数据系列，程序自动为当前选择的数据系列设置格式。

8.3.4　美化图表的外观

在美化图表时，可以通过单独为各个对象进行美化，其操作与Word中为对象设置美化的操作一样。

此外，在Excel 2013中，程序还提供了内置的形状样式和布局样式，套用这些样式可以快速美化图表。

本节素材	DVD/素材/Chapter08/企业收益率分析.xlsx
本节效果	DVD/效果/Chapter08/企业收益率分析.xlsx
学习目标	掌握套用形状样式和布局样式的方法
难度指数	★★★

步骤01 ❶打开"企业收益率分析"素材文件，❷选择图表，如图8-32所示。

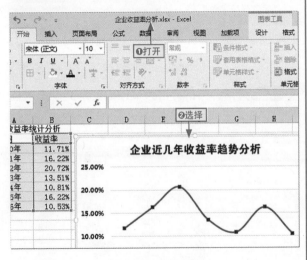

图8-32　选择图表

步骤02 ❶单击"图表工具｜格式"选项卡，❷在"形状样式"组的列表框中选择"彩色轮廓-橙色，强调颜色2"样式，如图8-33所示。

> **专家提醒｜套用内置形状样式后的效果**
>
> 在Excel中，为图表套用内置的形状样式后，如果之前已经在图表中设置了一些样式效果，如设置了字体格式、添加了填充效果等，此时程序将自动清除这些样式，以选择的形状样式中的预设填充效果和文字效果替换清除的样式。

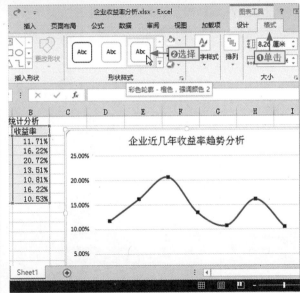

图8-33　为图表套用内置的形状样式

步骤03 ❶保持图表的选择状态，单击"形状轮廓"下拉按钮，❷选择"粗细/2.25磅"命令更改图表的轮廓粗细，如图8-34所示。

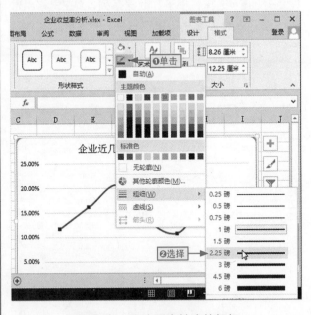

图8-34　更改图表轮廓的粗细

步骤04 ❶单击"形状填充"下拉按钮，❷选择"渐变"命令，❸在其子菜单中选择"其他渐变"命令，如图8-35所示。

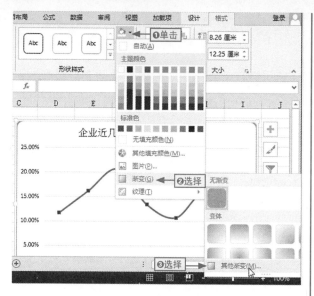

图8-35　选择"其他渐变"命令

🎧 **步骤05** ❶在打开的窗格中选中"渐变填充"单选按钮，❷单击"预设渐变"下拉按钮，❸选择一种预设的渐变颜色，❹单击窗格右上角的"关闭"按钮关闭该窗格，如图8-36所示。

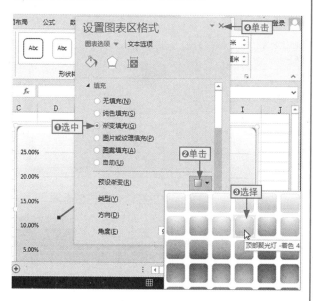

图8-36　为图表添加渐变填充效果

🐱 **专家提醒** ｜ 自动应用最近一次的渐变设置

选中"渐变填充"单选按钮后，系统自动为图表添加程序最近一次使用过的渐变填充选项。

🎧 **步骤06** 单击"图表工具｜设计"选项卡，单击"快速布局"下拉按钮，选择"布局2"选项快速更改图表的布局，如图8-37所示。

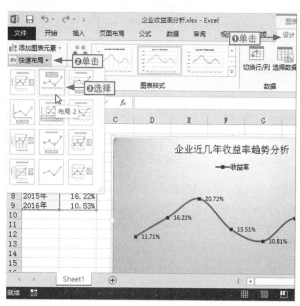

图8-37　更改图表的布局格式

🎧 **步骤07** 通过"开始"选项卡的"字体"组将图表的标题、图例项、数据标签和坐标轴文本设置对应的字体格式，完成整个操作，如图8-38所示。

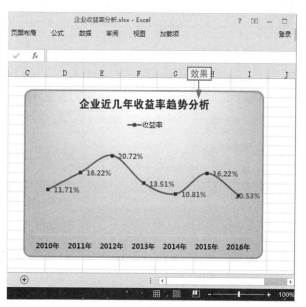

图8-38　更改图表的字体格式

8.4 使用迷你图分析数据

迷你图是自Excel 2010起新增的一种微型图表，它可以在单元格中对简单的数据进行直观地分析，如比较数据大小、描述数据变化趋势等。

8.4.1 创建迷你图

要创建迷你图，首先还是要确定图表的数据源，与普通图表不同的是，迷你图的数据源只能是一行或一列，并且迷你图不允许数据源为空。下面通过实例讲解创建迷你图的具体方法。

本节素材	DVD/素材/Chapter08/销售报表.xlsx
本节效果	DVD/效果/Chapter08/销售报表.xlsx
学习目标	掌握根据单列数据源创建柱形迷你图的方法
难度指数	★★

步骤01 ❶打开"销售报表"素材文件，❷选择C18单元格，如图8-39所示。

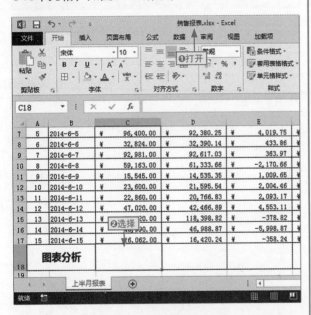

图8-39 选择目标单元格

步骤02 ❶单击"插入"选项卡，❷在"迷你图"组中单击"柱形图"按钮，如图8-40所示。

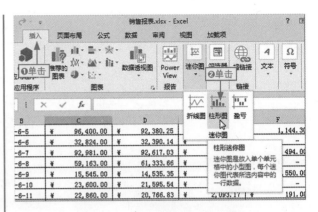

图8-40 单击"柱形图"按钮

步骤03 在打开的"创建迷你图"对话框中设置数据范围为C3:C17单元格区域，单击"确定"按钮，如图8-41所示。

图8-41 设置创建柱形迷你图的数据源

专家提醒｜迷你图与图表的区别

虽然图表和迷你图都可以用于图形化分析数据，但是二者存在明显区别：

◆ 迷你图是嵌入在单元格内部的微型图表，图表类型只有折线图、柱形图和盈亏图3种，数据源只能是某行/列，图表的设置项也较少。

◆ 图表是浮于工作表上方的图形对象，可同时对多组数据进行分析，图表类型多，且设置项多。

步骤04 在返回的工作表中可查看到C18单元格中创建的迷你图，拖动该单元格的控制柄进行复制，完成其他列的迷你图的创建，如图8-42所示。

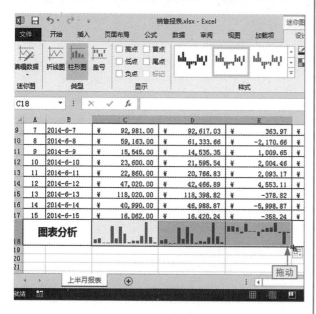

图8-42　复制创建迷你图

核心妙招 | 创建迷你图的其他方法

选择需要创建迷你图的单元格区域，打开"创建迷你图"对话框，设置数据源区域为所有行列的区域，单击"确定"按钮，程序自动将结果单元格所在的行或列数据作为数据源创建迷你图。

8.4.2　更改迷你图的类型

要更改迷你图的类型，可选择所有需要更改图表类型的迷你图所在的单元格，在"迷你图工具 | 设计"选项卡的"类型"组中单击相应的按钮即可。

本节素材	DVD/素材/Chapter08/销售报表1.xlsx
本节效果	DVD/效果/Chapter08/销售报表1.xlsx
学习目标	掌握将柱形图迷你图更改为折线图迷你图的方法
难度指数	★

步骤01 ❶打开"销售报表1"素材文件，❷选择任意迷你图单元格，如选择C18单元格，如图8-43所示。

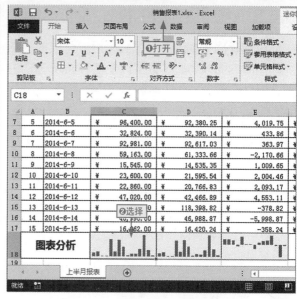

图8-43　选择任意迷你图单元格

步骤02 ❶单击"迷你图工具 | 设计"选项卡，❷在"类型"组中单击"折线图"按钮将柱形图迷你图更改为折线图迷你图，如图8-44所示。

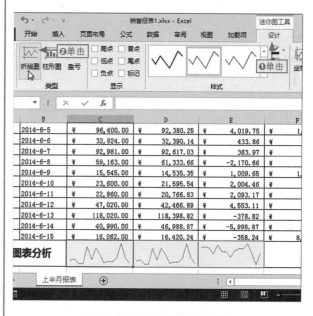

图8-44　更改迷你图类型

8.4.3 编辑迷你图的样式和显示选项

在单元格中创建迷你图后，用户可根据需要对迷你图的图表样式、效果以及各种显示选项进行自定义设置，从而让迷你图的表达更清晰。

本节素材	DVD/素材/Chapter08/销售报表2.xlsx
本节效果	DVD/效果/Chapter08/销售报表2.xlsx
学习目标	掌握美化迷你图、显示及设置迷你图标记的方法
难度指数	★★★

步骤01 ❶打开"销售报表2"素材文件，❷选择任意迷你图，❸单击"迷你图工具|设计"选项卡，❹单击"迷你图颜色"下拉按钮，❺选择"绿色"颜色，如图8-45所示。

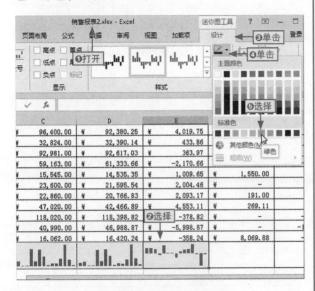

图8-45 更改迷你图颜色

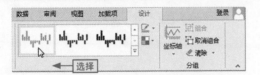

专家提醒｜套用迷你图样式

Excel 2013也为迷你图提供了内置的图表样式，用户可选择迷你图以后，在"迷你图工具|设计"选项卡的"样式"组中间的列表框中选择相应的选项即可为迷你图应用样式，如图8-46所示。

图8-46 使用内置的迷你图样式

步骤02 ❶在"显示"组中选中"高点"复选框突出显示迷你图的最大值，❷选中"负点"复选框突出显示迷你图中的负值，如图8-47所示。

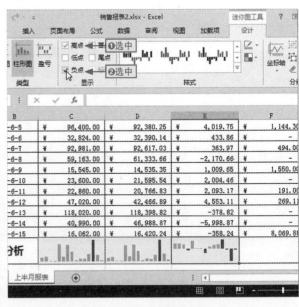

图8-47 显示高点和负点

步骤03 ❶单击"标记颜色"下拉按钮，❷选择"高点"命令，❸在其子菜单中选择一种颜色，如图8-48所示。

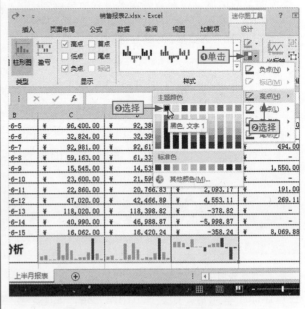

图8-48 修改高点的显示颜色

8.5　图表中的各种实用技巧

前面主要讲解了有关图表使用的一些常用操作，为了更好地解决工作中的实际问题，用户有必要了解和掌握图表中的各种常见使用技巧。

8.5.1　处理柱形图中的缺口

在使用柱形图比较数据时，如果分类坐标轴为日期，即使数据源中没有某些日期，创建的图表中也会自动将该日期显示出来。

由于该日期没有数据，从而造成了柱形图的缺口，此时可以通过将坐标轴类型设置为文本类型来解决该问题。

本节素材	DVD/素材/Chapter08/店面毛利分析.xlsx
本节效果	DVD/效果/Chapter08/店面毛利分析.xlsx
学习目标	掌握更改坐标轴类型的实战用法
难度指数	★★★

步骤01 ❶打开"店面毛利分析"素材文件，❷选择图表中的横坐标轴，如图8-49所示。

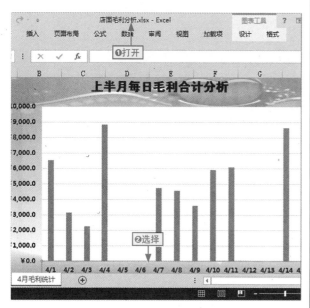

图8-49　选择横坐标轴

步骤02 ❶单击"图表工具｜设计"选项卡，❷单击"添加图表元素"下拉按钮，❸选择"坐标轴/更多轴选项"命令，如图8-50所示。

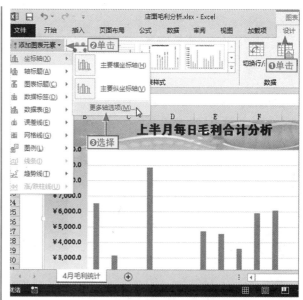

图8-50　设置坐标轴选项

步骤03 ❶在打开的窗格中选中"文本坐标轴"单选按钮，❷单击窗格右上角的"关闭"按钮完成操作，如图8-51所示。

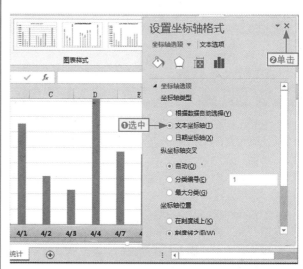

图8-51　更改坐标轴类型为文本坐标轴

8.5.2 处理折线图中的断裂

在折线图中，在分析数据时，折线数据系列是连续的图形，当某个分类的数据没有时，折线数据系列就出现了断裂的情况，此时可以通过设置空单元格的显示方式来解决该问题。

本节素材	DVD/素材/Chapter08/店面毛利分析1.xlsx
本节效果	DVD/效果/Chapter08/店面毛利分析1.xlsx
学习目标	掌握利用直线连接处理折线图断裂的方法
难度指数	★★★

步骤01 ❶打开"店面毛利分析1"素材文件，❷在图表中选择折线数据系列，如图8-52所示。

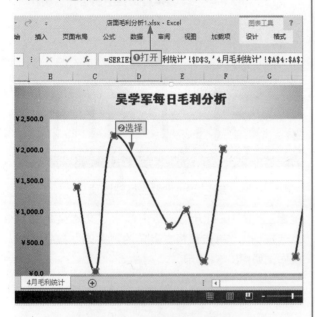

图8-52　选择断裂的数据系列

专家提醒 | 处理空值的3种方式

在Excel中，对于数据源中的空值，在折线图中有3种处理方式，具体如下：

◆ **空距**：在折线图中用空白来替代空值单元格，从而让折线图表现出断裂的情况，这是折线图的默认处理方式。

◆ **零值**：在折线图中用数据0来替代空值单元格，当前分类位置用零值将两端的断裂连接起来。

◆ **用直线连接数据点**：在断裂的分类位置，直接用直线将断裂的两端连接起来。

步骤02 ❶在数据系列上直接右击，❷在弹出的快捷菜单中选择"选择数据"命令，如图8-53所示。

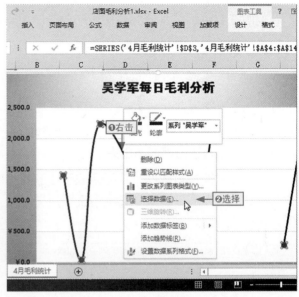

图8-53　选择"选择数据"命令

步骤03 在打开的"选择数据源"对话框中单击左下角的"隐藏的单元格和空单元格"按钮，如图8-54所示。

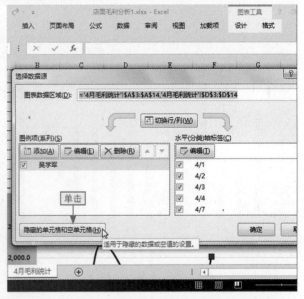

图8-54　单击"隐藏的单元格和空单元格"按钮

步骤04 ❶在打开的"隐藏和空单元格设置"对话框中选中"用直线连接数据点"单选按钮，❷单击"确定"按钮，如图8-55所示。

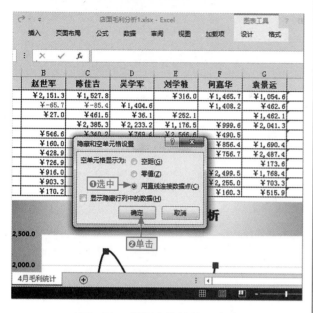

图8-55　设置空值的处理方式

步骤05 在返回的"选择数据源"对话框中单击"确定"按钮确认设置，在返回的工作表中即可查看到用直线连接断裂位置的效果，如图8-56所示。

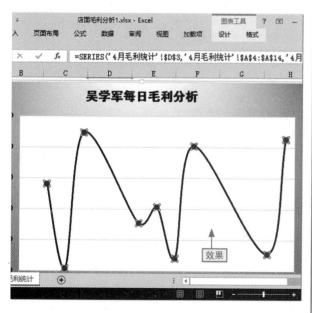

图8-56　查看最终效果

8.5.3　让最值数据始终显示

在实际工作中，通常希望将图表中的最值数据自动突出显示出来，手动操作不仅不准确，而且效率不高，此时就需要使用到辅助列来快速找出最值，并将其添加到图表中。

本节素材	DVD/素材/Chapter08/员工绩效考核表.xlsx
本节效果	DVD/效果/Chapter08/员工绩效考核表.xlsx
学习目标	掌握显示最值的方法
难度指数	★★★

步骤01 ❶打开"员工绩效考核表"素材文件，❷使用"=VLOOKUP(MAX($I$4:$I$16),I4,1,FALSE)"公式计算最大值，如图8-57所示。

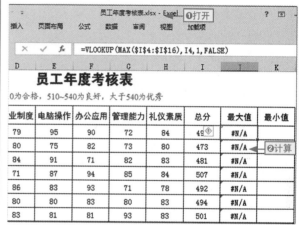

图8-57　找出总分的最大值

步骤02 使用"=VLOOKUP(MIN($I$4:$I$16),I16,1,FALSE)"公式计算最小值，如图8-58所示。

图8-58　找出总分的最小值

步骤03 ❶复制最大值和最小值所在列的数据，❷选择图表，❸按Ctrl+V组合键执行粘贴操作，如图8-59所示。

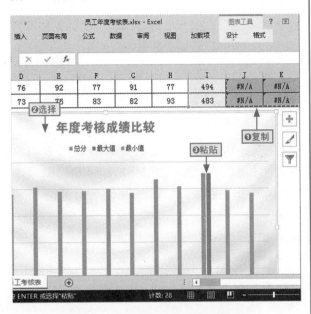

图8-59 在图表中添加最值数据

步骤04 ❶选择任意数据系列，❷右击，❸在弹出的快捷菜单中选择"设置数据系列格式"命令，如图8-60所示。

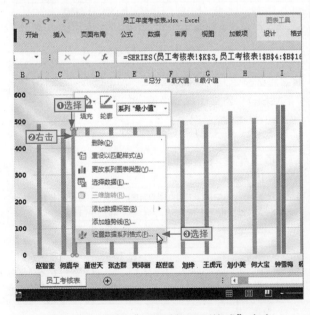

图8-60 选择"设置数据系列格式"命令

步骤05 ❶在打开的"设置数据系列格式"窗格中单击"系列选项"选项卡，❷调整系列重叠数值为100%，如图8-61所示。

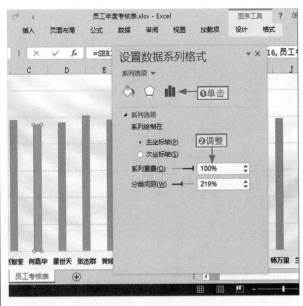

图8-61 设置系列重叠

步骤06 调整分类间距为100%，单击"设置数据系列格式"窗格右上角的"关闭"按钮完成整个操作，如图8-62所示。

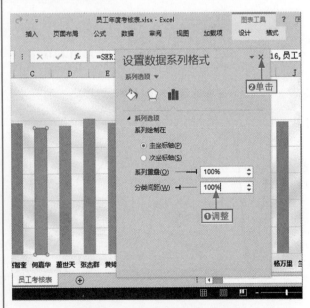

图8-62 设置系列的分类间距

8.6 实战问答

 元芳：在图表中，有两个数据系列的差异比较大，从而让数据较小的一项在图表中的显示效果不清晰，遇到这种问题应该怎么解决呢？

 大人：通常，遇到这种问题，可以采取在图表中添加两个坐标轴，让数据较小的数据系列单独使用一个坐标轴，其具体操作方法如下。

步骤01 ❶选择要添加次坐标轴的数据系列，❷右击，❸选择"设置数据系列格式"命令，如图8-63所示。

步骤02 ❶在打开的"设置数据系列格式"窗格中选中"次坐标轴"单选按钮，❷单击窗格右上角的"关闭"按钮完成操作，如图8-64所示。

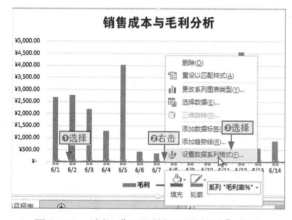

图8-63 选择"设置数据系列格式"命令

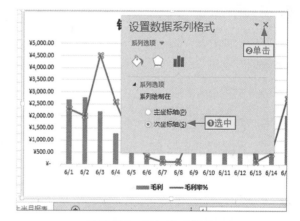

图8-64 添加次坐标轴

 元芳：在工作表中，选择包含迷你图的单元格后，执行删除操作，为什么不能删除掉单元格中的迷你图呢？

 大人：选择需要删除的迷你图或迷你图组，在"迷你图工具 | 设计"选项卡中单击"清除"按钮或其右侧的下拉按钮(见图8-65左图)，或者右击(见图8-65右图)，选择"清除所选的迷你图"选项只清除当前所选单元格中的迷你图，选择"清除所选的迷你图组"选项清除与当前所选迷你图在同一组中的所有迷你图。

图8-65 清除迷你图的两种方法

8.7 思考与练习

填空题

1. 在图表中，_____可以将某一组数据系列选择，_____可以将当前的单个数据系列选择。

2. 当需要对同一张工作表的多个图表设置相同大小时，可_____依次选择图表，再精确设置图表大小。

选择题

1. 下列( )图表可以用于处理比较关系的数据。

    A. 柱形图和条形图

    B. 柱形图和饼图

    C. 折线图和面积图

    D. 条形图和圆环图

2. 下列( )选项不属于迷你图的图表类型。

    A. 折线图   B. 条形图

    C. 柱形图   D. 盈亏图

判断题

1. 在Excel 2013中，创建的图表有多个数据系列，程序不会添加图表标题占位符。( )

2. 默认情况下，用图片填充数据系列时，程序按伸展方式填充。( )

3. 折线图中，程序默认以空距来处理数据源中的空值单元格。( )

操作题

【练习目的】编辑工作量完成情况图表

下面通过对"A组员工工作量完成情况"图表进行编辑和美化，让目标任务和实际完成情况的对比更清晰为例，让读者亲自体验编辑图表和美化图表的相关操作，巩固个人所学的相关知识和操作。

【制作效果】

本节素材	DVD/素材/Chapter08/工作量完成情况.xlsx
本节效果	DVD/效果/Chapter08/工作量完成情况.xlsx

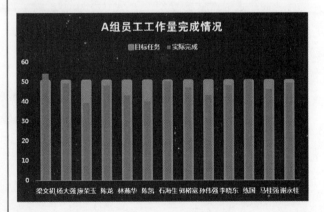

创建商务演示文稿的
必会操作

本章要点

★ 设置母版占位符的字体格式　　★ 更改幻灯片的版式
★ 设置与编辑母版的背景格式　　★ 使用相册功能创建相册
★ 复制、重命名与插入母版　　　★ 添加新一组的照片到相册
★ 调整幻灯片大小

学习目标

　　PowerPoint作为一种演示工具，被广泛应用于商务演示的各个领域。本章主要介绍一些有关创建商务演示文稿的必会操作，如设置幻灯片母版样式、幻灯片的基本操作以及使用相册功能创建相册等。读者通过本章的学习，掌握了一些基本操作后，将能更好、更快地创建演示文稿。

知识要点	学习时间	学习难度
设置幻灯片母版样式	60分钟	★★★
幻灯片的基本操作	50分钟	★★
使用相册功能	60分钟	★★★

重点实例

为幻灯片母版添加背景

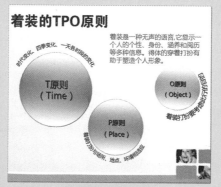

更改幻灯片版式

创建相册

9.1 设置幻灯片母版样式

为了保持同一演示文稿中各张幻灯片的风格统一，方便幻灯片效果的控制，可以通过幻灯片母版来设置。幻灯片母版包括1个主母版和11个版式母版，如图9-1所示。

图9-1　主母版和版式母版

9.1.1 设置母版占位符的字体格式

默认创建的演示文稿，其字体格式往往都不符合实际需求，用户可通过设置母版占位符的字体格式，达到快速更改整个演示文稿中使用字体的格式。

设置母版占位符的字体格式也是在"开始"选项卡的"字体"组中完成的，只是首先需要切换到母版视图。

本节素材	DVD/素材/Chapter09/营销报告.pptx
本节效果	DVD/效果/Chapter09/营销报告.pptx
学习目标	掌握进入母版视图并设置占位符字体格式的方法
难度指数	★★

步骤01　❶打开"营销报告"素材文件，❷单击"视图"选项卡，❸在"母版视图"组中单击"幻灯片母版"按钮，如图9-2所示。

图9-2　进入母版视图模式

步骤02 ❶在左侧窗格选择主母版，❷在右侧工作区选择标题占位符，❸单击"开始"选项卡，❹将其字体设置为"方正大黑简体"，❺单击"文字阴影"按钮，如图9-3所示。

图9-3　为主母版的标题设置字体格式

步骤03 ❶选择正文占位符中的所有文本，❷在"字体"下拉列表框中选择"微软雅黑"选项更改正文的字体格式，如图9-4所示。

图9-4　设置正文字体的格式

步骤04 ❶选择一级正文文本，❷在"字体"组中单击"加粗"按钮，为其设置加粗格式，如图9-5所示。

图9-5　为一级正文设置加粗格式

步骤05 ❶选择任意版式母版，在右侧的工作区中可查看到文本格式都发生了改变，❷单击"幻灯片母版"选项卡，❸单击"关闭母版视图"按钮退出幻灯片母版视图，如图9-6所示。

图9-6　查看设置的字体格式并退出幻灯片母版视图

专家提醒 | 什么是一级正文

在文本占位符中，"单击此处编辑母版文本样式"文本即为一级正文，它代表正文占位符中最普遍使用的文本，即默认的正文格式。选中一级正文文本后按Tab键即可使其变为二级正文。

9.1.2 设置与编辑母版的背景格式

幻灯片母版的背景不仅可以设置纯色填充，还可以将一些图片文件设置为背景格式，通过背景格式的设置，从而快速达到美化幻灯片效果的目的。

其具体操作很简单，既可以通过"背景样式"下拉菜单完成，也可以通过快捷菜单完成。下面通过实例讲解这两种方法的具体操作。

本节素材	DVD/素材/Chapter09/总结报告.pptx
本节效果	DVD/效果/Chapter09/总结报告.pptx
学习目标	掌握为主母版和标题母版添加背景的方法
难度指数	★★★

■ 步骤01 ①打开"总结报告"素材文件，②单击"视图"选项卡，③在"母版视图"组中单击"幻灯片母版"，如图9-7所示。

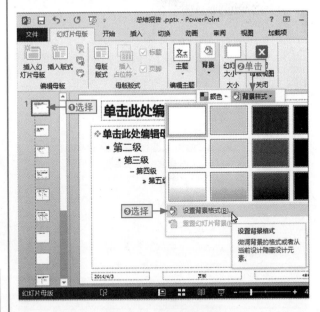

图9-8　设置背景格式

■ 步骤03 ①在打开的"设置背景格式"窗格中选中"图片或纹理填充"单选按钮，②单击"文件"按钮，如图9-9所示。

图9-7　进入幻灯片母版视图

图9-9　单击"文件"按钮

步骤04 ❶在打开的"插入图片"对话框中找到文件的保存位置，❷在中间的列表框中选择"背景1"图片，❸单击"插入"按钮，如图9-10所示。

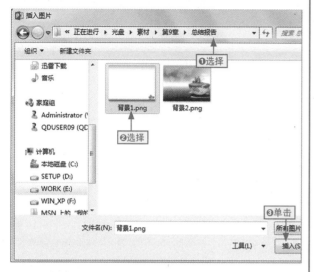

图9-10 选择需要设置背景的图片

步骤05 在返回的界面中可以预览到程序自动为所有的母版添加了背景图片，单击窗格右上角的"关闭"按钮关闭窗格，如图9-11所示。

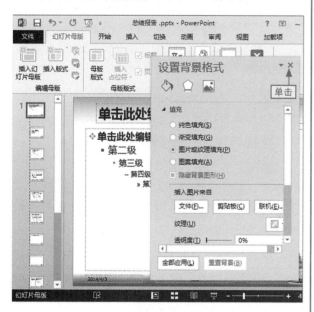

图9-11 查看添加的背景效果

步骤06 ❶选择标题版式母版，❷在其上右击，❸在弹出的快捷菜单中选择"设置背景格式"命令，如图9-12所示。

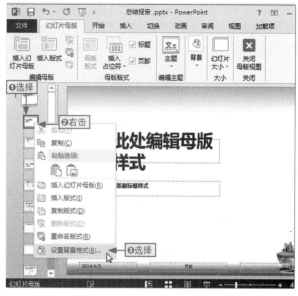

图9-12 右击标题版式母版

步骤07 在打开的"设置背景格式"窗格中自动选中"图片或纹理填充"单选按钮，单击"文件"按钮，如图9-13所示。

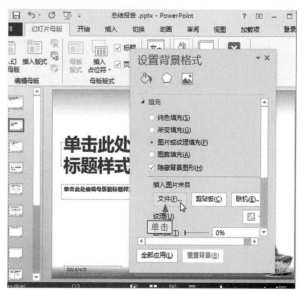

图9-13 单击"文件"按钮

步骤08 在打开的"插入图片"对话框中，❶选择"背景2"图片，❷单击"插入"按钮插入图片，如图9-14所示。

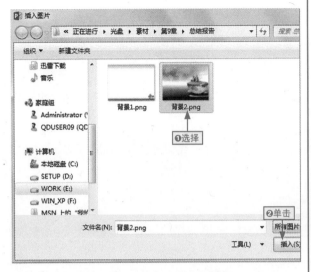

图9-14 插入"背景2"图片

步骤09 在返回的界面中可查看到为标题版式母版添加的背景效果，关闭"设置背景格式"窗格，在"关闭"组中单击"关闭母版视图"按钮，如图9-15所示。

图9-15 退出母版视图模式

步骤10 在返回的普通视图模式工作界面中，任意选择一张幻灯片，即可查看添加背景格式后的效果，如图9-16所示。

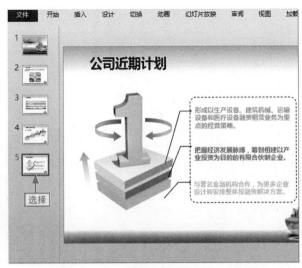

图9-16 查看设置背景格式后的效果

专家提醒 | 为母版添加背景的说明

在"幻灯片母版"选项卡中单击"背景格式"下拉按钮后，在弹出的下拉菜单中选择需要的选项可以为幻灯片添加纯色填充。

此外，在打开的"设置背景格式"窗格中，可以设置更多的纯色填充和纹理填充。

9.1.3 复制、重命名与插入母版

1. 复制与重命名母版

通常，在设计母版时，都会多设计几张内文幻灯片，它们的字体格式和版式布局都相同，只是背景格式不同，此时可以通过复制与重命名的操作快速地创建母版。

下面通过在"商务礼仪培训"演示文稿中创建"标题和内容2"母版为例，讲解相关操作。

本节素材	DVD/素材/Chapter09/商务礼仪培训.pptx
本节效果	DVD/效果/Chapter09/商务礼仪培训.pptx
学习目标	掌握为根据版式母版复制并重命名版式的方法
难度指数	★★★★

步骤01 ❶打开"商务礼仪培训"素材文件，❷单击"视图"选项卡，❸在"母版视图"组中单击"幻灯片母版"，如图9-17所示。

图9-17 切换到幻灯片母版视图

步骤02 ❶选择标题和内容版式母版，❷在其上右击，❸选择"复制版式"命令，如图9-18所示。

图9-18 复制版式

步骤03 保持新建母版版式的选择状态，在"幻灯片母版"选项卡的"编辑母版"组中单击"重命名"按钮，如图9-19所示。

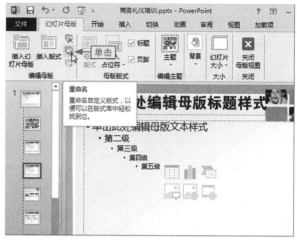

图9-19 单击"重命名"按钮

步骤04 ❶在打开的"重命名版式"对话框中设置对应的名称，❷单击"重命名"按钮，如图9-20所示。

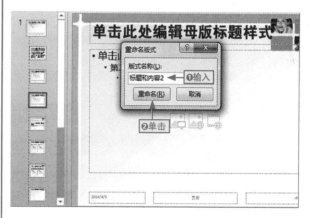

图9-20 重命名版式

核心妙招 | 使用快捷菜单重命名母版

选择母版版式后，右击，在弹出的快捷菜单中选择"重命名版式"命令也可以对该母版版式进行重命名操作。

步骤05 ❶将"背景"图片文件设置为"标题和内容2"母版的背景格式,❷单击"关闭母版视图"按钮完成整个操作,如图9-21所示。

图9-21 为新建的母版设置背景格式

2. 插入母版

如果系统默认提供的11种版式母版不能满足实际需求,还可以通过插入版式母版来自定义版式。在PowerPoint 2013中,插入版式母版的方法有如下几种。

学习目标	掌握新建版式母版和幻灯片母版的方法
难度指数	★★

◆单击按钮插入版式母版

❶在幻灯片母版视图模式的左侧窗格中选择任意母版选项,❷在"编辑母版"组单击"插入版式"按钮插入一个版式母版,如图9-22所示。

核心妙招 | 删除母版

除了默认生成的母版,选择新建的母版后,右击,选择"删除母版"命令,或者在"编辑母版"组中单击"删除母版"按钮,或者直接按Delete键都可以删除该母版。

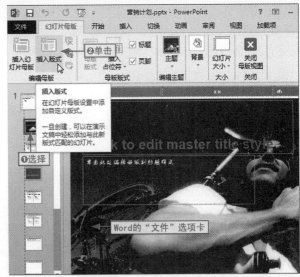

图9-22 单击"插入版式"按钮插入母版

◆按快捷键插入版式母版

将文本插入点定位到任意两个母版之间,直接按Enter键,或者按Shift+Enter组合键都可以快速在文本插入点位置插入一个版式母版,如图9-23所示。

图9-23 按快捷键插入版式母版

◆通过快捷菜单插入版式母版

❶选择任意母版，或者在左侧窗格的空白位置右击，❷选择"插入版式"命令都可以快速插入版式母版，如图9-24所示。

图9-24 通过快捷菜单插入版式母版

 核心妙招｜插入幻灯片母版

在PowerPoint 2013中，还可以新建另一组幻灯片母版，定义其他版式的主母版和版式母版，如图9-25所示。

其具体操作与插入版式母版的操作相似，只是在菜单中选择的是"插入幻灯片母版"命令或者单击"插入幻灯片母版"按钮，需要注意的是，通过快捷键是不能创建幻灯片母版的。

图9-25 创建幻灯片母版

9.2 幻灯片的基本操作

对于幻灯片的操作，大部分都与母版的基本操作相似，如新建、复制、删除、设置背景格式等。下面重点讲解幻灯片的其他常用基本操作，如调整幻灯片大小、更改幻灯片版式等。

9.2.1 调整幻灯片的大小

默认情况下，新建演示文稿后，幻灯片页面宽33.867厘米、高19.05厘米，方向为横向。

这些尺寸大小一般都不符合实际需求，用户可根据实际需要对幻灯片的大小进行快速调整或精确调整。

学习目标	掌握调整幻灯片页面的方法
难度指数	★★

◆快速调整幻灯片大小

在PowerPoint 2013中，在"设计"选项卡"自定义"组中单击"幻灯片大小"按钮，在弹出的下拉菜单中即可选择"标准(4：3)"和"宽屏(16：9)"选项快速调整幻灯片的尺寸大小，如图9-26所示。

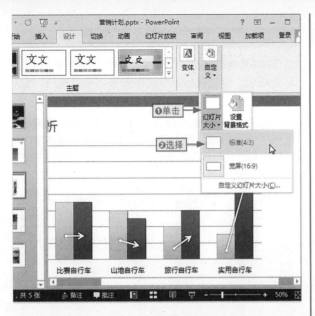

图9-26 选择选项快速调整幻灯片大小

◆ 按快捷键插入版式母版

在"幻灯片大小"下拉菜单中选择"自定义幻灯
片大小"命令,在打开的"幻灯片大小"对话框
中可以选择更多的内置尺寸。此外,在该对话框
中还可以自定义幻灯片的高度、宽度以及页面方
向,如图9-27所示。

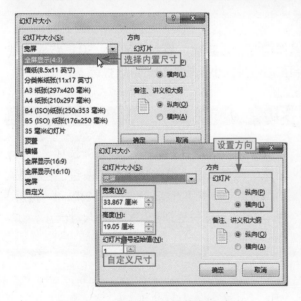

图9-27 更多尺寸的选择与自定义

核心妙招 | 在幻灯片母版中调整幻灯片大小

在幻灯片母版视图中也可以设置幻灯片的大小。
其具体操作是:❶在"幻灯片母版"选项卡的"大
小"组中单击"幻灯片大小"按钮,❷在弹出的下拉
菜单中可以选择尺寸选项,或者选择"自定义幻灯片
大小"命令后,在打开的对话框中进行更多尺寸的设
置,如图9-28所示。

图9-28 在幻灯片母版视图中调整幻灯片大小

9.2.2 更改幻灯片的版式

在创建幻灯片后,如果发现当前使用的幻灯
片的版式不太合适,此时可以将该幻灯片选择,
然后更改幻灯片的版式,即可快速将其编辑成需
要的效果。从而避免删除幻灯片后重新编辑的
麻烦。

本节素材	DVD/素材/Chapter09/商务礼仪培训1.pptx
本节效果	DVD/效果/Chapter09/商务礼仪培训1.pptx
学习目标	掌握为根据版式母版复制并重命名版式的方法
难度指数	★★

步骤01 ❶打开"商务礼仪培训1"素材文件,
❷在左侧窗格中选择需要修改版式的幻灯片,如
图9-29所示。

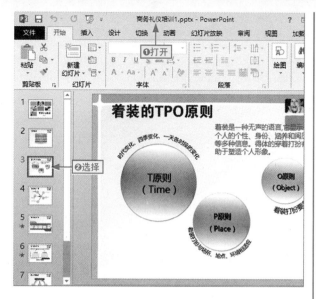

图9-29 选择幻灯片

📇 **步骤02** ❶在"开始"选项卡"幻灯片"组中单击"版式"下拉按钮，❷选择"标题和内容2"选项，如图9-30所示。

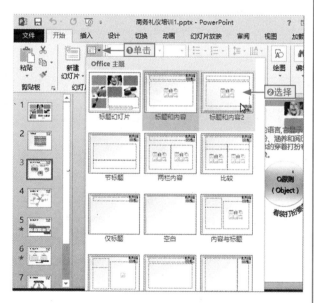

图9-30 选择新版式

📇 **步骤03** 程序自动将"标题和内容2"版式应用到当前幻灯片中，选择正文占位符，按Delete键将其删除，如图9-31所示。

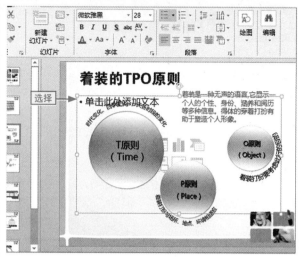

图9-31 删除应用版式后添加的占位符

核心妙招 | 通过快捷菜单更改幻灯片版式

选择要更改版式的幻灯片后，在其上右击，选择"版式"命令，在其子菜单中选择需要的版式即可，如图9-32所示。

图9-32 通过快捷菜单更改幻灯片版式

专家提醒 | 新建版式幻灯片

在新建幻灯片时，选择某张幻灯片后，执行新建操作，程序自动创建一张与选择幻灯片相同版式的幻灯片，如果要创建指定版式的幻灯片，直接单击"开始"选项卡"幻灯片"组中的"新建幻灯片"下拉按钮，选择需要的版式即可。

9.3 使用相册功能

在PowerPoint 2013中，使用系统提供的相册功能可以将电脑中保存的照片制作成精美的电子相册，从而实现动态播放所有照片。

9.3.1 使用相册功能创建相册

在使用相册功能创建相册之前，首先需要准备一个相册模板供创建相册时使用，然后根据相册功能创建指定效果的电子相册。

本节素材	DVD/素材/Chapter09/婚纱照1/
本节效果	DVD/效果/Chapter09/婚纱照电子相册.pptx
学习目标	掌握根据主题模板创建电子相册的方法
难度指数	★★★

步骤01 ❶新建一个空白演示文稿，❷单击"插入"选项卡，❸在"图像"组中单击"相册"下拉按钮，❹选择"新建相册"命令，如图9-33所示。

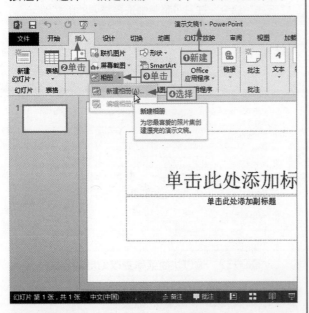

图9-33 选择"新建相册"命令

步骤02 在打开的"相册"对话框中直接单击"文件/磁盘"按钮，如图9-34所示。

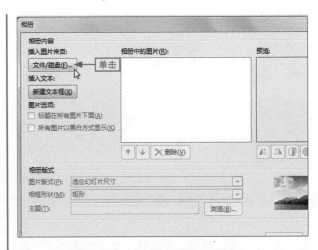

图9-34 单击"文件/磁盘"按钮

步骤03 ❶在打开的"插入新图片"对话框中找到文件的保存位置，❷在中间的列表框中选择所有图片，❸单击"插入"按钮，如图9-35所示。

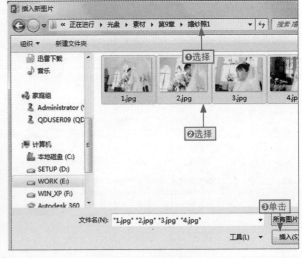

图9-35 插入图片

步骤04 ❶在返回的"相册"对话框中单击"图片版式"下拉列表框右侧的下拉按钮，❷选择"1张图片"选项，如图9-36所示。

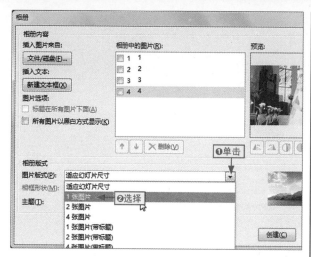

图9-36 设置图片版式

步骤05 ❶在"相框形状"下拉列表框中选择"柔化边缘矩形"选项，❷单击"浏览"按钮，如图9-37所示。

图9-37 设置相框形状

专家提醒 | 对插入的图片进行效果设置

在"相册"对话框中，选中插入的图片左侧的复选框，对应预览区下方的按钮变成可用状态，通过这些按钮可以对图片的方向、亮度等效果进行设置。

如果要所有的图片以黑白方式显示，直接选中对话框中的"所有图片以黑白方式显示"复选框即可。

步骤06 ❶在打开的"选择主题"对话框中选择主题文件的保存位置，❷在中间的列表框中选择"相册模板"文件，❸单击"选择"按钮，如图9-38所示。

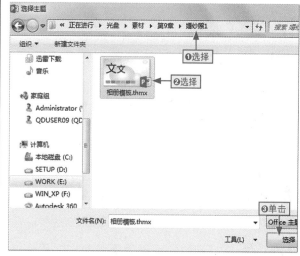

图9-38 选择主题

步骤07 在返回的"相册"对话框中单击"创建"按钮创建相册，如图9-39所示。

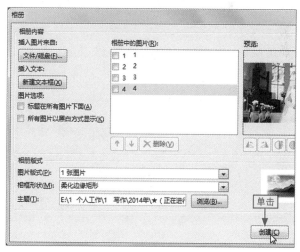

图9-39 创建相册

步骤08 系统自动新建一个以相册版式为模板并插入了选择照片的演示文稿，❶单击"插入"选项卡，❷单击"幻灯片大小"下拉按钮，❸选择"标准(4：3)"选项，如图9-40所示。

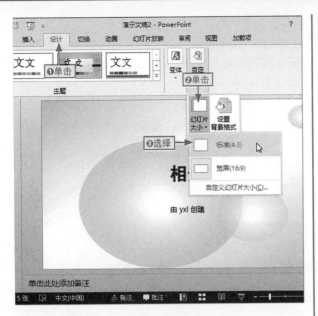

图9-40 更改相册的幻灯片大小

步骤09 在打开的提示对话框中单击"确保合适"按钮，如图9-41所示，程序自动关闭该对话框并调整图表的大小。

图9-41 选择幻灯片大小的调整方式

步骤10 ❶打开"另存为"对话框，❷设置演示文稿的保存位置，❸在"文件名"下拉列表框中输入保存名称，❹单击"保存"按钮，如图9-42所示。

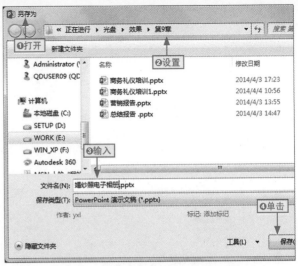

图9-42 保存创建的相册演示文稿

步骤11 ❶将第1张幻灯片的标题修改为"婚纱照"，❷将副标题修改为"由丫丫创建"，如图9-43所示。

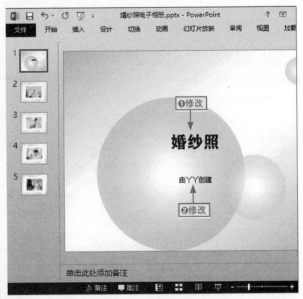

图9-43 修改主题

步骤12 在左侧窗格中选择任意幻灯片，在右侧的工作区中即可查看到创建相册中的图片，如图9-44所示。

图9-44 查看相册图片

9.3.2 添加新一组的照片到相册

默认情况下创建的相册的图片版式都是相同的，如果要在相册中创建多种版式的相册，可以分多次创建不同版式的相册，再通过复制的方式将多个版式的相册整理在一起。

本节素材	DVD/素材/Chapter09/婚纱照2/
本节效果	DVD/效果/Chapter09/婚纱照电子相册2.pptx
学习目标	掌握根据主题模板创建电子相册的方法
难度指数	★★★

步骤01 ❶打开"婚纱照电子相册2"素材文件，❷单击"插入"选项卡，❸在"图像"组中单击"相册"下拉按钮，❹选择"新建相册"命令，如图9-45所示。

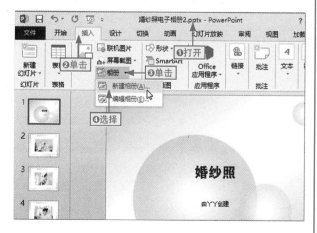

图9-45 选择"新建相册"命令

步骤02 在打开的对话框中单击"文件/磁盘"按钮，❶在打开的"插入新图片"对话框中找到文件的保存位置，❷在中间的列表框中选择所有图片，❸单击"插入"按钮，如图9-46所示。

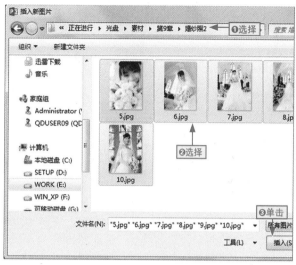

图9-46 选择要插入的图片

步骤03 ❶在返回的"相册"对话框的"图片版式"下拉列表框中选择"2张图片"选项，❷在"相框形状"下拉列表框中选择"柔化边缘矩形"选项，❸单击"浏览"按钮，如图9-47所示。

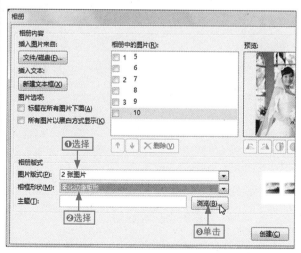

图9-47 设置图片版式和相框形状

步骤04 ❶在打开的"选择主题"对话框中选择主题文件的保存位置，❷在中间的列表框中选择"相册模板"文件，❸单击"选择"按钮，如图9-48所示。

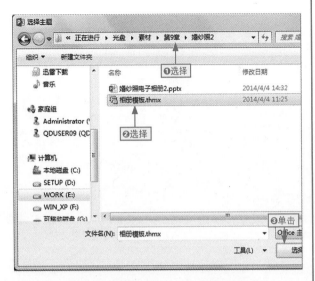

图9-48 选择创建相册的主题文件

步骤05 在返回的"相册"对话框中单击"创建"按钮，如图9-49所示，系统自动新建一个以相册版式为模板并插入了选择照片的演示文稿。

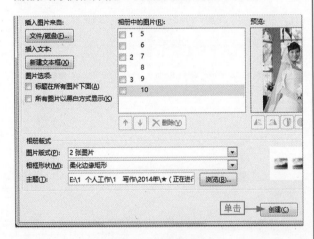

图9-49 创建相册

步骤06 ❶在创建的相册演示文稿中调整幻灯片的大小为标准，❷在左侧的窗格中选择除首页以外的其他幻灯片，按Ctrl+C组合键复制，如图9-50所示。

图9-50 复制幻灯片

步骤07 ❶将文本插入点定位到第5张幻灯片的后面，❷按Ctrl+V组合键粘贴幻灯片完成整个操作，如图9-51所示。

图9-51 将复制的幻灯片粘贴到指定位置

专家提醒｜编辑相册

创建相册后，如果要对相册进行编辑，如更换相册主题、更换相框形状等，此时可以单击"相册"下拉按钮，选择"编辑相册"命令，在打开的"编辑相册"对话框中即可进行设置。

9.4 实战问答

?! NO.1 | 如何取消标题母版版式中的主母版背景效果

元芳：在标题母版中对其背景格式进行了单独设置，但是在该版式中还是会显示主母版中设置的部分背景格式，应该怎么设置呢？

大人：通常情况下，如果设置的标题母版的效果不能将主母版中的所有效果全部覆盖，此时可以在"幻灯片母版"选项卡的"背景"组中选中"隐藏背景图形"复选框即可，如图9-52所示。

图9-52 隐藏标题母版中的主母版效果

?! NO.2 | 如何设置对象的微移

元芳：在PPT中，选择对象后，按方向键移动其位置时，每次移动的位置都很大，应该怎么设置才能在按方向键时微移对象位置呢？

大人：这种情况通常是在PPT中设置了对象与网格对齐，只要取消这个设置就可以了。其具体操作方法如下。

步骤01 ❶在幻灯片的任意位置右击，❷选择"网格和参考线"命令，如图9-53所示。

步骤02 ❶取消选中"对象与网格对齐"复选框，❷单击"确定"按钮，如图9-54所示。

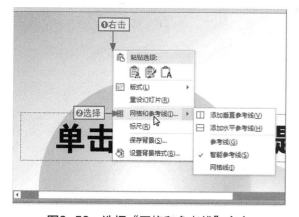

图9-53 选择"网格和参考线"命令

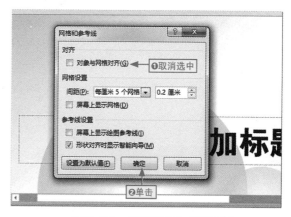

图9-54 取消对象与网格对齐

9.5 思考与练习

填空题

1. 在PowerPoint 2013中，默认情况下，幻灯片母版中有____主母版和____版式母版。

2. 默认情况下，新建演示文稿后，幻灯片的页面宽度是_____，高度_____，幻灯片的页面方向为_____。

选择题

1. 在母版幻灯片中，下列(　　)选项不可以用于设置背景格式。

A. 图片　　　　　B. 颜色

C. 纹理　　　　　D. 图案

2. 在"幻灯片大小"对话框中，可以做(　　)操作。

A. 选择内置的幻灯片尺寸

B. 自定义幻灯片尺寸

C. 设置幻灯片方向

D. 以上都可以

判断题

1. 在演示文稿中，所有的母版都可以删除。　　　　　　　　　　　　(　　)

2. 将文本插入点定位到任意两个母版之间，直接按Enter键，或者按Shift+Enter组合键都可以快速插入一个版式母版。　　(　　)

3. 如果不提供主题文件，则不能创建相册。　　　　　　　　　　　　(　　)

操作题

【练习目的】编辑幻灯片的母版格式

下面通过对"礼仪培训"演示文稿的母版中在字体格式和背景格式进行设置为例，让读者亲自体验对母版进行编辑的相关操作，巩固本章的相关知识和操作。

【制作效果】

本节素材	DVD/素材/Chapter09/礼仪培训/
本节效果	DVD/效果/Chapter09/礼仪培训.pptx

制作视听效果丰富的
演示文稿

本章要点

- ★ 添加并预览切换动画
- ★ 设置切换动画
- ★ 在幻灯片中使用超链接
- ★ 使用动作实现跳转
- ★ 添加动画并设置其效果
- ★ 自定义动作路径
- ★ 在幻灯片中添加并编辑音频
- ★ 在幻灯片中添加并编辑视频

学习目标

为了增强演示文稿的播放效果，可以在演示文稿中使用动画、声音和视频，让整个播放效果耳目一新，让展示更精彩。本章将具体介绍如何为幻灯片设置切换效果、如何实现跳转、如何为幻灯片中的各种对象应用动画，以及如何在幻灯片中添加音频和视频文件，从而帮助读者快速制作出视听效果丰富的演示文稿。

知识要点	学习时间	学习难度
为幻灯片设置切换动画	50分钟	★★★
使用超链接和动作完成跳转	50分钟	★★
在幻灯片中使用动画、音频和视频文件	120分钟	★★★★★

重点实例

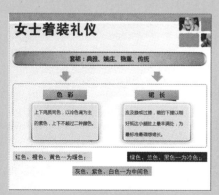

设置切换动画

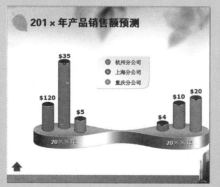

使用动作实现跳转

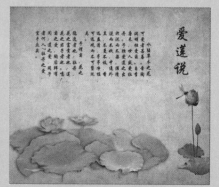

在对象中使用动画

10.1 为幻灯片设置切换动画

在制作好的演示文稿中，为不同的幻灯片设置相应的切换动画，可以让幻灯片的转场更绚丽，演示效果更好，如图10-1所示。

▲立方体切换动画

▲跌落切换动画

图10-1 添加切换动画的效果

10.1.1 添加并预览切换动画

程序内置了3种切换动画，分别是细微型、华丽型和动态型。它们的添加方法都一样。

在PowerPoint 2013中，通过"切换"选项卡不仅可以为幻灯片添加切换动画，还能预览添加的效果。

本节素材	DVD/素材/Chapter10/商务礼仪培训.pptx
本节效果	DVD/效果/Chapter10/商务礼仪培训.pptx
学习目标	掌握添加内置切换动画以及预览幻灯片效果的方法
难度指数	★★★

📄 步骤01 ❶打开"商务礼仪培训"素材文件，❷单击"切换"选项卡，如图10-2所示。

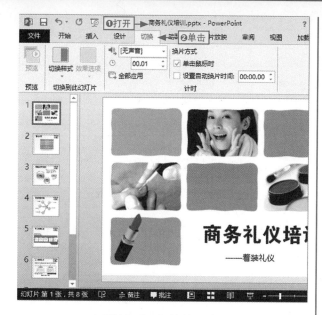

图10-2　切换选项卡

步骤02 在"切换到此幻灯片"组中单击列表框的"其他"按钮,选择"显示"细微型切换动画,如图10-3所示。

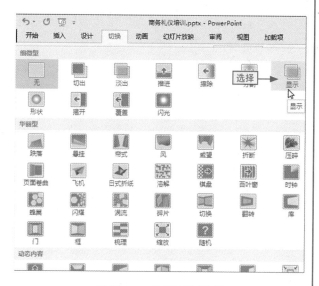

图10-3　选择切换动画

专家提醒｜设置切换动画的说明

为幻灯片添加切换动画后,左侧窗格中幻灯片缩略图左侧将出现五角星标记。

步骤03 用相同的方法为演示文稿的其他幻灯片应用相应的切换动画,如图10-4所示。

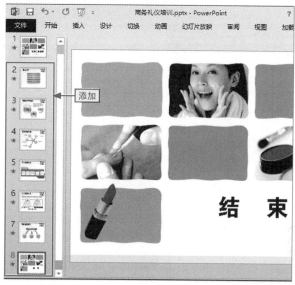

图10-4　为其他幻灯片添加切换动画

步骤04 ①选择任意一张幻灯片,②在"切换"选项卡的"预览"组中单击"预览"按钮,如图10-5所示。

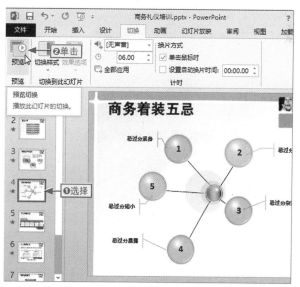

图10-5　预览切换动画

步骤05 程序自动应用当前幻灯片的切换效果，从上一张幻灯片结束切换到当前幻灯片，如图10-6所示。

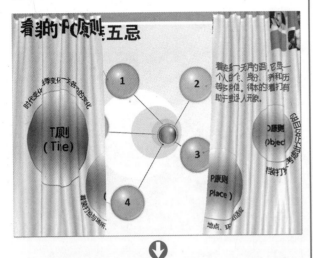

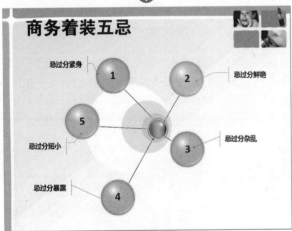

图10-6 查看切换效果

10.1.2 设置切换动画

添加的切换动画，程序按默认的设置进行播放，如果发现有些切换动画不太合理，用户还可以对切换动画的效果选项、声音、持续时间、换片方式等进行设置。

本节素材	DVD/素材/Chapter10/商务礼仪培训1.pptx
本节效果	DVD/效果/Chapter10/商务礼仪培训1.pptx
学习目标	掌握设置切换动画效果、声音等选项的方法
难度指数	★★★

步骤01 ❶打开"商务礼仪培训1"素材文件，❷在左侧窗格选第6张幻灯片，如图10-7所示。

图10-7 选择幻灯片

步骤02 ❶单击"切换"选项卡，❷在"切换到此幻灯片"组中单击"效果选项"下拉按钮，❸选择"向左"选项，如图10-8所示。

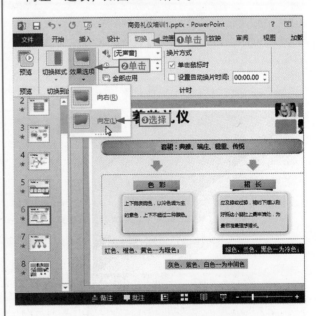

图10-8 更改切换动画的效果选项

步骤03 ❶在"计时"组中单击"声音"下拉列表框右侧的下拉按钮，❷选择"风铃"选项，如图10-9所示。

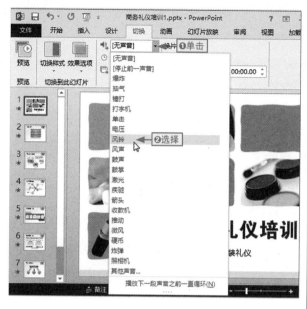

图10-9　更改幻灯片切换动画的声音

步骤04 在"计时"组的"持续时间"数值框中输入"2"，按Enter键确认输入的持续时间，如图10-10所示。

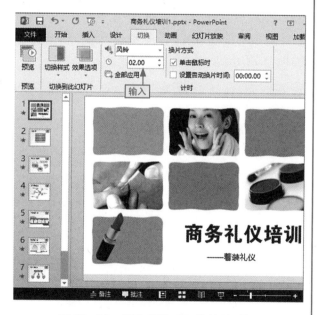

图10-10　更改切换动画的持续时间

步骤05 ❶选中"设置自动换片时间"复选框，❷将时间设置为8秒，如图10-11所示。

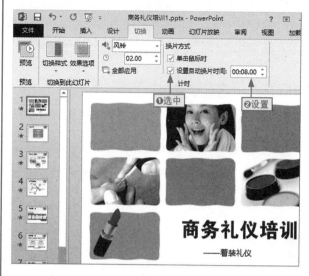

图10-11　右击标题版式母版

专家提醒｜自动换片时间说明

为幻灯片设置了自动换片时间后，只有在放映整个演示文稿时才能查看到效果。

步骤06 用相同方法为其他幻灯片的切换动画进行相应的参数设置，完成操作，如图10-12所示。

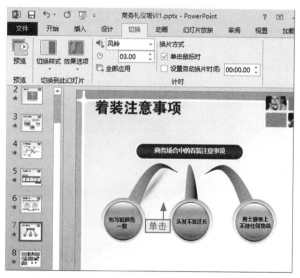

图10-12　设置其他幻灯片的切换动画

10.2 使用超链接和动作完成跳转

在幻灯片中，如果通过单击某个对象或者文字内容快速从当前幻灯片跳转到其他页面，可以使用超链接和动作完成，下面分别进行详细讲解。

10.2.1 在幻灯片中使用超链接

1. 插入超链接

在PowerPoint 2013中，可以在文本、图片、形状、表格等对象上插入超链接，所有的插入操作都是一样的。下面通过具体实例讲解为对象插入超链接的操作方法。

本节素材	DVD/素材/Chapter10/礼仪培训.pptx
本节效果	DVD/效果/Chapter10/礼仪培训.pptx
学习目标	掌握为文本内容添加超链接的方法
难度指数	★★★★

步骤01 ❶打开"礼仪培训"素材文件，❷在左侧窗格中选择第2张幻灯片，如图10-13所示。

图10-13 选择幻灯片

步骤02 ❶选择第一点中的"礼仪的核心是什么"文本，❷单击"插入"选项，❸在"链接"组中单击"超链接"按钮，如图10-14所示。

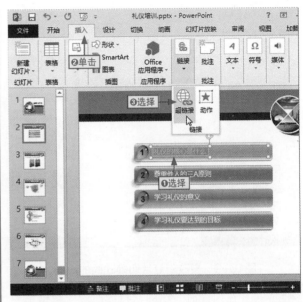

图10-14 插入超链接

步骤03 ❶在打开的"插入超链接"对话框中单击"本文档中的位置"按钮，❷在中间的列表框中选择链接到的幻灯片，❸单击"确定"按钮，如图10-15所示。

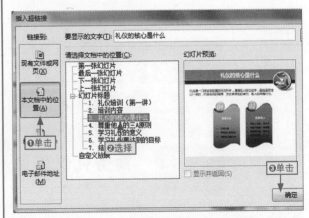

图10-15 设置超链接的目标位置

步骤04 用相同的方法为幻灯片中的其他文本内容设置对应的超链接，如图10-16所示。

图10-16 为其他文本添加超链接

专家提醒 | 添加超链接后的变化效果

在PowerPoint 2013中，为文本添加超链接后，其下方会自动添加下划线效果。

如果为其他对象添加超链接，则没有任何变化，但是在放映幻灯片时，将鼠标光标移动到超链接的对象或者文本上，其会变成手型形状。

2. 编辑超链接

插入超链接后，如果发现超链接被链接到了错误的位置，此时需要对超链接进行编辑。

本节素材	DVD/素材/Chapter10/礼仪培训1.pptx
本节效果	DVD/效果/Chapter10/礼仪培训1.pptx
学习目标	掌握更改超链接的链接位置的方法
难度指数	★★★

步骤01 ❶打开"礼仪培训1"素材文件，❷在左侧窗格中选择第2张幻灯片，如图10-17所示。

图10-17 选择幻灯片

步骤02 ❶将文本插入点定位到超链接文本中，❷在其上右击，❸选择"编辑超链接"命令，如图10-18所示。

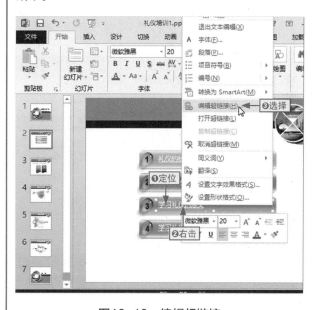

图10-18 编辑超链接

步骤03 ❶在打开的"编辑超链接"对话框中重新选择正确的链接位置，❷单击"确定"按钮完成操作，如图10-19所示。

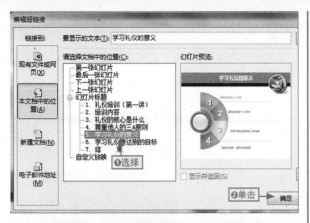

图10-19　更改超链接的链接位置

在PowerPoint 2013中，如果需要删除为文本或对象添加的超链接，可以通过如下两种方法实现。

◆ 将文本插入点定位到文本中，或者选择对象，右击，在弹出的快捷菜单中选择"取消超链接"命令即可将添加的超链接删除。

◆ 选择设置了超链接的文本或者对象，打开"编辑超链接"对话框，单击该对话框右侧的"删除超链接"按钮也可以删除超链接。

长知识 | 为超链接添加屏幕提示

默认情况下，添加超链接后，在放映幻灯片时，将鼠标光标移动到超链接，不会显示任何提示信息，用户可以根据需要添加屏幕提示，其具体操作方法如下。

❶打开"编辑超链接"对话框，❷单击"屏幕提示"按钮，❸在打开的对话框中输入需要显示的屏幕提示内容，❹单击"确定"按钮，❺在返回的对话框中单击"确定"按钮，❻放映幻灯片，将鼠标光标移动到超链接上，将显示屏幕提示信息，如图10-20所示。

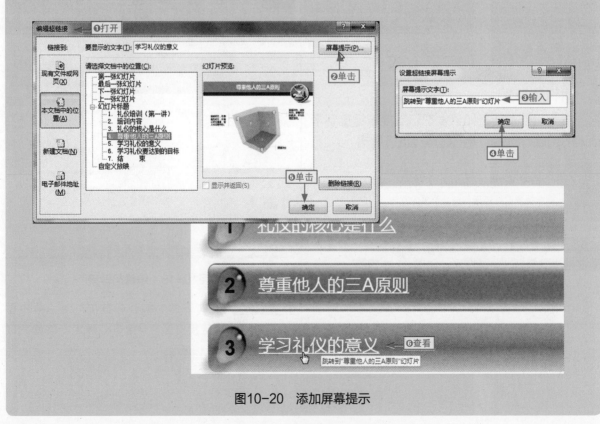

图10-20　添加屏幕提示

10.2.2 使用动作实现跳转

在PowerPoint 2013中，通过设置动作，也可以访问所链接的对象，从而实现快速跳转的效果。下面通过实例具体讲解设置操作。

本节素材	DVD/素材/Chapter10/年终报告.pptx
本节效果	DVD/效果/Chapter10/年终报告.pptx
学习目标	掌握为形状添加动作及复制动作的方法
难度指数	★★★

步骤01 ❶打开"年终报告"素材文件，❷在左侧窗格中选择第3张幻灯片，❸选择幻灯片左下角的箭头形状，如图10-21所示。

图10-21 选择形状

专家提醒｜添加动作的相关说明

在PowerPoint 2013中，可以为图片、形状、文字内容等添加动作，其添加操作都是一样的。

但是，如果使用了组合对象功能将多个对象组合在一起，此时是不能为组合对象添加动作，即选择了组合对象后，"插入"选项卡"链接"组中的"动作"按钮为不可用状态。

步骤02 ❶单击"插入"超链接，❷在"链接"组中单击"动作"按钮，如图10-22所示。

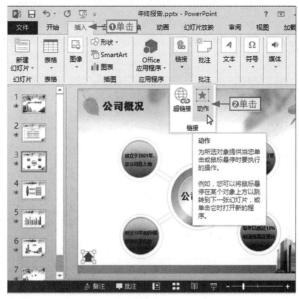

图10-22 单击"动作"按钮

步骤03 ❶在打开的"操作设置"对话框中选中"超链接到"单选按钮，❷单击下方下拉列表框右侧的下拉按钮，❸选择"幻灯片"命令，如图10-23所示。

图10-23 超链接到幻灯片

步骤04 ①在打开的"超链接到幻灯片"对话框的左侧列表框中选择"2.目录"选项，②单击"确定"按钮，如图10-24所示。

图10-24 选择要跳转到的幻灯片

步骤05 在返回的"操作设置"对话框的"超链接到"下拉列表框中可查看到链接的目标位置，单击"确定"按钮，如图10-25所示。

图10-25 确认设置动作的链接位置

步骤06 ①复制页面左下角的形状，选择第4张幻灯片，②按Ctrl+V组合键粘贴形状，如图10-26所示。

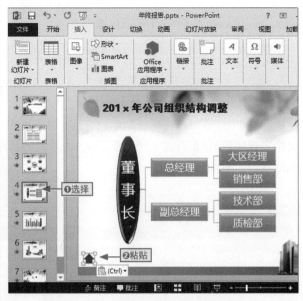

图10-26 复制并粘贴动作形状

步骤07 继续选择第5张和第6张幻灯片，分别按Ctrl+V组合键粘贴形状，完成复制动作的操作，如图10-27所示。

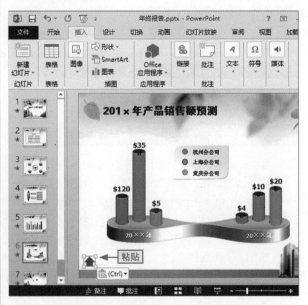

图10-27 为其他幻灯片复制动作形状

10.3　在幻灯片中使用动画

除了为幻灯片添加切换到动画，在幻灯片中，对于其中的每一个对象或者文字，都可以为其添加各种动画，从而让整个幻灯片的播放效果更精彩，如图10-28所示。

图10-28　在幻灯片使用动画的效果

10.3.1　添加动画并设置其效果

在PowerPoint 2013中，程序提供了4种基本动画类型，分别是进入、退出、强调和动作路径，它们都是通过"动画"选项卡来添加和设置效果的，操作方法都相同。

下面通过具体实例讲解为对象添加动画并设置其效果的具体操作方法。

本节素材	DVD/素材/Chapter10/散文鉴赏.pptx
本节效果	DVD/效果/Chapter10/散文鉴赏.pptx
学习目标	掌握添加并设置进入和强调动画的方法
难度指数	★★★

步骤01 ❶打开"散文鉴赏"素材文件，❷选择透明的背景形状，如图10-29所示。

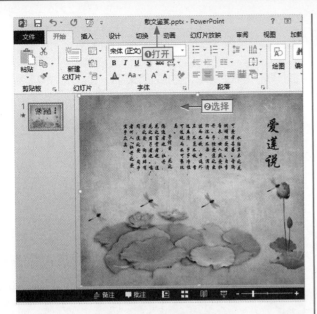

图10-29　选择背景形状

步骤02 ❶单击"动画"选项卡，❷在"动画"组的"动画样式"列表框中选择"随机线条"进入动画，如图10-30所示。

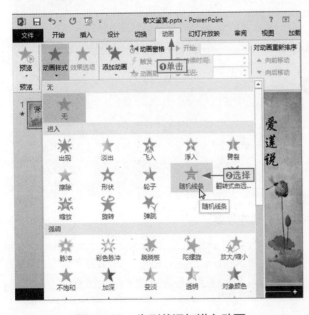

图10-30　为形状添加进入动画

步骤03 ❶单击"动画"组中的"效果选项"下拉按钮，❷选择"垂直"选项，如图10-31所示。

图10-31　更改进入动画的效果选项

步骤04 在"计时"组的"持续时间"数值框中输入"1"，按Enter键完成该进入动画持续时间的修改，如图10-32所示。

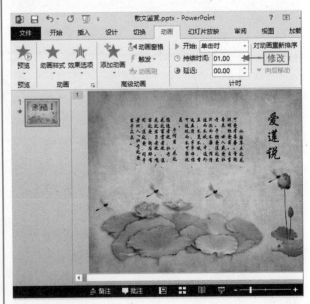

图10-32　修改动画的持续时间

步骤05 ❶选择"爱莲说"文本框，❷在"动画样式"列表框中选择"擦除"进入动画，如图10-33所示。

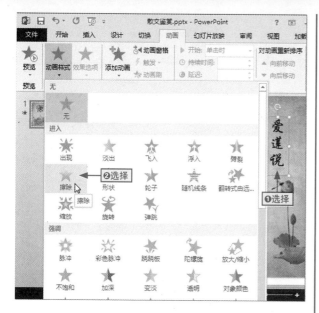

图10-33　为文本框添加进入动画

步骤06 ❶单击"高级动画"组的"动画窗格"按钮，❷在窗格中单击第二个动画右侧的下拉按钮，❸选择"效果选项"命令，如图10-34所示。

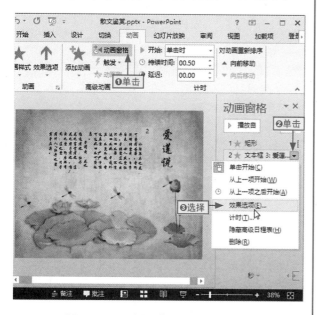

图10-34　选择"效果选项"命令

步骤07 ❶在打开的"擦除"对话框中单击"方向"下拉列表框右侧的下拉按钮，❷选择"自右侧"选项，如图10-35所示。

图10-35　更改动画的方向

步骤08 ❶单击"计时"选项卡，❷设置开始为"上一动画之后"，❸设置期间为"快速(1秒)"，❹单击"确定"按钮，如图10-36所示。

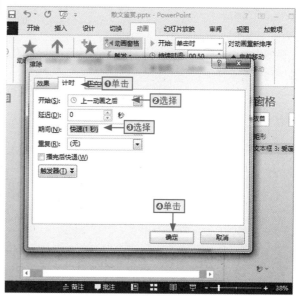

图10-36　设置动画的开始和持续时间

步骤09 用相同的方法为正文内容文本框添加擦除动画，并设置相应的播放方向、开始和持续时间，如图10-37所示。

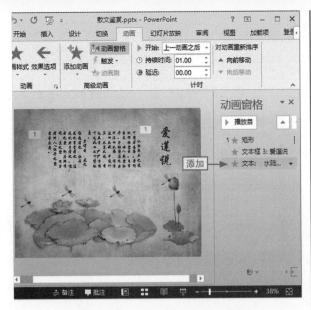

图10-37　为内容文本框添加动画

> **专家提醒｜预览动画**
>
> 在幻灯片中添加动画后，在"动画"选项卡"预览"组中单击"预览"按钮可以从头预览当前幻灯片中的所有动画。
>
> 如果在动画窗格中选择中间的某一个动画，单击窗格中的"播放自"按钮，可以播放当前动画以后的所有动画。

10.3.2　为对象添加多个动画

在PowerPoint 2013中，允许用户为同一个对象添加多个动画，从而制作出更加精彩的播放效果，其具体操作方法如下。

本节素材	DVD/素材/Chapter10/散文鉴赏1.pptx
本节效果	DVD/效果/Chapter10/散文鉴赏1.pptx
学习目标	掌握为同一个对象添加进入和退出动画的方法
难度指数	★★★

步骤01 ❶打开"散文鉴赏1"素材文件，❷选择幻灯片中最左侧的蜻蜓图片，如图10-38所示。

图10-38　选择图片文件

步骤02 ❶单击"动画"选项卡，❷在"动画样式"列表框中选择"淡出"进入动画，如图10-39所示。

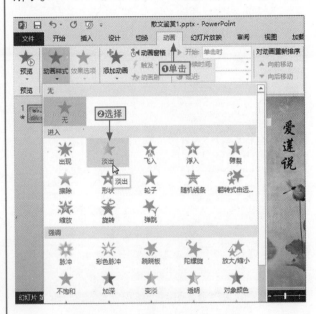

图10-39　为图片添加进入动画

步骤03 保持图片的选择状态，❶单击"高级动化"组中的"添加动画"下拉按钮，❷选择"淡出"退出动画，如图10-40所示。

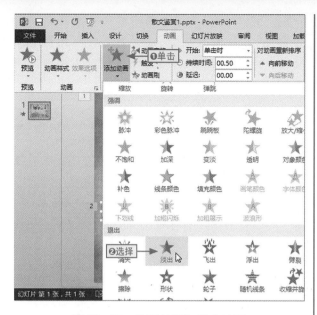

图10-40　为图片添加退出动画

步骤04 ❶在"计时"组的"开始"下拉列表框中选择"上一动画之后"选项，❷单击"动画窗格"按钮，如图10-41所示。

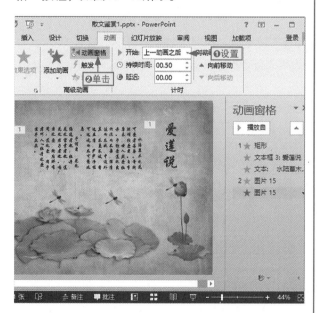

图10-41　设置退出动画的开始

步骤05 用相同的方法为中间两张蜻蜓图片添加相应的进入和退出动画，为最右侧的蜻蜓图片添加进入动画，如图10-42所示。

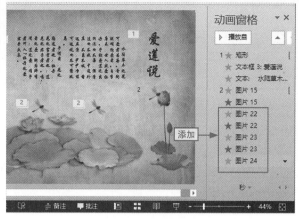

图10-42　为其他动画添加相应的动画

步骤06 关闭动画窗格，单击"预览"组中的"预览"按钮，开始播放所有动画，其播放的最终效果如图10-43所示。

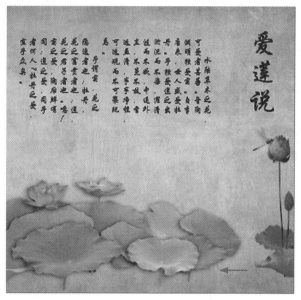

图10-43　播放动画

10.3.3　自定义动作路径

在动作路径动画中，系统内置了各种运行路径的动画，如果这些运行路径都不满足用户需求，此时就可以自定义动作路径，从而制作出更灵活的动画效果，其具体操作方法如下。

本节素材	DVD/素材/Chapter10/圣诞贺卡.pptx
本节效果	DVD/效果/Chapter10/圣诞贺卡.pptx
学习目标	掌握绘制动画路径的方法
难度指数	★★★

步骤01 ❶打开"圣诞贺卡"素材文件，❷选择右侧的图片文件，如图10-44所示。

图10-44 选择图片文件

步骤02 ❶单击"动画"选项卡，❷在"动画样式"下拉列表框中选择"自定义路径"选项，如图10-45所示。

图10-45 选择"自定义路径"选项

步骤03 ❶在图片位置单击鼠标左键确定起始位置，❷按住鼠标左键不放，拖动鼠标绘制动作路径，❸在终止位置双击鼠标左键结束绘制，如图10-46所示。

图10-46 绘制动画路径

步骤04 在"计时"组中设置持续时间为6秒，至此完成整个操作，如图10-47所示。

图10-47 更改动作路径动画的持续时间

<table>
<tr><td>10.4</td><td>**在幻灯片中使用音频和视频文件**</td></tr>
</table>

在幻灯片中使用音频和视频文件后，可以让演示文稿的播放变得更加丰富，让整个展示效果更具感染力。

10.4.1 在幻灯片中添加并编辑音频

对于宣传、展示类型的演示文稿，通常都会为其添加背景音乐，让播放的演示文稿从头到尾都伴随着音乐。下面通过具体的实例，讲解如何在幻灯片中添加并编辑音频文件。

本节素材	DVD/素材/Chapter10/婚纱照电子相册.pptx
本节效果	DVD/效果/Chapter10/婚纱照电子相册.pptx
学习目标	掌握在所有幻灯片中始终播放音乐的方法
难度指数	★★★★

步骤01 ❶打开"婚纱照电子相册"素材文件，❷单击"插入"选项卡，如图10-48所示。

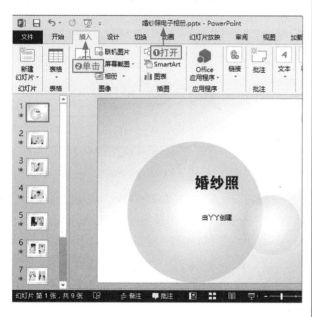

图10-48 切换选项卡

步骤02 ❶单击"媒体"组中的"音频"下拉按钮，❷在弹出的下拉菜单中选择"PC上的音频"命令，如图10-49所示。

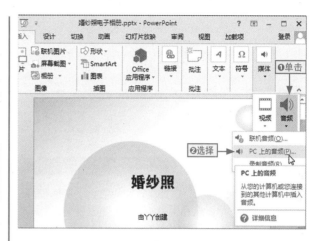

图10-49 选择"PC上的音频"命令

步骤03 ❶在打开的"插入音频"对话框中选择文件的保存位置，❷在中间的列表框中选择音频文件，❸单击"插入"按钮，如图10-50所示。

图10-50 选择音频文件

步骤04 ❶在"音频工具 | 播放"选项卡中单击"开始"下拉列表框右侧的下拉按钮，❷选择"自动"选项，如图10-51所示。

图10-51 设置音频文件的开始方式

专家提醒 | 导入的音乐文件太大的说明

在插入音频文件时，如果该文件太大，此时程序会自动打开一个提示对话框提示正在插入的信息，如图10-52所示。如果此时单击"取消"按钮，或者按Esc键，将取消插入音频文件的操作。

图10-52 提示正在插入

步骤05 在"音频选项"组中选中"跨幻灯片播放""循环播放，直到停止"和"放映时隐藏"复选框，完成操作，如图10-53所示。

图10-53 设置其他播放选项

核心妙招 | 在后台播放音频样式的应用

插入音频文件后，在"音频样式"组中单击"在后台播放"按钮可快速设置音频的开始方式、跨页播放、循环播放和放映时隐藏图标。

长知识 | 更改音频图标的外观

默认情况下，如果不设置"放映时隐藏"参数，则在放映过程中，音频文件的小喇叭图标始终会显示，这样会音响幻灯片的外观效果，此时可以通过设置，将该图标的外观用合适的图片效果替换，其具体操作是：选择音频图标，❶右击，❷选择"更改图片"命令，在打开的对话框中可选择用剪贴画、电脑中保存的图片或者网络上的联机图片来替换该图标，如图10-54所示。

图10-54 选择"更改图片"命令

10.4.2　在幻灯片中添加并编辑视频

在幻灯片中，还可以添加拍摄的视频文件，从而增强演示的视觉效果。下面通过具体的实例讲解如何在幻灯片中添加并编辑视频文件。

本节素材	DVD/素材/Chapter10/九寨风景欣赏.pptx
本节效果	DVD/效果/Chapter10/九寨风景欣赏.pptx
学习目标	掌握在幻灯片中插入、播放和编辑视频的方法
难度指数	★★★★

步骤01 ❶打开"九寨风景欣赏"素材文件，❷单击"插入"选项卡，如图10-55所示。

图10-55　切换选项卡

步骤02 ❶选择第2张幻灯片，❷在"媒体"组中单击"视频"下拉按钮，❸在弹出的下拉菜单中选择"PC上的视频"命令，如图10-56所示。

专家提醒 | PPT支持的视频格式及插入类型

在PowerPoint 2013中，程序可以识别的视频格式有MP4、MOV、AVI、MPG、ASF、DVR-MS、WMV等。

用户可以通过本地电脑插入视频文件，也可以通过"视频"下拉菜单中的"联机视频"命令插入网络中的视频文件。

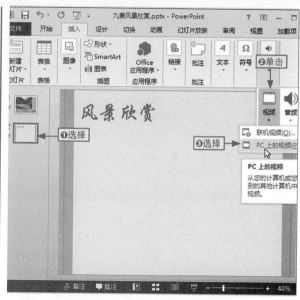

图10-56　选择"PC上的视频"命令

步骤03 ❶在打开的"插入视频文件"对话框中选择文件的保存路径，❷在中间的列表框中选择视频文件，单击"插入"按钮，如图10-57所示。

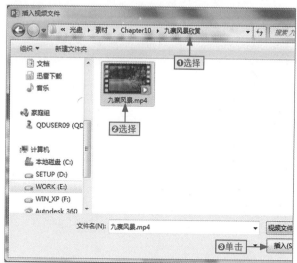

图10-57　插入视频文件

步骤04 在幻灯片中单击插入视频文件下方的"播放"按钮开始播放预览插入的视频效果，如图10-58所示。

图10-58 播放预览插入的视频效果

核心妙招 | 播放视频文件的其他方法

在PowerPoint 2013中，选择插入的视频文件，在"视频工具 | 格式"选项卡的"预览"组中单击"播放"按钮也可以播放视频文件，如图10-59所示。

图10-59 单击"播放"按钮

步骤05 在播放进度的任意位置单击鼠标选定需要设置为标牌框架的视频画面，如图10-60所示。

图10-60 选择"自定义路径"选项

步骤06 ❶单击"视频工具 | 格式"选项卡"调整"组中的"标牌框架"下拉按钮，❷选择"当前框架"选项即可，如图10-61所示。

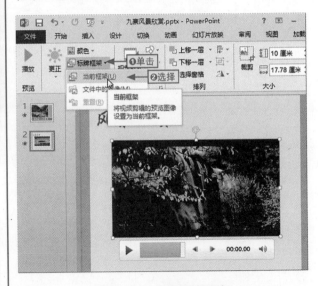

图10-61 设置标牌框架

专家提醒 | 什么是标牌框架

标牌框架是指视频文件在没有正式播放时所展示的画面。默认情况下，在PowerPoint 2013中，插入视频的标牌框架为黑色或视频的第一帧画面。用户可以根据需要将其他图片或者当前视频中的某个画面设置为视频的标牌框架。

10.5　实战问答

?! NO.1 | 如何修改文本超链接的字体颜色

 元芳： 为文本创建超链接后，文本的颜色也发生了改变，对自动改变的颜色效果不太满意，可不可以更改超链接文本的颜色呢？应该如何修改呢？

大人： 超链接的文本颜色是根据当前幻灯片所应用的主题来决定的，该颜色是可以自定义的，其具体操作方法如下。

步骤01 ❶在"设计"选项卡"变体"组中单击"颜色"按钮，❷选择"自定义颜色"命令，如图10-62所示。

步骤02 ❶在打开的对话框中单击超链接对应的颜色下拉按钮，❷选择需要的颜色即可完成更改，如图10-63所示。

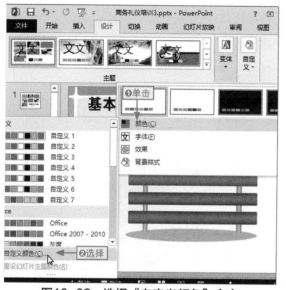

图10-62　选择"自定义颜色"命令

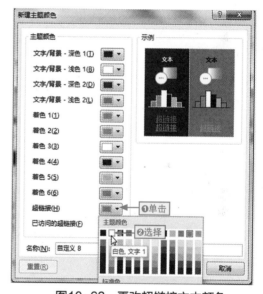

图10-63　更改超链接文本颜色

?! NO.2 | 如何快速为所有幻灯片应用相同的切换效果

 元芳： 在一个演示文稿中，现在需要将所有的幻灯片应用相同的切换动画和相应的效果设置，有没有什么方法可以快速为幻灯片统一设置呢？

 大人： 先设置好一张幻灯片的切换动画效果，然后在"切换"选项卡的"计时"组中单击"全部应用"按钮即可，如图10-64所示。

图10-64　为所有幻灯片应用相同切换效果

10.6 思考与练习

填空题

1. 程序内置了3种切换动画，分别是＿＿＿＿＿
＿＿＿＿＿，通过＿＿＿＿＿＿选项卡可以完成幻灯
片切换动画的添加和编辑。

2. 如果要实现单击某个对象后能够跳转到
指定的页面的效果，可为对象＿＿＿＿＿＿。

3. 对于组合在一起的多个对象，不能为其
添加＿＿＿＿＿＿。

选择题

1. 在PowerPoint 2013中，下列(　　)选
项可以添加超链接。

A. 文本　　　　　B. 图片

C. 形状　　　　　D. 以上都可以

2. 下列(　　)不是PowerPoint 2013中程
序提供的动画类型。

A. 进入与退出　　　　B. 强调

C. 动态内容　　　　　D. 动作路径

判断题

1. 为幻灯片设置了自动换片时间后，只有
在放映整个演示文稿时才能查看到效果。(　　)

2. 在幻灯片中插入的音频和视频文件，只
能在放映演示文稿时才能播放。　　　(　　)

操作题

【练习目的】制作动态显示效果的贺卡

下面通过为"春节贺卡"幻灯片添加切换动
画并为文本内容设置打字机效果为例，让读者亲
自体验为幻灯片添加切换动画，并为文本添加并
设置动画效果的相关操作，巩固本章的相关知识
和操作。

【制作效果】

本节素材	DVD/素材/Chapter10/春节贺卡.pptx
本节效果	DVD/效果/Chapter10/春节贺卡.pptx

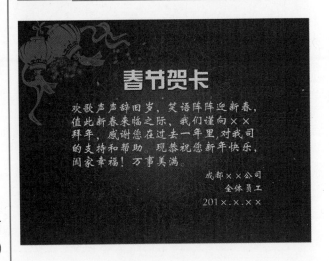

放映与分享幻灯片很简单

本章要点

- ★ 隐藏不放映的幻灯片
- ★ 为演示文稿设置排练计时
- ★ 设置幻灯片的放映方式
- ★ 自定义放映幻灯片
- ★ 在幻灯片上添加墨迹
- ★ 将演示文稿转化为视频文件
- ★ 打包演示文稿
- ★ 通过电子邮件共享演示文稿

学习目标

在放映幻灯片时，根据放映目的不同，还必须设置不同的放映方式，此外还可以将制作好的演示文稿按照不同方式分享给他人查阅。本章将具体讲解放映与分享幻灯片的相关操作，从而帮助读者更灵活、更快捷地对演示文稿进行放映和分享。

知识要点	学习时间	学习难度
放映幻灯片前的准备	40分钟	★★
开始放映幻灯片并控制放映过程	80分钟	★★★
将演示内容分享给他人	80分钟	★★★

重点实例

设置排练计时

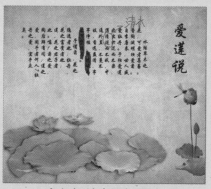

在幻灯片中添加墨迹

将演示文稿转化为视频

11.1 放映幻灯片前的准备

在放映幻灯片之前，还需要对要放映的幻灯片进行一些设置，如隐藏不放映的幻灯片、为幻灯片设置排练计时、设置幻灯片的放映方式等。

11.1.1 隐藏不放映的幻灯片

制作好的一份演示文稿，有可能在某次播放中禁止播放某些幻灯片内容，此时就需要将不放映的幻灯片隐藏起来。其具体操作方法如下。

本节素材	DVD/素材/Chapter11/年终报告.pptx
本节效果	DVD/效果/Chapter11/年终报告.pptx
学习目标	掌握隐藏幻灯片并查看隐藏后的效果的方法
难度指数	★★★

步骤01 ❶打开"年终报告"素材文件，❷在左侧窗格中选择第3张幻灯片，如图11-1所示。

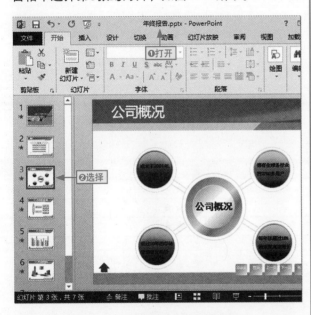

图11-1 选择要隐藏的幻灯片

核心妙招 | 使用快捷菜单隐藏幻灯片

在左侧窗格中选择一张或者多张幻灯片后，右击，选择"隐藏幻灯片"命令可以快速完成幻灯片的隐藏操作。

步骤02 ❶单击"幻灯片放映"选项卡，❷在"设置"组中单击"隐藏幻灯片"按钮隐藏该幻灯片，如图11-2所示。

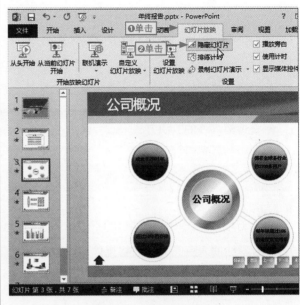

图11-2 隐藏幻灯片

步骤03 ❶单击"视图"选项卡，❷在"演示文稿视图"组中单击"幻灯片浏览"按钮切换视图模式，可以看到被隐藏的幻灯片变成了半透明状，并且序号被画上了斜删除线，如图11-3所示。

专家提醒 | 显示被隐藏的幻灯片

如果要重新放映被隐藏的幻灯片，可以在普通视图的左侧窗口选中目标幻灯片，或者在浏览幻灯片视图模式中选择被隐藏的幻灯片，再次执行隐藏幻灯片的操作，可以将选择的隐藏幻灯片显示出来。

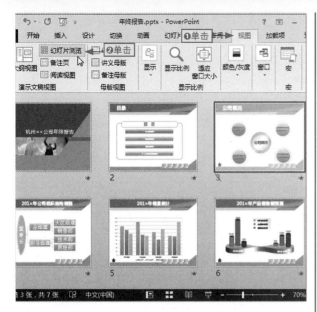

图11-3　查看被隐藏的幻灯片的效果

图11-4　开始排练计时

专家提醒 | 隐藏幻灯片与删除幻灯片的说明

　　隐藏幻灯片和删除幻灯片都可以实现在放映幻灯片时，不播放某张幻灯片。但是隐藏幻灯片后，该幻灯片还被保存在演示文稿中，当需要时可以将其显示出来。而删除幻灯片后，该幻灯片就不存在演示文稿中了。因此，用户要慎重删除幻灯片。

11.1.2　为演示文稿设置排练计时

　　如果要让演示文稿中的所有幻灯片自动进行切换，实现无人控制的播放效果，可以使用PowerPoint提供的排练计时功能来完成。

　　通过排练计时功能，程序会自动将每张幻灯片所要显示的时间记录下来，以便在自动播放时，按照所记录的时间自动切换幻灯片。

本节素材	DVD/素材/Chapter11/旅游相册.pptx
本节效果	DVD/效果/Chapter11/旅游相册.pptx
学习目标	掌握为幻灯片添加并查看排练计时的方法
难度指数	★★★★

步骤01　❶打开"旅游相册"素材文件，❷单击"幻灯片放映"选项卡，❸单击"设置"组中的"排练计时"按钮，如图11-4所示。

步骤02　此时幻灯片将切换到全屏模式放映，并在幻灯片的左上角出现一个"录制"工具栏，并且程序自动开始计时，如图11-5所示。

图11-5　开始排练第1张幻灯片的播放时间

步骤03　当第一张幻灯片讲解完成之后，单击"录制"工具栏中的"下一项"按钮，将切换到第二张幻灯片继续计时，如图11-6所示。

图11-6　切换到下一张幻灯片

核心妙招 | 排练计时的幻灯片跳转

在排练计时过程中，直接在全屏区域的任意位置单击也可以跳转到下一张幻灯片，继续进行排练计时操作。

步骤04 程序自动重新开始对第2张幻灯片进行排练计时，如图11-7所示。

图11-7　开始排练第2张幻灯片的播放时间

步骤05 用相同的方法继续排练其他幻灯片的播放时间，直到最后一张幻灯片排练完后，将打开提示对话框，询问是否保存排练计时，单击"是"按钮，如图11-8所示。

图11-8　完成排练计时操作

步骤06 ❶单击"视图"选项卡，❷单击"幻灯片浏览"按钮切换视图模式，在每张幻灯片的左下角可以查看到该张幻灯片播放所需要的时间，如图11-9所示。

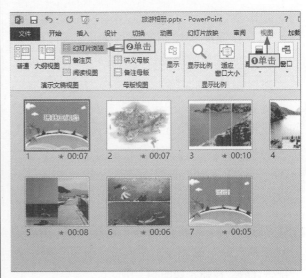

图11-9　更改切换动画的持续时间

长知识 | 排练计时过程中的暂停与重复操作

在排练计时过程中，通过"录制"工具栏还可以对排练计时的暂停和重复操作进行控制。

❶如果要暂停录制，直接单击"录制"工具栏中的"暂停"按钮，此时将打开一个提示对话框。❷如果要开始录制，直接单击打开的对话框中的"继续录制"按钮，如图11-10所示。

❶如果某张幻灯片的排练计时录制过程有误，可以单击"重复"按钮，程序自动清除当前幻灯片中录制的计时。❷在打开的提示对话框中单击"继续录制"按钮可以重新开始录制当前的幻灯片，如图11-11所示。

图11-10　暂停排练计时

图11-11　重新排练计时

11.1.3　设置幻灯片的放映方式

PowerPoint为用户提供了3种不同场合的放映类型，分别是演讲者放映、观众自行浏览和在展台浏览。3种放映方式的具体作用如图11-12所示。

演讲者放映

由演讲者控制整个演示的过程，演示文稿将在观众面前全屏播放。

观众自行浏览

使演示文稿在标准窗口中显示，观众可以拖动窗口上的滚动条或是通过方向键自行浏览，与此同时还可以打开其他窗口。

图11-12　3种放映方式的具体作用

在展台浏览

整个演示文稿会以全屏的方式循环播放，在此过程中除了通过鼠标光标选择屏幕对象进行放映外，不能对其进行任何修改。

图11-12　（续）

下面通过具体的实例讲解设置幻灯片放映方式的具体操作方法。

本节素材	DVD/素材/Chapter11/商务礼仪培训.pptx
本节效果	DVD/效果/Chapter11/商务礼仪培训.pptx
学习目标	掌握设置在展台浏览的放映方式的方法
难度指数	★

步骤01 ❶打开"商务礼仪培训"素材文件，❷单击"幻灯片放映"选项卡，❸单击"设置"组中的"设置幻灯片放映"按钮，如图11-13所示。

步骤02 ❶在打开的"设置放映方式"对话框中选中"在展台浏览"单选按钮，❷单击"确定"按钮，如图11-14所示。

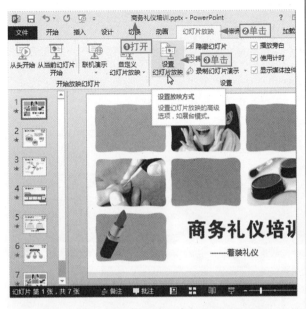

图11-13　单击"设置幻灯片放映"按钮

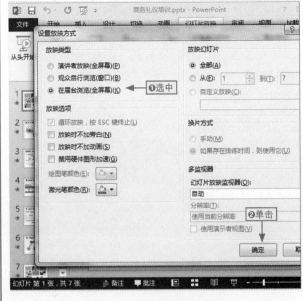

图11-14　选择放映类型

11.2 开始放映幻灯片

　　在PowerPoint 2013中，程序提供了3种放映幻灯片的方式，以供用户的不同放映需求，这3种放映方式分别是从头开始放映幻灯片、从当前幻灯片放映幻灯片和自定义放映幻灯片。

11.2.1 从头开始放映幻灯片

　　如果用户要求从第1张幻灯片开始全屏放映整个演示文稿，就需要使用从头开始放映幻灯片功能，其具体实现方式有如下几种。

学习目标	掌握从头开始放映整个演示文稿的各种方法
难度指数	★★

◆通过"幻灯片放映"选项卡放映

❶在演示文稿中单击"幻灯片放映"选项卡，❷在"开始放映幻灯片"组单击"从头开始"按钮从头开始放映整个演示文稿，如图11-15所示。

图11-15　通过选项卡放映演示文稿

◆ 通过快速访问工具栏放映

如果快速访问工具栏中添加了"从头开始"按钮，直接单击该按钮可全屏从头开始放映整个演示文稿的内容，如图11-16所示。

图11-16 通过快速访问工具栏放映演示文稿

核心妙招 | 使用快捷键从头开始放映幻灯片

在PowerPoint 2013中，直接按F5键也可以从第1张幻灯片开始放映整个演示文稿的所有幻灯片。

11.2.2 从当前幻灯片开始放映幻灯片

从当前幻灯片放映幻灯片是指从演示文稿的中间某一张幻灯片开始，放映其后所有的幻灯片，实现这种放映效果的方式有如下几种。

学习目标	掌握从当前位置开始放映幻灯片的各种方法
难度指数	★★

◆ 通过"幻灯片放映"选项卡放映

❶选择中间的某张幻灯片，❷单击"幻灯片放映"选项卡，❸在"开始放映幻灯片"组单击"从当前幻灯片开始"按钮可从指定的幻灯片开始放映其后的所有幻灯片，如图11-17所示。

图11-17 通过选项卡从当前幻灯片开始放映

◆ 通过视图栏放映

选择中间的某张幻灯片，在视图栏中单击"幻灯片放映"按钮可从当前幻灯片开始放映其后的所有幻灯片，如图11-18所示。

图11-18 通过视图栏放映

核心妙招 | 从当前幻灯片放映的快捷方法

在PowerPoint 2013中，直接按Shift+F5组合键可快速从当前幻灯片放映其后的幻灯片。

11.2.3 自定义放映幻灯片

使用自定义放映幻灯片是先将整个演示文稿中的幻灯片按不同的类型创建多个组，然后按组放映某组中的所有幻灯片，从而让放映更灵活，其具体操作方法如下。

本节素材	DVD/素材/Chapter11/新员工培训测试.pptx
本节效果	DVD/效果/Chapter11/新员工培训测试.pptx
学习目标	掌握创建放映组并放映组中的幻灯片的方法
难度指数	★★★★★

步骤01 ❶打开"新员工培训测试"素材文件，❷单击"幻灯片放映"选项卡，❸单击"自定义幻灯片放映"按钮，❹选择"自定义放映"命令，如图11-19所示。

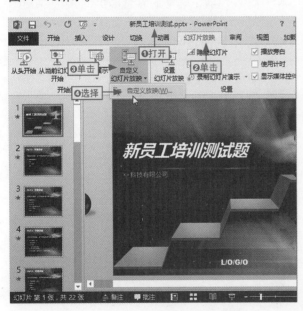

图11-19 选择"自定义放映"命令

步骤02 在打开的"自定义放映"对话框中单击"新建"按钮，如图11-20所示。

图11-20 新建放映组

步骤03 ❶在打开的"定义自定义放映"对话框中设置该放映组的名称为"性格测试"，❷在左侧列表框中选中第1~14张幻灯片左侧的复选框，如图11-21所示。

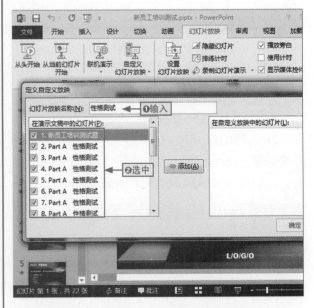

图11-21 设置放映组名称并选择幻灯片

步骤04 ❶单击"添加"按钮将其添加到右侧的列表框，❷单击"确定"按钮，如图11-22所示。

图11-22 添加创建放映组

步骤05 在返回的对话框中可查看到创建的"性格测试"放映组，❶用相同的方法创建"管理能力测试"和"综合能力测试"放映组，❷单击"关闭"按钮，如图11-23所示。

图11-23 创建其他放映组

步骤06 ❶单击"自定义幻灯片放映"按钮，❷选择"性格测试"选项，如图11-24所示。

图11-24 选择放映组

步骤07 程序自动开始放映"性格测试"放映组中的第一张幻灯片，如图11-25所示，用户继续执行放映操作，程序只会放映到第14张幻灯片后就会结束放映。

图11-25 开始放映幻灯片组

专家提醒 | 编辑与删除放映组

在"自定义放映"对话框中，选择某个放映组，单击"编辑"按钮还可以对该放映组进行编辑操作。如果要删除该放映组，直接单击"删除"按钮即可。

11.3 放映过程中的各种控制操作

在某些演讲场合下，并不是完全按照从头到尾的顺序依次放映幻灯片，也有可能在放映过程中需要在幻灯片的某个位置勾画重点。因此，用户还有必要学会一些简单的放映控制操作。

11.3.1 快速定位幻灯片

默认情况下，按方向键或者单击鼠标左键，都只能在相邻的幻灯片之间进行切换。如果要快速跳转到指定的任意页面，可以使用如下两种方法来完成。

学习目标	掌握利用快捷键和对话框定位幻灯片的方法
难度指数	★★

◆ 通过快捷菜单快速定位幻灯片

①在放映幻灯片的空白位置右击，②选择"查看所有幻灯片"命令，③在切换的所有幻灯片缩略图页面中，选择要放映的幻灯片即可，如图11-26所示。

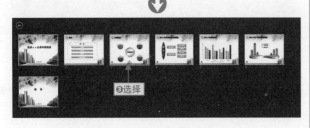

图11-26 通过快捷菜单定位幻灯片

核心妙招 | 输入数字快速定位幻灯片

在幻灯片放映时输入具体的数字并按Enter键跳转到某一特定的幻灯片。例如要跳转到第4张幻灯片，按4键后再按Enter键即可。

◆ 通过对话框定位幻灯片

在幻灯片放映时按Ctrl+S组合键，打开"所有幻灯片"对话框，其中列出了演示文稿中所有的幻灯片标题，①可以选择某张幻灯片，②单击"定位至"按钮即可，如图11-27所示。

图11-27 通过对话框定位幻灯片

核心妙招 | 快速定位到第1张幻灯片

在非第1张幻灯片的任意位置，同时按住鼠标左右键不放，持续几秒钟可以快速返回到演示文稿的第1张幻灯片。

11.3.2　在幻灯片上添加墨迹

在教学类或者分析类的演示文稿播放过程中，可以使用笔或荧光笔在幻灯片中勾画重点或添加手写笔记，从而辅助演示。

本节素材	DVD/素材/Chapter11/散文鉴赏.pptx
本节效果	DVD/效果/Chapter11/散文鉴赏.pptx
学习目标	掌握使用笔和荧光笔添加墨迹的方法
难度指数	★★★

步骤01 ❶打开"散文鉴赏"素材文件，❷在快速访问工具栏中单击"从头开始"按钮开始放映幻灯片，如图11-28所示。

图11-28　放映幻灯片

核心妙招 | 使用快捷键添加和编辑墨迹

在放映过程中，为幻灯片添加墨迹，也可以使用快捷键进行快速操作。

◆ 按Ctrl+P组合键可快速将鼠标光标更改为笔。

◆ 按Ctrl+A组合键或按Esc键可以快速恢复鼠标光标的默认状态。

◆ 按Ctrl+M组合键可以快速显示/隐藏在幻灯片中添加的墨迹。

◆ 按Ctrl+E组合键可以快速将鼠标光标更改为橡皮擦，从而对添加的墨迹进行擦除。

步骤02 ❶在幻灯片的任意空白位置右击，❷选择"指针选项"命令，❸在其子菜单中选择"笔"选项，如图11-29所示。

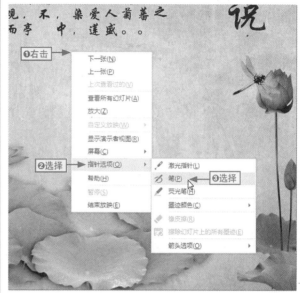

图11-29　选择笔工具

步骤03 ❶鼠标光标自动变为笔工具，拖动鼠标圈住"清涟"文本，❷拖动鼠标绘制箭头形状，❸并绘制"清水"文本，如图11-30所示。

图11-30　用笔工具添加说明

步骤04 ❶在幻灯片的任意位置右击，❷选择"指针选项"命令，❸在其子菜单中选择"荧光笔"选项，如图11-31所示。

图11-31 选择荧光笔工具

步骤05 ❶右击，❷选择"指针选项/墨迹颜色"命令，❸在弹出的列表中选择"深红"选项，如图11-32所示。

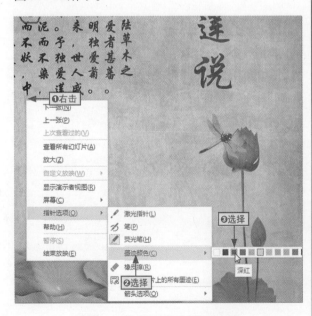

图11-32 更改荧光笔的颜色

步骤06 在需要重点强调的位置多次拖动鼠标光标添加墨迹效果，如图11-33所示。

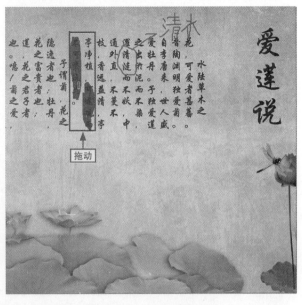

图11-33 勾画强调内容

步骤07 按Esc键结束幻灯片的放映，此时程序自动打开提示对话框，提示是否保留墨迹注释，单击"保留"按钮保留添加的墨迹并结束幻灯片的放映，如图11-34所示。

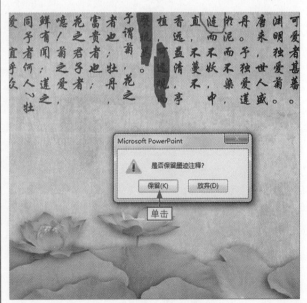

图11-34 保留墨迹

11.4　将演示内容分享给他人

制作好演示文稿后，如果需要将该文件分享给他人，可以通过将演示文稿转化为视频文件或打包文件进行分享，也可以直接通过电子邮件发送给他人。

11.4.1　将演示文稿转化为视频文件

将演示文稿转化为视频文件后，只要用户电脑中有视频播放器，都可以观看演示文稿的内容，而且通过传递视频文件，还能确保幻灯片内容不被恶意修改。

本节素材	DVD/素材/Chapter11/散文鉴赏.pptx
本节效果	DVD/效果/Chapter11/散文鉴赏.pptx
学习目标	掌握将演示文稿幻化为mp4格式文件的方法
难度指数	★★★

步骤01 ❶打开"散文鉴赏"素材文件，❷切换到"文件"选项卡，在其中单击"导出"选项卡，如图11-35所示。

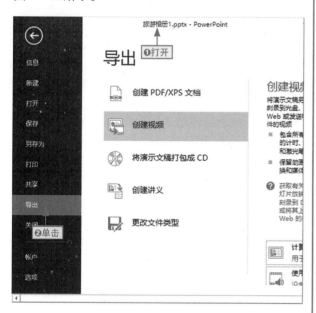

图11-35　切换选项卡

步骤02 在右侧窗格保持默认设置的"使用录制的计时和旁白"参数，单击"创建视频"按钮，如图11-36所示。

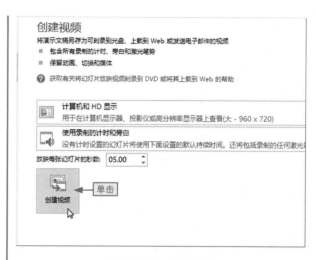

图11-36　创建视频

步骤03 ❶在打开的"另存为"对话框中选择文件的保存路径，保持默认的文件名称和mp4文件保存类型，❷单击"保存"按钮，如图11-37所示。

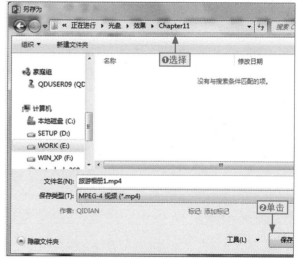

图11-37　设置视频保存方式和位置

步骤04 程序自动开始转换演示文稿，并且在状态栏中还可以查看到视频文件的转化进度，如图11-38所示。

图11-38　转化演示文稿为视频文件

11.4.2　打包演示文稿

对演示文稿进行打包操作，可以在打包过程中为该演示文稿设置加密操作，并且在压缩包中还包含播放演示文稿的PowerPoint播放器。

这种分享演示文稿的方法，不仅能确保用户能打开演示文稿正常观看，还对演示文稿的内容起到了一定的保护作用。此外，还为对方提供了编辑演示文稿的权限。

本节素材	DVD/素材/Chapter11/年终报告.pptx
本节效果	DVD/效果/Chapter11/年终报告.pptx
学习目标	掌握演示文稿打包到文件夹的方法
难度指数	★★★

步骤01 ①打开"年终报告"素材文件，②在"文件"选项卡中单击"导出"选项卡，③在中间选择"将演示文稿打包成CD"选项，④在左侧单击"打包成CD"按钮，如图11-39所示。

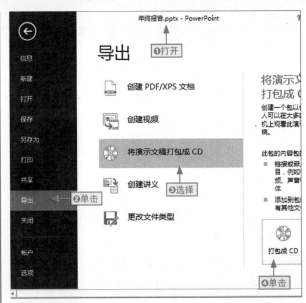

图11-39　单击"打包成CD"按钮

步骤02 ①在打开的"打包成CD"对话框中的"将CD命名为"文本框中输入"年终报告"，②单击"选项"按钮，如图11-40所示。

图11-40　更改打包CD文件夹的名称

步骤03 ①在打开的"选项"对话框中设置演示文稿的打开权限密码和修改权限密码分别为"123456"和"456789"，②单击"确定"按钮，如图11-41所示。

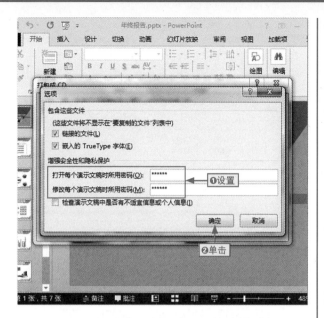

图11-41　设置打开权限密码和修改权限密码

步骤04 ①在打开的"确认密码"对话框中重新输入打开权限密码，②单击"确定"按钮，如图11-42所示。

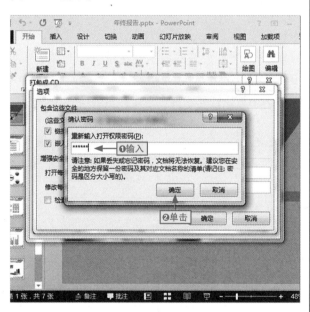

图11-42　确认设置的打开权限密码

步骤05 ①在打开的"确认密码"对话框中重新输入修改权限密码，②单击"确定"按钮，如图11-43所示。

图11-43　确认设置的修改权限密码

步骤06 在返回的"打包成CD"对话框中单击"复制到文件夹"按钮，如图11-44所示。

图11-44　单击"复制到文件夹"按钮

专家提醒 | 打包时不设置密码

如果在打包演示文稿时，不需要为其添加打开权限密码和修改权限密码，在本例中执行第1步操作后，直接执行第6步操作步骤。

步骤07 在打开的"复制到文件夹"对话框中单击"浏览"按钮，如图11-45所示。

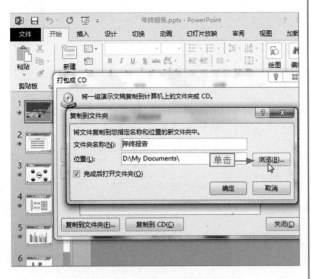

图11-45 单击"浏览"按钮

步骤08 ❶在打开的"选择位置"对话框中设置打包文件的保存位置，❷单击"选择"按钮，如图11-46所示。

图11-46 设置文件的打包位置

步骤09 ❶在返回的"复制到文件夹"对话框中取消选中"完成后打开文件夹"复选框，❷单击"确定"按钮，如图11-47所示。

图11-47 确认打包文件夹的保存位置

核心妙招 | 打包完成后打开包文件夹

如果要在完成打包操作后打开打包的CD文件夹，在"复制到文件夹"对话框中就需要选中"完成后打开文件夹"复选框。

步骤10 ❶在打开的提示对话框中单击"是"按钮开始打包，❷完成后单击"打包成CD"对话框中的"关闭"按钮完成整个操作，如图11-48所示。

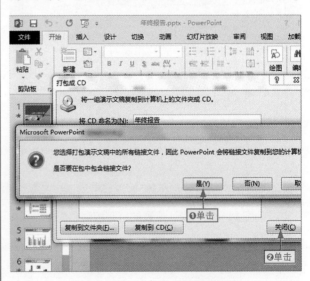

图11-48 完成打包操作

长知识 ┃ 下载PowerPointViewer查看器

　　打包完成后，直接将"年终报告"文件夹发送给对方即可，在该文件夹中，除了包含有"年终报告.pptx"文件，还有一个"PresentationPackage"文件夹，在该文件夹中打开"PresentationPackage.html"网页文件，在其中单击"Download Viewer"按钮，即可下载PowerPointViewer查看器，如图11-49所示。用户下载并安装该查看器后，即可在查看器中播放"年终总结"演示文稿了。

图11-49　下载PowerPointViewer查看器

11.4.3　通过电子邮件共享演示文稿

　　在PowerPoint 2013中，程序支持通过电子邮件的方式将演示文稿发送到指定的邮箱地址。并且程序还提供各种发送方式，如将演示文稿作为附件、PDF格式、XPS格式等类型发送。

本节素材	DVD/素材/Chapter11/商务礼仪培训.pptx
本节效果	DVD/效果/Chapter11/无
学习目标	掌握将演示文稿以PDF格式共享的方法
难度指数	★★★

步骤01 ❶打开"商务礼仪培训"素材文件，❷切换到"文件"选项卡，在其中单击"共享"选项卡，如图11-50所示。

专家提醒 ┃ 了解PDF格式和XPS格式

　　PDF和XPS都是一种电子文件格式，以这两种格式保存文档，能够忠实地再现原稿的每个字符、颜色及图像。此外，这种文件格式中的文件内容是不能进行编辑的，这就有效地确保了文件内容的完整传送。

图11-50　切换到"共享"选项卡

步骤02 ❶在中间选择"电子邮件"选项，❷单击"以PDF形式发送"按钮，如图11-51所示。

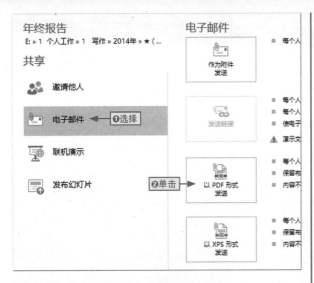

图11-51 选择发送方式

📎 **步骤03** 程序自动将发布一份演示文稿的PDF格式的副本文件，并打开一个提示对话框提示发布进度，如图11-52所示。

图11-52 正在发布PDF文件

📎 **步骤04** ❶程序自动启动Outlook 2013组件，在收件人文本框中输入收件人邮件地址的前几个字符，❷选择弹出的邮件地址确认收件人地址，如图11-53所示。

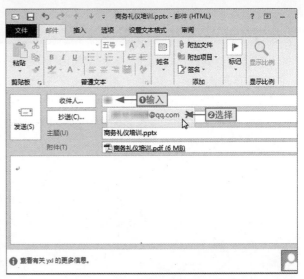

图11-53 填写收件人地址

🐱 **专家提醒 | 输入收件人邮件地址的说明**

通过选择的方式确认收件人的邮件地址，前提是曾经用Outlook组件为该收件人发送过邮件，否则还是需要在"收件人"文本框中完全输入收件人的邮件地址。

📎 **步骤05** ❶在下方的列表框中输入相应的文本信息，❷单击"发送"按钮即可将该PDF文件发送给指定的收件人，如图11-54所示。

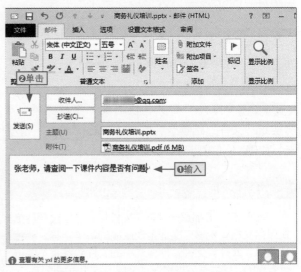

图11-54 填写邮件内容并发送邮件

11.5　实战问答

?! | NO.1 | 如何对添加了动画的演示文稿进行排练计时

 元芳：在给演示文稿添加排练计时时，切换到下一张幻灯片后，程序好像就停止了播放，该幻灯片中的内容始终不显示，这是为什么呢？

 大人：这有可能是切换到的下一张幻灯片中设置了动画效果，而且这些动画效果或者第一个动画效果需要单击鼠标来触发，因此在排练计时包含动画的幻灯片时，必须单击鼠标来触发播放动画，才能继续进行排练计时。

?! | NO.2 | 设置在展台播放后为何不连续放映幻灯片

 元芳：将一个演示文稿的放映方式设置成在展台播放，但是为什么在放映时，演示文稿只显示第一张幻灯片内容，不播放其他幻灯片内容呢？

 大人：这是因为，在展台播放放映方式是基于排练计时来进行换片的，这有可能是因为演示文稿没有设置排练计时，当然不会自动切换到下一张幻灯片。

?! | NO.3 | 演讲者放映类型和在展台浏览类型有何区别

 元芳：演讲者放映类型和在展台浏览类型都可以在放映演示文稿时，将幻灯片全屏显示，那这两种放映方式有何区别呢？

 大人：对于显示效果，二者之间是没有任何区别的。但是，在循环播放的设置和播放过程的操作是有一定差异的，具体有如图11-55所示的两点。

 演讲者放映类型在设置循环播放设置时，必须手动选中"循环放映，按ESC键终止"复选框，程序才会循环播放演示文稿。
在展台浏览放映类型，当用户在"设置放映方式"对话框中选择该类型时，"循环放映，按ESC键终止"复选框自动被选中。

 演讲者放映类型和在展台浏览放映类型，在幻灯片播放过程中，都可以按Esc键终止播放。
但是，前者在播放过程中单击鼠标左右键可以执行相应的操作，而后者在整个播放过程中，鼠标的左右键是不可用的。

图11-55　演讲者放映类型和在展台浏览类型的区别

11.6 思考与练习

填空题

1. 如果要让演示文稿中的所有幻灯片自动进行切换，实现无人控制的播放效果，可以使用_____功能来完成。

2. PowerPoint为用户提供了3种不同场合的放映类型，分别是_____、_____和_____。

选择题

1. 下列选项中，（　　）方法不能用于在相邻幻灯片之间进行切换。

A. 按→键　　　　B. 按←键

C. 右击　　　　　D. 单击鼠标左键

2. 选择任意幻灯片后，按(　　)键可以快速从头开始放映幻灯片。

A. F5　　　　　　B. Shift+F5

C. F3　　　　　　D. Enter

判断题

1. 隐藏幻灯片与删除幻灯片的放映效果相同，但是本质不同。　　　　　　　　（　　）

2. 在幻灯片中插入的音频和视频文件，只能在放映演示文稿时才能播放。　　（　　）

操作题

【练习目的】制作茶馆宣传视频

下面通过为"茶馆开张宣传"演示文稿添加排练计时，并将其导出为视频文件为例，让读者亲自体验为幻灯片设置排练计时并将演示文稿转化为视频文件的相关操作，巩固本章的相关知识和操作。

【制作效果】

本节素材	DVD/素材/Chapter11/茶馆开张宣传.pptx
本节效果	DVD/效果/Chapter11/茶馆开张宣传.mp4

各组件之间的协同办公

本章要点

- ★ Word中调用Excel数据
- ★ Excel中插入Word数据
- ★ 利用Excel快速整理表格样式
- ★ 将演示文稿插到Word文档中
- ★ 将Word文档转换为幻灯片

学习目标

Office作为一套办公软件，它包括Word、Excel和PPT，这3款办公软件在日常办公中是必不可少的。在以前的章节中都是对这3款软件的功能进行分别讲解，本章将会介绍这套软件的协同办公，即数据的相互交换和调用。

知识要点	学习时间	学习难度
Word与Excel的协作	30分钟	★★★
Word与PowerPoint协作	20分钟	★★

重点实例

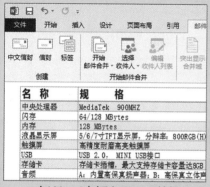

在Word中插入Excel数据

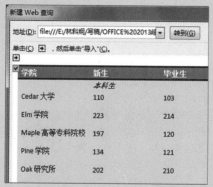

在Excel中导入Word数据

在Word插入演示文档

12.1 Word与Excel的协作

Office办公组件是一套办公软件，它们之间不仅能独当一面，而且能进行数据的相互交换，来实现办公的共同协作。下面就介绍Office组件中World与Excel的协同办公。

12.1.1 Word与Excel的协作

1. Word中调用Excel数据

在Word中调用Excel数据的快速方法是通过选择性粘贴来实现链接粘贴。

下面通过将Excel中的规则数据链接到Word中为例来讲解相关操作。

本节素材	DVD/素材/Chapter12/word与Excel/
本节效果	DVD/效果/Chapter12/导航仪说明书.xlsx
学习目标	在Word调用Excel中的数据
难度指数	★★

步骤01 ❶打开"导航仪规则"素材文件，❷选择A2:B27单元格区域，❸单击"复制"按钮，如图12-1所示。

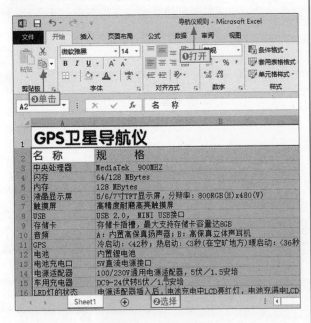

图12-1 复制数据

步骤02 ❶打开"导航仪说明书"素材文件，❷将文本插入点定位在要插入Excel表格数据的位置处，如图12-2所示。

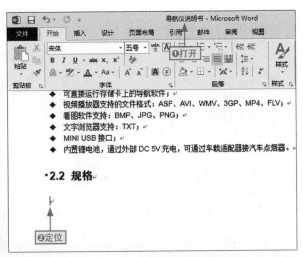

图12-2 定位文本插入点

步骤03 ❶单击"粘贴"下拉按钮，❷选择"选择性粘贴"命令，如图12-3所示。

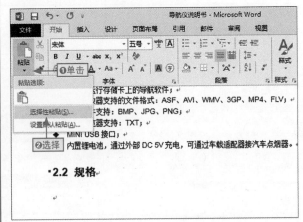

图12-3 执行"选择性粘贴"命令

步骤04 ❶选中"粘贴链接"单选按钮，❷选择"Microsoft Excel 工作表 对象"，❸单击"确定"按钮，如图12-4所示。

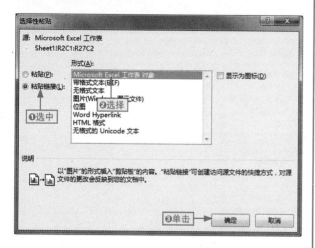

图12-4　"选择性粘贴"对话框

步骤05 返回到Word中即可在"规格"标题下查看到链接的Excel数据效果，如图12-5所示。

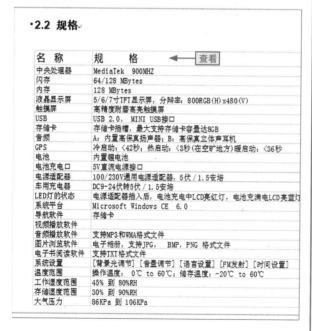

图12-5　查看效果

专家提醒｜删除插入的Excel表格数据

将鼠标光标移到表格上，此时鼠标光标变成形状，单击鼠标选择表格并在其上右击选择"剪切"命令或直接按Delete键将其删除。

2. Excel中插入Word数据

在Excel中调用Word中的数据最直接的方法是通过复制和链接粘贴的方法来实现数据的相互调用。

下面介绍的方法是用Excel表格通过网页的方式导入Word中的数据使其独立存在，其具体操作方法如下。

本节素材	DVD/素材/Chapter12/调用word数据表格/
本节效果	DVD/效果/Chapter12/院校学生数据统计.xlsx
学习目标	在Word调用Excel中的数据
难度指数	★★

步骤01 ❶打开"院校学生数据统计"素材文件，❷在"文件"选项卡中单击"导出"选项卡，❸双击"更改文件类型"按钮，如图12-6所示。

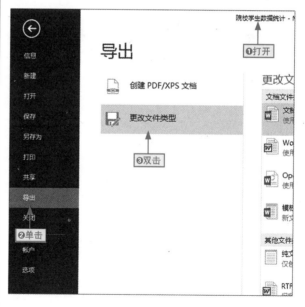

图12-6　双击更改文件类型

步骤02 打开"另存为"对话框，❶单击"保存类型"下拉列表按钮，❷选择"单个文件网页"选项，如图12-7所示。

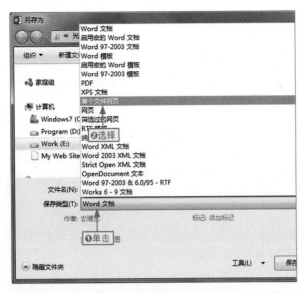

图12-7　保存更改的文件类型

步骤03 ❶设置保存网页的路径，❷单击"保存"按钮，如图12-8所示。

图12-8　保存网页文件

步骤04 找到发布的网页文件，双击将其打开，如图12-9所示。

图12-9　双击发布的网页文件

步骤05 ❶在打开的网页中，选择网页地址文本框中网页路径并在其上右击，❷选择"复制"命令，如图12-10所示。

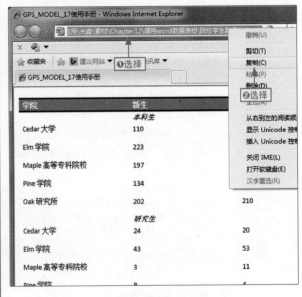

图12-10　复制保存的网页文件路径

步骤06 打开"院校招生统计"素材文件，❶单击"数据"选项卡，❷单击"自网站"按钮，如图12-11所示。

图12-11　切换选项卡并单击按钮

步骤07 ❶在"地址"文本框中选择已有的网址并在其上右击，❷选择"粘贴"命令粘贴保存的网页所在路径，如图12-12所示。

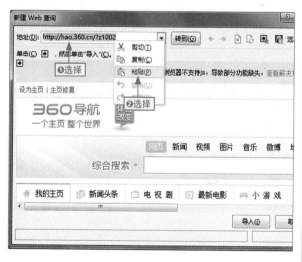

图12-12　粘贴网页路径

步骤08 ❶单击"转到"按钮，❷单击➡按钮选择要导入的数据区域，❸单击"导入"按钮，如图12-13所示。

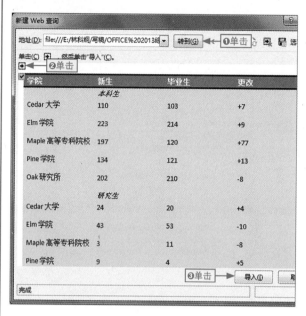

图12-13　导入保存的网页数据

步骤09 系统自动打开"导入数据"对话框，单击"属性"按钮，打开"外部数据区域属性"对话框，如图12-14所示。

图12-14　单击"属性"按钮

步骤10 ❶选中"刷新频率"复选框❷并在其后的文本框中输入刷新时间，❸选中"打开文件时刷新数据"复选框，如图12-15所示。

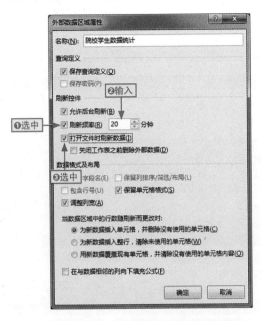

图12-15 设置外部数据区域属性

步骤11 ❶单击"确定"按钮，❷返回到"导入数据"对话框中单击"确定"按钮确定设置并导入数据，如图12-16所示。

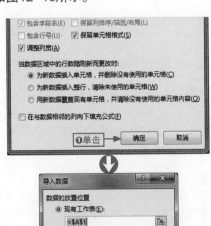

图12-16 确定设置并导入数据

步骤12 返回到工作表中即可查看到通过导入网页中的数据的方法导入至Word中表格数据的效果，如图12-17所示。

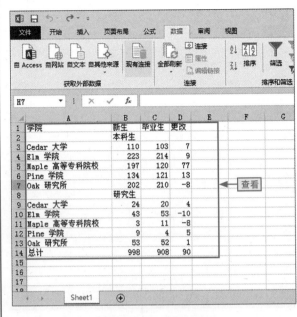

图12-17 查看效果

专家提醒 | 再次保存网页需注意

用户再次将Word中的数据保存在同一个网页时，要将原网页覆盖，而且不能更改路径位置和名称，因为Excel中会自动刷新导入引用网页中的数据。

12.1.2 利用Excel快速整理表格样式

用户不仅可以在Excel中链接表格数据，而且还能在Word中通过Excel设置表格的样式，真正地实现Word与Excel的实时交换。

下面通过使用Excel来设置Word中的Excel表格为例来讲解相关操作。

本节素材	DVD/素材/Chapter12/导航仪说明书1.docx
本节效果	DVD/效果/Chapter12/导航仪说明书1.docx
学习目标	在Word调用Excel中的数据
难度指数	★★

步骤01 ❶打开"导航仪说明书1"素材文件，在Excel表格上右击，❷选择"链接的工作表对象/打开链接"命令，如图12-18所示。

图12-18　执行"打开链接"命令

专家提醒｜其他方法打开链接

直接在Excel表格上双击或右击，选择"编辑链接"命令同样可以打开链接。

步骤02 系统自动打开Excel表格链接的文件并选择相应的数据区域，❶单击"套用表格样式"下拉按钮，❷选择表格样式选项，如图12-19所示。

专家提醒｜链接Excel文件需注意

在Word中链接的Excel文件，不管保存在任何位置系统都可以自动链接到，但不能删除。

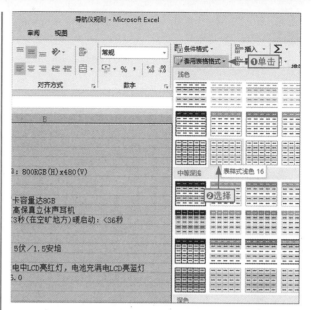

图12-19　套用表格样式

步骤03 打开"套用表格式"对话框，❶选中"表包含标题"复选框，❷单击"确定"按钮，如图12-20所示。

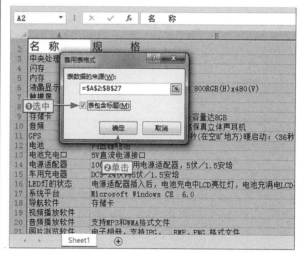

图12-20　设置套用格式

步骤04 ❶返回到工作表中单击"数据"选项卡，❷单击"筛选"按钮，如图12-21所示。

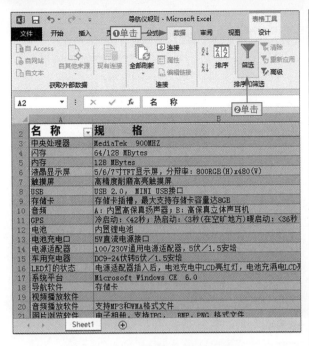

图12-21 去掉表头上筛选按钮

步骤05 ❶切换"导航仪说明1"Word文档中，在图表上右击，❷选择"更新链接"命令，如图12-22所示。

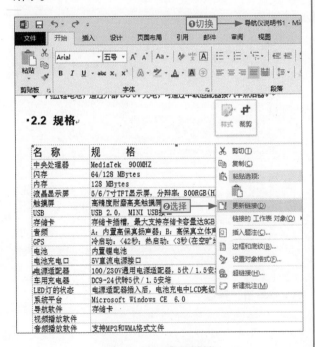

图12-22 更新链接

步骤06 系统对表格进行更新，并显示出最新的样式效果，如图12-23所示。

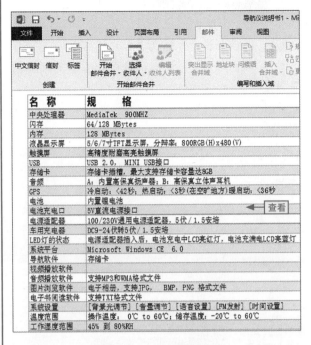

图12-23 查看效果

专家提醒｜对Excel表格进行裁剪

在Word中的Excel表格上右击，选择"裁剪"功能选项，此时鼠标光标变成形状，在表格上按住鼠标左键即可实现裁剪，如图12-24所示。

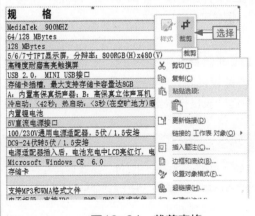

图12-24 裁剪表格

12.2　Word与PowerPoint协作

协同办公不仅只是Word与Excel进行数据的交互，还可以实现Word与PowerPoint数据的交换，实现协作办公。下面就介绍Word与PowerPoint协作的方法。

12.2.1　将演示文稿插到Word文档中

在Word中不仅可以插入Excel数据表格，还可以将演示文稿插到Word中，并且通过Word来控制演示文档的播放。

下面通过将商务礼仪演示文档插到Word中为例来讲解相关操作。

本节素材	DVD/素材/Chapter12/word与PowerPoint/
本节效果	DVD/效果/Chapter12/商务礼仪培训计划.docx
学习目标	掌握在Word插入PPT方法
难度指数	★★★

步骤01 ❶打开"商务礼仪培训计划"和"商务礼仪培训"素材文件，切换到Word中，❷将文本插入点定位到正文第一行处，如图12-25所示。

图12-25　定位文本插入点

专家提醒｜在Word中插入PPT需注意

在Word中以对象的方式插入PPT前，必须打开相应的PPT文档，否则系统会提示找不到发生错误的信息。

步骤02 ❶单击"插入"选项卡，❷单击"对象"按钮，如图12-26所示。

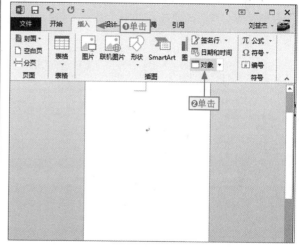

图12-26　单击"对象"按钮

步骤03 ❶在打开的"对象"文本框中单击"由文件创建"选项卡，❷单击"浏览"按钮，如图12-27所示。

专家提醒｜在Word中插入PPT需注意

在Word中插入PPT文档不能使用粘贴方式，因为复制PPT文档后，再粘贴就会有一般的粘贴方式，而没有链接功能。

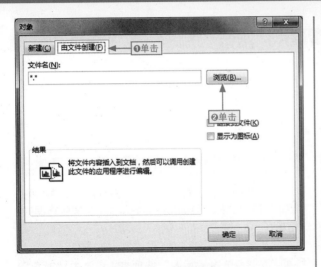

图12-27　文件创建

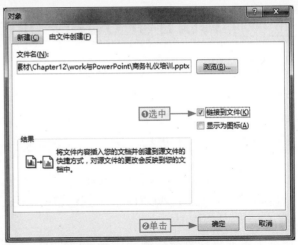

图12-29　链接文件并确认

步骤04 打开"浏览"对话框，❶选择PPT文件保存的位置，❷选择要插入的PPT选项，❸单击"插入"按钮，如图12-28所示。

步骤06 返回到Word文档中即可查看到插入的PPT文档效果并在其上双击，系统自动放映链接的PPT文档，如图12-30所示。

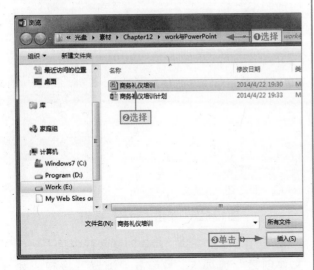

图12-28　插入PPT文档

步骤05 返回到"对象"对话框，❶选中"链接到文件"复选框，❷单击"确定"按钮，如图12-29所示。

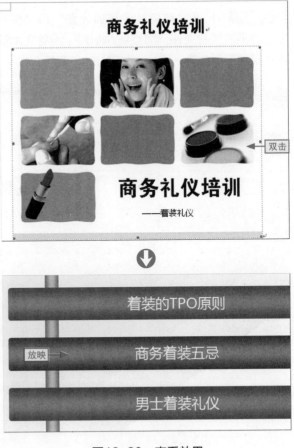

图12-30　查看效果

长知识 | 在PPT中链接Word文档的方法

　　用户可将PPT演示文档链接到Word中，也可以将Word中的数据链接到PPT中，其操作有两种方法：一是以选择性链接粘贴的方法实现，如图12-31左图所示；二是通过插入对象的方式实现(在PPT中插入对象的方式与Word中插入对象的方式基本相同)，如图12-31右图所示。

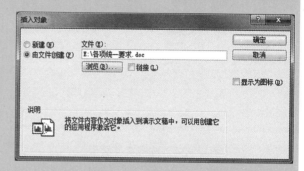

图12-31　在PPT中链接Word文档

12.2.2　将Word文档转换为幻灯片

　　Word中不仅可以链接PPT演示文档，而且还可以将其转换为PPT。

　　下面通过将社区儿童活动计划Word文档转换为PPT为例来讲解相关操作。

本节素材	DVD/素材/Chapter12/社区儿童活动计划.docx
本节效果	DVD/效果/Chapter12/社区儿童活动计划.ppt
学习目标	掌握Word文档转换为PPT的方法
难度指数	★★★

步骤01 启动PowerPoint 2013软件，双击"空白演示文稿"图标按钮，如图12-32所示。

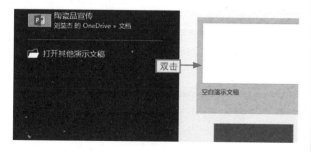

图12-32　新建空白演示文稿

步骤02 进入BackStage界面，❶单击"打开"选项卡，❷双击"计算机"图标按钮，如图12-33所示。

图12-33　启动"打开"对话框

步骤03 打开"打开"对话框，❶单击"文件类型"下拉按钮，❷选择"所有文件"选项，如图12-34所示。

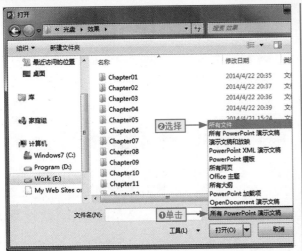

图12-34　选择文件类型

步骤04 ❶选择Word文件保存的位置，❷选择要打开的Word选项，❸单击"打开"按钮，如图12-35所示。

图12-35　打开Word文档

步骤05 返回到PowerPoint文档中，系统自动新建一个新演示文稿，用户可在其中进行相应的编辑，如图12-36所示。

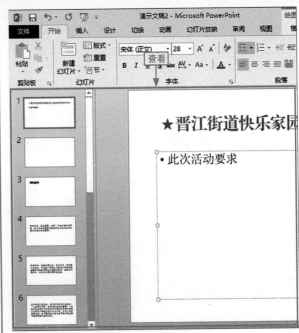

图12-36　查看效果

步骤06 打开"另存为"对话框，❶将其保存为指定名称和相应的路径下，❷单击"保存"按钮保存，如图12-37所示。

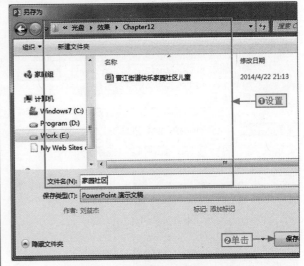

图12-37　保存转换的PPT文稿

长知识｜在PPT中链接Excel的方法

在PPT中通过插入对象的方式不能插入Excel表格，但用户仍然可通过链接的方法来链接整个Excel工作簿，其方法为：❶选择要链接Excel工作簿的对象，❷单击"插入"选项卡中的"超链接"按钮，打开"插入超链接"对话框，❸选择要链接的Excel工作簿，❹单击"确定"按钮确认，如图12-38所示。

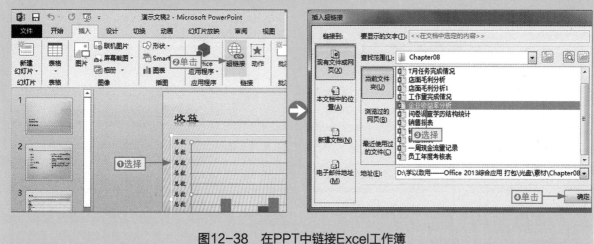

图12-38 在PPT中链接Excel工作簿

12.3 实战问答

NO.1 ｜如何更改Excel工作簿中的数据链接

元芳：在Word中使用Excel数据，若要将其更改为其他Excel工作簿中的数据，是不是要重新进行链接粘贴，如果不是那该怎样操作呢？

大人：用户如要更改链接的表格数据，只需通过更改链接即可实现，不需要重新再通过链接粘贴，其具体操作方法如下。

步骤01 在链接的表格数据上右击，选择"链接的 工作表 对象/链接"命令，如图12-39所示。

图12-39 选择"链接"命令

步骤02 打开"链接"对话框，单击"更改源"按钮，打开"更改源"对话框，如图12-40所示。

步骤03 ❶选择Excel工作簿选项，❷单击"打开"按钮，依次单击"确定"按钮，如图12-41所示。

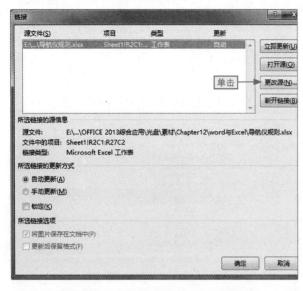

图12-40 打开"更改源"对话框

图12-41 打开目标工作簿

步骤04 返回到工作表中即可查看到更改Excel数据源的效果，如图12-42所示。

专家提醒 | 断开链接

打开"链接"对话框，单击"断开链接"按钮即可断开Word中的表格数据与源数据的链接。

效果	商品销售统计			
行号	商品名称	销售数量	折后均价	折后金
1	佳能 G12	9	¥ 3,621.11	¥ 32,59
2	佳能 EOS 7D(18-135)	6	¥ 11,095.00	¥ 66,57
3	佳能 EOS 7D(15-85)	3	¥ 13,526.67	¥ 40,58
4	佳能 EOS 7D 单机	6	¥ 9,078.33	¥ 54,47
5	佳能 EOS 5D Mark II (24-105)	6	¥ 21,308.33	¥ 127,85
6	佳能 EOS 5D Mark II	6	¥ 16,023.33	¥ 96,14
7	佳能 S95	8	¥ 2,738.75	¥ 21,91
8	佳能 EOS 550D 单机	21	¥ 3,789.52	¥ 79,58
9	佳能 EOS 550D(18-55)	61	¥ 4,367.62	¥ 266,42
10	佳能 EOS 550D(18-135)	7	¥ 5,828.57	¥ 40,80
11	佳能 IXUS105 GR(绿)	1	¥ 1,300.00	¥ 1,30

图12-42 查看效果

?! NO.2 | 如何将Word中的Excel数据显示为标记

 元芳：在Word中链接的Excel数据，有时不需要让其显示具体的数据，只是想让其显示一个链接图标，让其他人知道这里链接了Excel数据，该怎样操作呢？

 大人：要想让链接粘贴的表格数据只显示为图标，只需在链接时进行简单的设置即可实现，其具体操作方法如下。

步骤01 在打开的"选择性粘贴"对话框中❶选中"显示为图标"复选框，❷单击"确定"按钮，如图12-43所示。

步骤02 在Word文档中即可查看到显示的Excel数据的图标，而没有显示具体的数据，如图12-44所示。

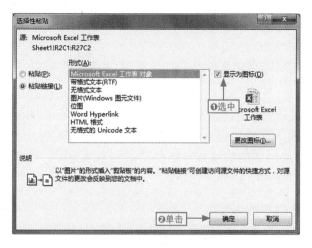

图12-43　设置显示为图标

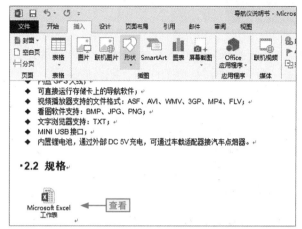

图12-44　查看效果

?! NO.3 | 如何为链接的Excel 表格添加边框和底纹

 元芳：若要对表格进行复杂的样式设置可通过Excel来完成，但对于简单的设置，如添加边框和底纹，也在Excel中编辑，就会显得麻烦，可不可以直接在Word中添加？

 大人：当然是可以的，而且操作较为简单，只需通过"边框"对话框来设置，最后确定即可，其具体操作方法如下。

步骤01 在链接粘贴的表格数据上右击，选择"边框和底纹"命令，打开"边框"对话框，如图12-45所示。

步骤02 在对话框中分别在"边框"、"页面边框"和"底纹"选项卡分别进行相应的设置，最后确认即可，如图12-46所示。

图12-45　启动"边框"对话框

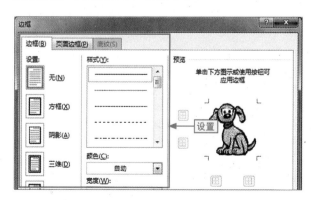

图12-46　设置表格样式

12.4 思考与练习

填空题

1. 要在Word中直接调Excel中的部分数据，而不是通过链接工作簿，那么应采用_____方法。

2. 在Excel中调用的Word数据，需要将Word保存为_____类型。

3. 将演示文稿插到Word文档中应该采用_____方法来实现。

判断题

1. 在PPT中同样可以通过打开的方式调用Excel工作簿。 （ ）

2. 在Excel中可使用粘贴链接方法将Word中的数据以数值的方式插入。 （ ）

3. 在Word中可对插入的Excel和PPT文档进行编辑。 （ ）

4. 可使用PPT来将Word制作成PPT演示文档。 （ ）

操作题

【练习目的】制作一个人力资源结构分析文档

下面通过对已有的人力资源结构分析Word进行表格数据的粘贴链接以及对数据格式的设置，并通过插入对象的方式插入演示文档，使Word中能快速展示新员工培训测试方案，巩固本章的相关知识和操作。

【制作效果】

本节素材	DVD/素材/Chapte12/组件协作/
本节效果	DVD/效果/Chapte12/组件协作/

Office常用组件实战应用

本章案例

★ 制作复印机使用说明书

★ 投入与获利分析

★ 制作节日贺卡

案例目标

在本章中，详细讲解了在Word中制作复印机使用说明书，利用Excel分析投入与获利数据，以及用PowerPoint制作节日贺卡制作过程。通过案例的分析与详细制作，不仅巩固了前面章节学习的理论知识，还让读者亲自体验了Office软件在各种商务办公中的应用，以及让读者学会举一反三制作同类商务文档。

制作案例	制作时间	制作难度
复印机使用说明书	70分钟	★★★★
投入与获利分析	70分钟	★★★★
节日贺卡	50分钟	★★★

案例展示

复印机使用说明书

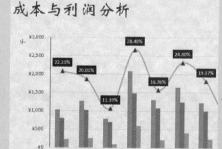

投入与获利分析

节日贺卡

13.1 制作复印机使用说明书

使用说明书也叫作使用手册，是向用户介绍具体的关于某产品的使用方法和步骤的说明书。它没有固定的格式，用户可根据自身的风格或习惯制作出各种样式的使用说明书。下面通过使用Word制作一份说明书来巩固本书中的Word知识，最终效果如图13-1所示。

本节素材	DVD/素材/Chapter13/复印机使用说明书.docx
本节效果	DVD/效果/Chapter13/复印机使用说明书.docx
案例目标	灵活使用Word 2013制作图文并茂的文档
难度指数	★★★★★

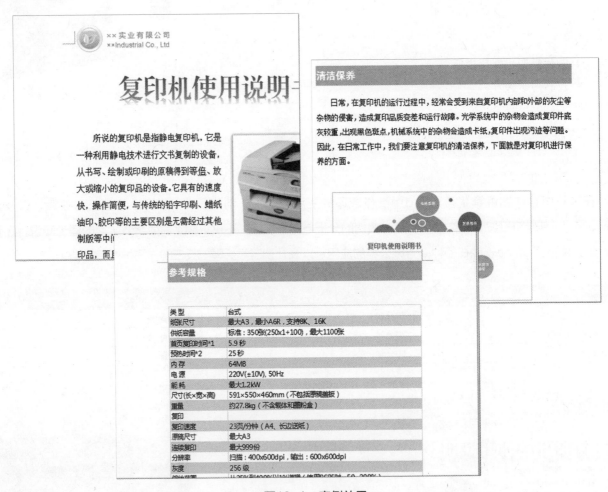

图13-1 案例效果

13.1.1 制作思路

在本例中将会先输入使用说明文本，然后对文本的字体、段落格式进行设置，再插入相应的图片、SmartArt图和外部表格等对Word文档进行充实，最后对文档进行页眉和页脚的设置和封面的插入等完成制作，其大概制作流程和思路如图13-2所示。

1

输入文本并对文本的字体格式、段落样式等进行相应设置。

2

插入和设置图片、SmartArt图和外部表格数据等对文档进行丰富和充实。

3

自定义页眉和页脚和封面，使用文档更具专业性和规范性。

图13-2 制作思路

13.1.2 制作过程

1. 输入并设置字符格式

任何使用性说明书都必须有说明性的文字来说明该产品或项目是什么、该怎样操作等，而且要使文字美观好看，必须要进行字体格式和段落样式的设置，其具体操作方法如下。

步骤01 打开Word 2013程序，新建"复印机使用说明书"工作簿，并将其保存，如图13-3所示。

图13-3 新建并保存文档

步骤02 ❶按Ctrl+A组合键全选文本，❷设置字体格式为"宋体(中文正文)"，字号为"小四"，如图13-4所示。

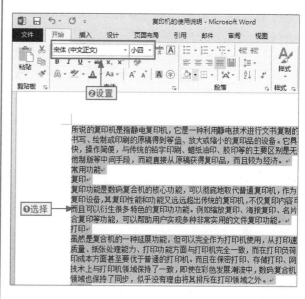

图13-4 设置字体字号

步骤03 选择第1段文字及段落标记，打开"段落"对话框，❶设置特殊格式为"自动缩进"，❷设置间距为段后2行，行距为1.5倍行距，如图13-5所示。

图13-5 设置段落格式

步骤04 使用格式刷复制段落格式并对其他需设置相同段落样式的段落进行格式应用，如图13-6所示。

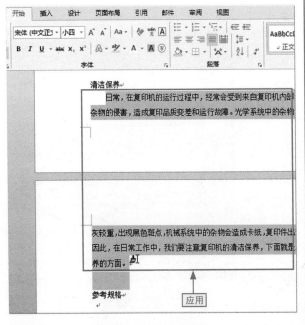

图13-6 应用段落格式

步骤05 ❶选择"常用功能"文本及其后的段落标记，❷在"边框"下拉选项选择"边框和底纹"选项打开"边框和底纹"对话框，如图13-7所示。

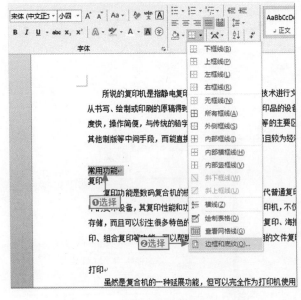

图13-7 选择"边框和底纹"选项

专家提醒 | 选择文本需注意

要对文本进行整行的边框和底纹效果设置，必须选择其后的段落标记，若只选择文本，那么系统就只会为选择的文本添加边框和底纹。

步骤06 ❶切换到"底纹"选项卡中，❷设置填充色为天蓝色，❸单击"确定"按钮确认，如图13-8所示。

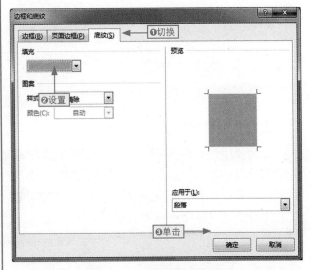

图13-8 设置底纹填充样式

步骤07 保存文本的选择状态，设置"字体"为方正大黑简体，"字号"为三号，"字体颜色"为白色，如图13-9所示。

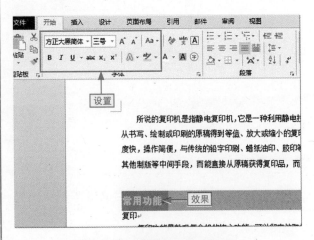

图13-9 设置文本字体格式

步骤08 再次打开"段落"对话框，❶设置"大纲级别"为1级，段后间距为1行，❷单击"确定"按钮，如图13-10所示。

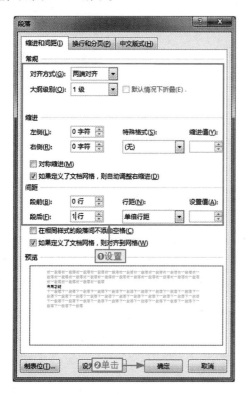

图13-10　设置段落格式

步骤09 再次使用格式刷对其他相同文本进行段落样式的应用，如图13-11所示。

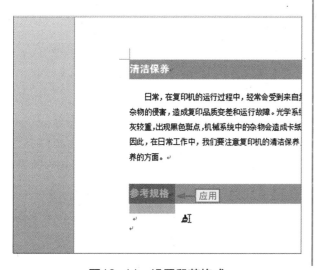

图13-11　设置段落格式

步骤10 选择"复印"文本，添加项目符号，并设置其段后间距为0.5行，字体为加粗样式，如图13-12所示。

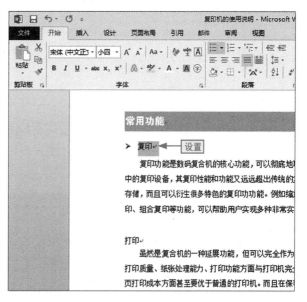

图13-12　添加项目符号

步骤11 使用格式刷复制样式并对其他相同类型文本进行格式应用，如图13-13所示。

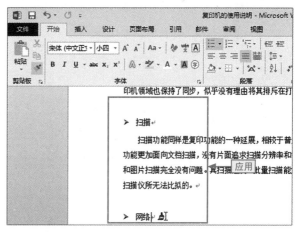

图13-13　应用项目符号及格式

步骤12 ❶设置"在使用过程中要注意以下几点"文本的段后距为0.5行，❷设置注意事项的栏目编号为数字样式，如图13-14所示。

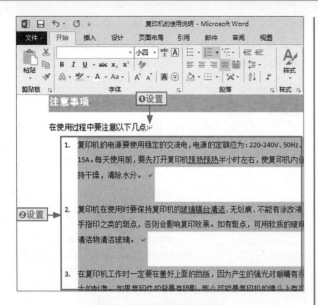

图13-14 添加项目编号

2. 使用对象来丰富和充实文档

在使用说明书中若只有文字，会让读者觉得枯燥和乏味，所以可在文档中使用其他对象，如图片、SmartArt图和表格等来丰富文档并使其变得生动有趣，其具体操作方法如下。

步骤01 ❶在文档的首行位置，按两次Enter键进行换行，❷插入艺术字，如图13-15所示。

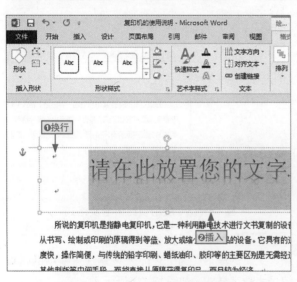

图13-15 插入空白行和艺术字

步骤02 在艺术字文本框中输入艺术字内容、设置其字体并将其移到合适的位置，如图13-16所示。

图13-16 输入并设置艺术字字体格式

步骤03 将文本插入点定位到第一段文本的最后位置并打开"插入图片"对话框，❶选择要插入的图片选项，❷单击"插入"按钮，如图13-17所示。

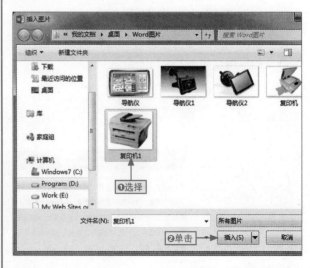

图13-17 插入图片

步骤04 ❶调整图片大小到合适大小，❷应用图片的样式，如图13-18所示。

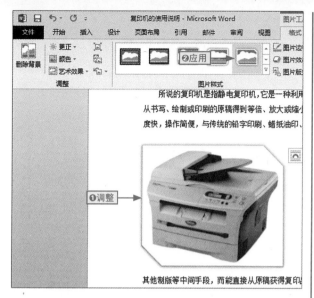

图13-18　调整图片大小并应用格式

◀ **步骤05** 设置图片的布局选项为"紧密型环绕"并随着文字移动，如图13-19所示。

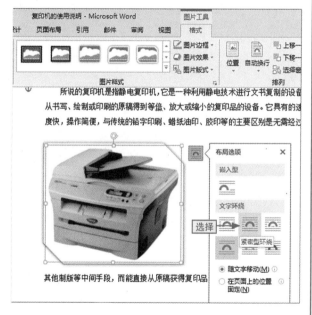

图13-19　设置图片的布局选项

◀ **步骤06** 移动设置完成的图片到合适的位置，如图13-20所示。

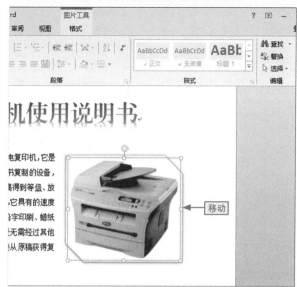

图13-20　移动图片到合适位置

◀ **步骤07** 以同样的方法插入工作原理文本中的配图，如图13-21所示。

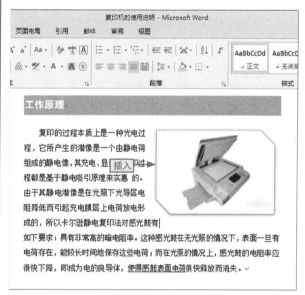

图13-21　插入文本中的其他配图

◀ **步骤08** ❶将文本插入点定位到目标位置，❷单击"插入"选项卡中的SmartArt按钮打开"选择SmartArt图形"对话框，如图13-22所示。

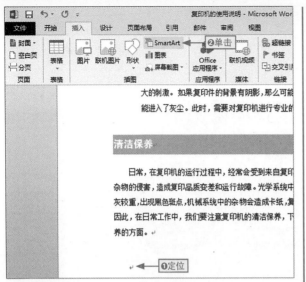

图13-22　定位插入点并打开SmartArt图形对话框

❶选择"关系"选项卡，❷双击"循环关系"SmartArt选项，如图13-23所示。

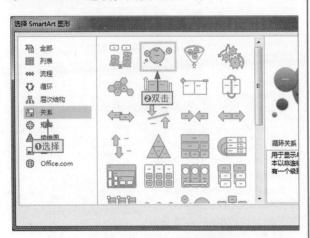

图13-23　插入SmartArt图形

步骤10 ❶在插入SmartArt图形中输入相应的文本，❷设置"清洁保养"文本字号为20，如图13-24所示。

专家提醒 | 设置SmartArt文本格式

设置SmartArt图形中的文本字体格式时要将其选择，否则就不能顺利设置成功。

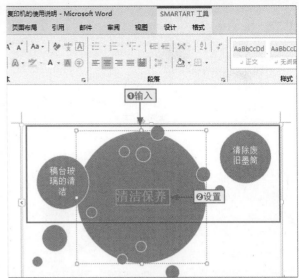

图13-24　输入并设置文本大小

步骤11 分别在SmartArt图形中的前后添加形状并输入相应的文本，如图13-25所示。

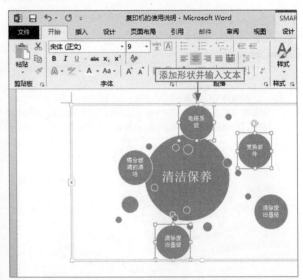

图13-25　添加SamrtArt形状

步骤12 ❶为SmartArt图形应用样式"白色轮廓"，❷将其样式更改为"彩色－着色"，如图13-26所示。

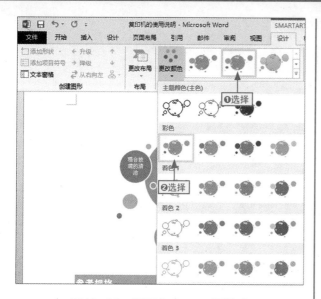

图13-26　设置SmartArt图样式

步骤13 ❶将SmartArt图调整到合适大小，❷并为其添加0.25磅的黑色轮廓，如图13-27所示。

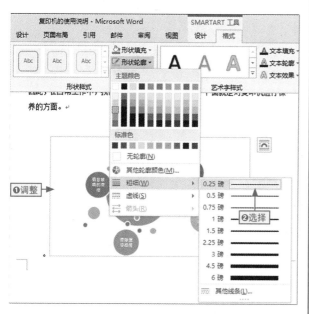

图13-27　调整SmartArt图大小并添加轮廓

步骤14 ❶打开"复印机规则.xlsx"素材文件，❷复制数据区域，如图13-28所示。

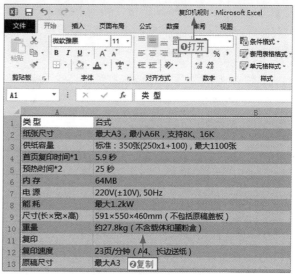

图13-28　打开表格并复制数据

步骤15 ❶切换到复印机使用说明书文档中将文本插入点定位到目标位置，❷单击"粘贴"下拉按钮，❸选择"选择性粘贴"选项打开"选择性粘贴"对话框，如图13-29所示。

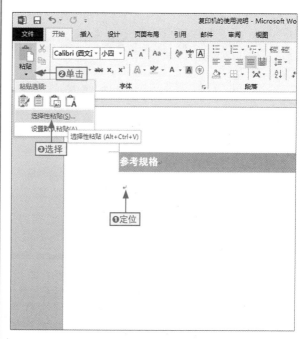

图13-29　启动"选择性粘贴"对话框

步骤16 ❶选中"粘贴链接"单选按钮，❷选择"Microsoft Excel 工作表 对象"选项，❸单击"确定"按钮，如图13-30所示。

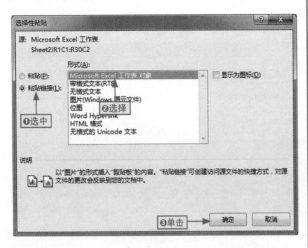

图13-30 链接Microsoft Excel 工作表

步骤17 系统自动将Excel工作表插入到Word文档中，双击插入的表格进入到编辑状态，如图13-31所示。

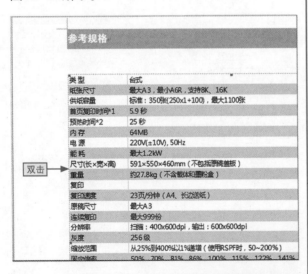

图13-31 双击插入的Excel表格

步骤18 系统自动进入到Excel表格中，手动调整的B行列宽到合适位置(保证Word文档中表格的宽度不能超过版心而且与文档整体宽度相协调)，如图13-32所示。

图13-32 调整列宽

步骤19 切换到复印机使用说明书文档中，❶即可查看到Excel的表格数据宽度发生了变化，在表格上右击，❷选择"链接的 工作表 对象/链接"命令，如图13-33所示。

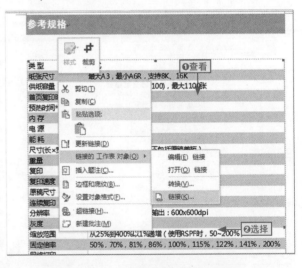

图13-33 启动"链接"对话框

步骤20 打开"链接"对话框，❶单击"断开链接"按钮，在打开的提示对话框中，❷单击"是"按钮，如图13-34所示。

图13-34　断开链接

3. 插入页眉、页脚和封面

　　插入页眉、页脚和封面可使Word文档显得更加专业、美观和协调。下面讲解在文档中插入页眉、页脚和封面的具体操作方法。

步骤01 ❶单击"封面"下拉按钮，❷选择封面样式选项插入封面，如图13-35所示。

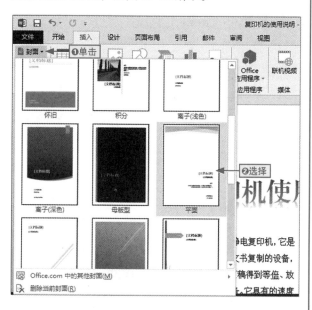

图13-35　插入封面

步骤02 ❶在插入的封面中输入相应的文本，将文本插入点定位到其他页面中，❷单击"页眉"下拉按钮，❸选择"编辑页眉"命令进入页面编辑状态，如图13-36所示。

图13-36　进入页眉编辑状态

步骤03 系统自动切换到激活的"页眉和页脚工具丨设计"选项卡中，❶选中"奇偶页不同"复选框，❷单击"图片"按钮，如图13-37所示。

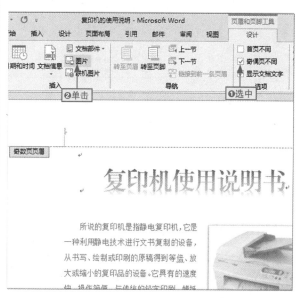

图13-37　设置页眉样式并启动对话框

步骤04 打开"插入图片"对话框，❶选择"树叶(logo)"选项，❷单击"插入"按钮，如图13-38所示。

图13-38 插入logo图片

步骤05 ❶调整logo图片到合适大小，❷单击"左对齐"按钮，如图13-39所示。

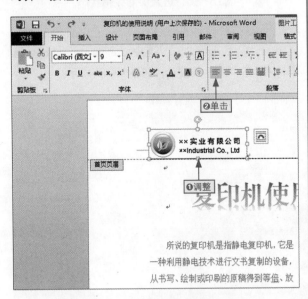

图13-39 调整大小和对齐方式

步骤06 ❶选择段落标记，❷单击"下框线"下拉按钮，选择"无框线"选项去掉页眉中的下框线，如图13-40所示。

图13-40 去掉页眉中的下框线

步骤07 将文本插入点定位到下一页中，❶单击"页眉"下拉按钮，❷选择"Office中的其他页眉/中间奇数页"选项，并手动去掉页眉中的下框线，如图13-41所示。

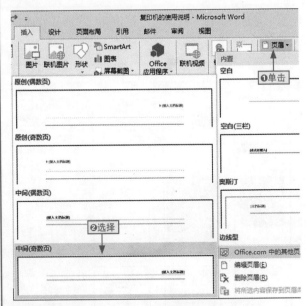

图13-41 插入中间奇数页页眉样式

步骤08 进入页脚编辑状态，❶取消奇偶页不同的页脚效果，❷选择"信号灯"样式的页脚，如图13-42所示。

图13-42　插入页脚样式

🔲 **步骤09** 切换到封面并进入页脚编辑状态，选中"首页不同"复选框去掉封面的页脚样式，退出页眉和页脚编辑状态，完成页眉和页脚的添加和设置，如图13-43所示。

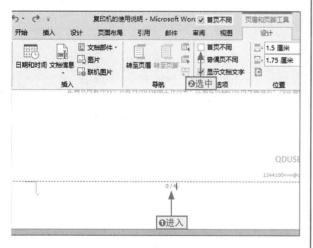

图13-43　取消封面页脚

13.1.3　案例制作总结

在本例中主要是制作一个Word的说明文档，来对复印机的使用进行相应的说明，在其中不仅涉及基本的文字、段落格式等设置，还应用到图片、SmartArt图和Excel表格等，大体对本书中的Word知识进行巩固和提高。

用户在制作本文档时，不一定要按照本书中的操作过程来操作，也可以根据自身的操作习惯和对知识的理解程度来进行实践。

13.1.4　案例制作答疑

在制作本案例的过程中，大家也许会遇到一些操作上的问题，下面就可能遇到的几个典型问题做简要解答，帮助用户更顺畅地完成制作。

❓❗ 如何编辑添加的SmartArt形状文字

 元芳： 在SmartArt图形中通过新建形状的方式添加的形状，没有文本插入点，而且通过双击鼠标也不能进入其编辑状态，那么用户该怎样对其进行文字编辑？

 大人： 在新添加的SmartArt形状中添加的形状，可直接在其上右击，选择"编辑文本"命令即可进入文本的编辑状态。

❓❗ 如何让Word中Excel数据自动更新

 元芳： 通过链接粘贴对象的方法粘贴Excel表格在Word中，再在Excel中进行编辑后，Word中的数据表格没有发生任何变化，这是怎么一回事？该怎样解决？

 大人： 用户在Excel表格中对Word中的表格数据编辑后，需要对其进行保存操作，这样就可以让Word中的表格数据进行自动更新(这必须保证Word中的表格数据没有与Excel中的表格数据断开链接)。

13.2 投入与获利分析

在现代商务活动中的各方都是以盈利为目的，所以产品的投入成本和获利数值就变得特别重要和敏感，而且需要分析它们之间的关系，才能很方便和明显地看出哪些产品的获利高、哪些产品的成本低等信息，最终效果如图13-44所示。

本节素材	DVD/素材/Chapter13/无
本节效果	DVD/效果/Chapter13/投入与获利分析.xlsx
案例目标	管理并分析的投入与获利数据
难度指数	★★★★★

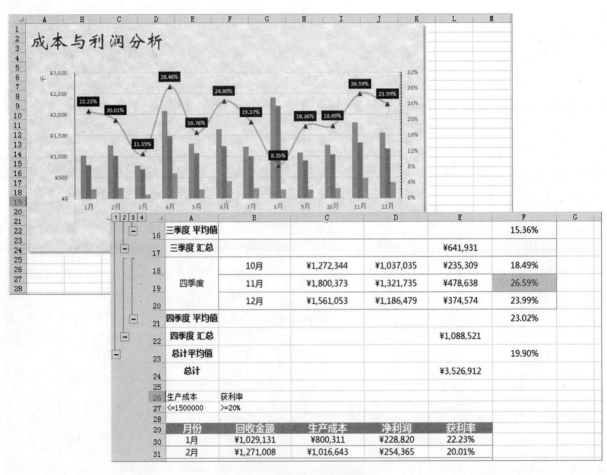

图13-44 案例效果

13.2.1 制作思路

在本例中将会先输入相应的投入与收益数据，然后对数据进行相应的计算，再对数据进行美化操作，然后创建和设置图表，最后对数据进行分类汇总、筛选和突出规则的设置，如图13-45所示。

1

输入数据、使用公式计算数据并对表格样式进行美化。

2

创建图表、设置图表样式以及将图表移到新工作表中，并将其转换图片。

3

对数据进行突出显示规则和分类汇总以及筛选出相应的数据。

图13-45　制作思路

13.2.2　制作过程

1. 输入并计算数据

要对投入和利润进行管理分析，首先需将其相应的数据输入到表格中，并对其进行相应的计算，其具体操作方法如下。

步骤01 启动Excel 2013程序，新建"投入与获利分析"工作簿，并将其保存，如图13-46所示。

图13-46　新建并保存工作簿

步骤02 在工作表中输入投入与利润的相关数据，如图13-47所示。

图13-47　输入数据

步骤03 使用公式"=C3-D3"计算出"净利润"列中的数值，如图13-48所示。

图13-48　计算净利润

步骤04 在F3单元格中输入公式"=E3/C3"并将其填充到F14单元格，计算出相应数据的获利率，如图13-49所示。

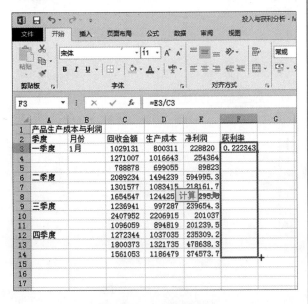

图13-49　计算获利率

步骤05 使用填充功能填充B3单元格数据到B14单元格，使系统自动填充月份数据，如图13-50所示。

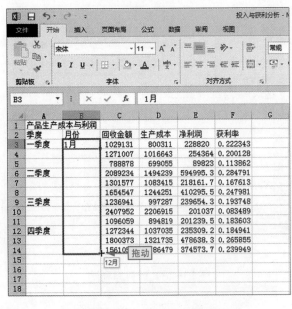

图13-50　填充月份数据

2. 数值数据格式美化表格

在工作表中输入数据并计算相应数据结果后，就可以对其进行格式的设置，达到美化表格的目的，其具体操作方法如下。

步骤01 ①选择表头所在单元格将其合并居中②并设置其字体字号，如图13-51所示。

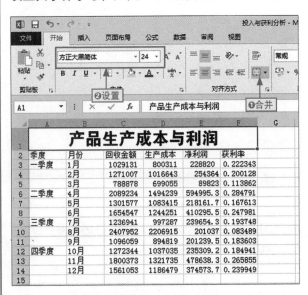

图13-51　设置表头样式

步骤02 设置A2:F2单元格区域的字体字号分别为"微软雅黑"和"14"，设置A3:F14单元格区域的字体字号分别为"微软雅黑"和"12"，如图13-52所示。

图13-52　设置表头样式

步骤03 ❶选择A~F列，打开"列宽"对话框，❷在"列宽"文本框中输入14，❸单击"确定"按钮，如图13-53所示。

图13-53　设置列宽

步骤04 ❶选择第1~F14行，打开"行高"对话框，❷在"行高"文本框中输入20，❸单击"确定"按钮，如图13-54所示。

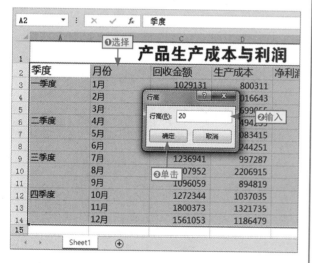

图13-54　设置行高

步骤05 ❶选择C3:E14单元格区域，❷单击"数字"选项卡中的"对话框启动器"按钮，打开"设置单元格格式"对话框，如图13-55所示。

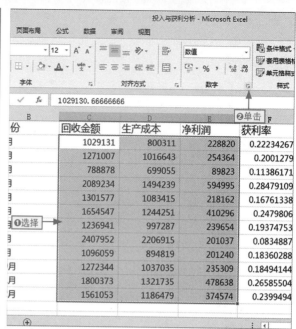

图13-55　启动"设置单元格格式"对话框

步骤06 ❶选择"货币"选项，❷设置"小数位数"为0位、"货币符号"为￥，❸单击"确定"按钮，如图13-56所示。

图13-56　设置数据格式

步骤07 ❶选择F3:F14单元格区域，❷在"数字"组中的下拉列表中选择"百分比"选项，如图13-57所示。

图13-57　设置百分比样式

步骤08 ❶套用表格样式，❷单击"数据"选项卡中的"筛选"按钮，去掉表头的下拉筛选按钮，如图13-58所示。

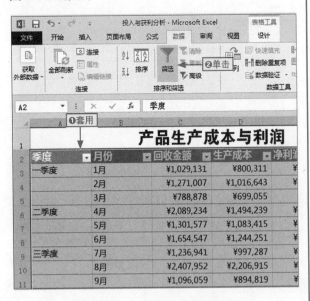

图13-58　设置百分比样式

步骤09 ❶将工作表中的数据以水平居中对齐，❷单击"表格工具｜设计"选项卡中的"转换为区域"按钮，❸在打开的对话框中，单击"是"按钮，将其转换为普通数据区域，如图13-59所示。

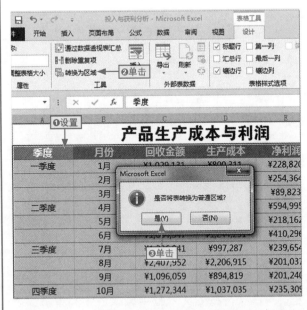

图13-59　设置对齐方式并将其转换为普通区域

步骤10 将"季度"列中的数据进行相应的合并，如图13-60所示。

		产品生产成本与利润		
季度	月份	回收金额	生产成本	净利润
一季度	1月	¥1,029,131	¥800,311	¥22...
	2月	¥1,271,007	¥1,016,643	¥25...
	3月	¥788,878	¥699,055	¥89...
二季度	4月	¥2,089,234	¥1,494,239	¥59...
	5月	¥1,301,577	¥1,083,415	¥21...
	6月	¥1,654,547	¥1,244,251	¥41...
三季度	7月	¥1,236,941	¥997,287	¥23...
	8月	¥2,407,952	¥2,206,915	¥20...
	9月	¥1,096,059	¥894,819	¥20...
四季度	10月	¥1,272,344	¥1,037,035	¥23...
	11月	¥1,800,373	¥1,321,735	¥47...
	12月	¥1,561,053	¥1,186,479	¥37...

图13-60　合并"季度"列中的数据

3. 创建并设置图表

在工作表中已经对数据进行了相应的计算和格式的设置，下面就可以对其进行创建图表来进行分析，其具体操作方法如下。

步骤01 ❶打开"插入图表"对话框，❷选择"组合"选项卡，❸设置图表类型，最后确认，如图13-61所示。

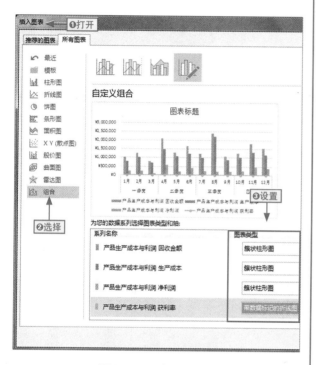

图13-61　插入图表

步骤02 将创建的组合图表移到合适的位置并调整其大小，如图13-62所示。

核心妙招 ｜ 移动图表时需注意

移动图表时，需要用鼠标将整个图表选择然后进行移动，此时不能按方向键对其进行移动，因为选择图表后，按方向键会依次选择图表中的各个元素，而不能达到移动图表的目的。

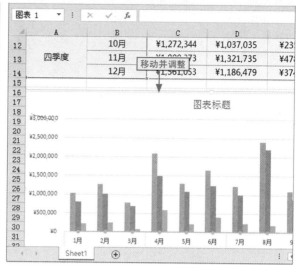

图13-62　移动并调整图表大小

步骤03 打开"选择数据源"对话框，❶设置"图表数据区域"参数，❷单击"确定"按钮，如图13-63所示。

图13-63　选择数据源

步骤04 ❶在图表中选择"获利率"数据系列，❷打开"设置数据系列格式"窗格，❸选中"次坐标轴"单选按钮，如图13-64所示。

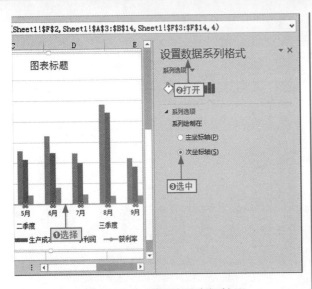

图13-64　添加次要坐标轴

步骤05 ❶单击"填充线条"选项卡，❷选中"平滑线"复选框，将折线变为平滑，如图13-65所示。

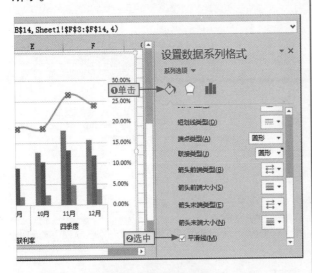

图13-65　设为平滑

步骤06 设置数据标记的内置样式的类型和大小以及颜色，如图13-66所示。

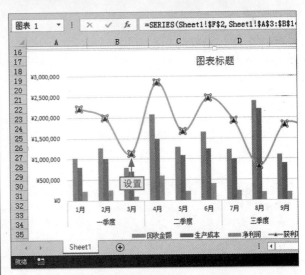

图13-66　设置数据标记内置样式

步骤07 为数据标记添加数据标签并将其放在数据系列的上方，如图13-67所示。

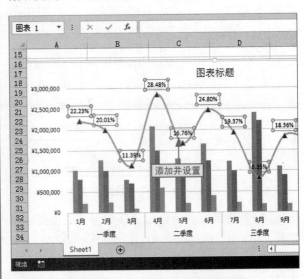

图13-67　添加并设置数据标签

步骤08 设置数据标签字体为白色，填充色为"深绿色"，并将其设置为84%的透明度，如图13-68所示。

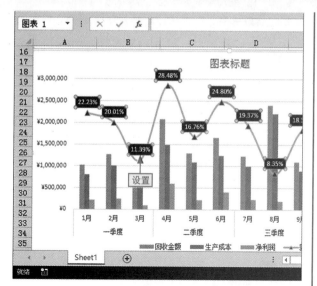

图13-68　设置标签字体和填充色

步骤09 设置主要坐标轴的显示单位为"千"，如图13-69所示。

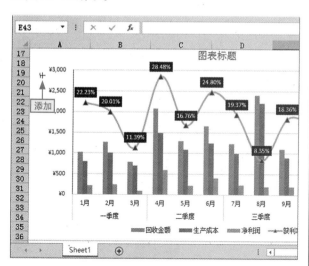

图13-69　设置主要坐标轴显示单位

步骤10 设置次要坐标轴的次要单位为"0.008"，显示位数为2位，将主要和次要刻度线标记在内部，如图13-70所示。

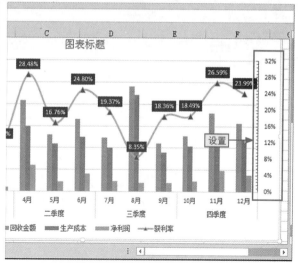

图13-70　设置次要坐标轴的样式

步骤11 ❶在图表中输入"成本与利润分析"标题，❷设置其字体格式为"华文新魏"，字号为"28"，如图13-71所示。

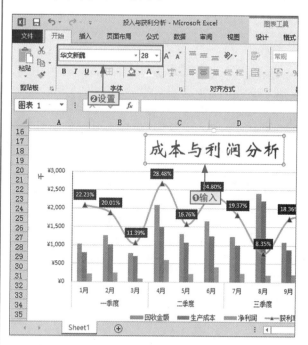

图13-71　添加并设置图表标题

步骤12 ❶将图表标题移到图表的左上角，❷将绘图区域调整到合适高度，如图13-72所示。

-299-

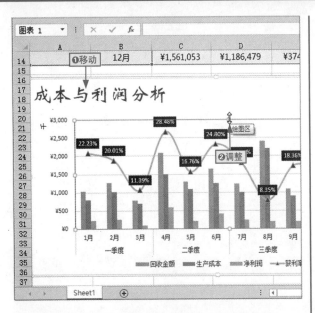

图13-72　移动图表标题并调整绘图区高度

步骤13 ❶在"图表工具 | 格式"选项卡中单击"形状填充"下拉按钮，❷选择图表的背景为"羊皮纸"，如图13-73所示。

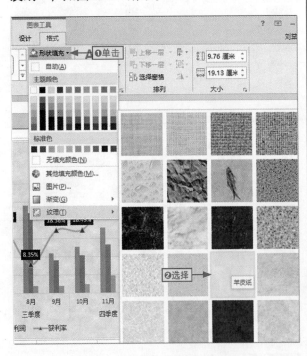

图13-73　为图表添加填充色

步骤14 ❶单击"形状效果"下拉按钮，❷选择"阴影/右下斜偏移"选项为图表添加阴影效果，如图13-74所示。

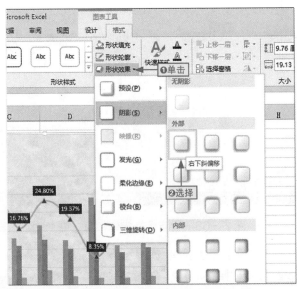

图13-74　为图表添加阴影效果

步骤15 选择整个图表并在其上右击，选择"剪切"命令将图表剪切，如图13-75所示。

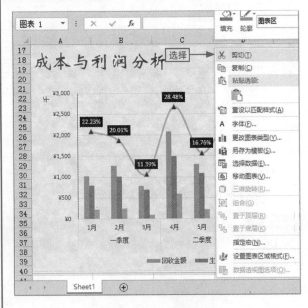

图13-75　剪切图表

步骤16 ❶单击"新工作表"按钮新建空白工作表，❷重命名工作表为"成本与投入"，如图13-76所示。

图13-76　新建并重命名工作表

步骤17 按Alt+E+S组合键打开"选择性粘贴"对话框，❶选中"图片"选项，❷单击"确定"按钮，如图13-77所示。

图13-77　将图表粘贴为图片

4. 管理数据

数据既需要对其进行分析也需要对其进行管理，使数据变得井井有条，方便查看，管理数据的具体操作方法如下。

步骤01 切换到"Sheet1"工作表中，❶选择F3:F14单元格区域，❷打开"大于"对话框，如图13-78所示。

图13-78　打开"大于"对话框

步骤02 ❶设置大于条件为20%，设置填充方式为浅红色填充文本，❷单击"确定"按钮，如图13-79所示。

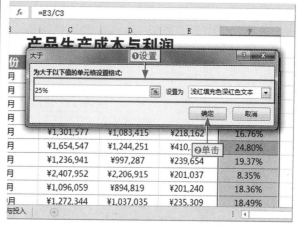

图13-79　设置突出规则样式

步骤03 打开"分类汇总"对话框，❶设置分类汇总字段、汇总方式和汇总项目，❷单击"确定"按钮，如图13-80所示。

图13-80　设置分类汇总参数

步骤04 再次打开"分类汇总"对话框，❶设置分类汇总字段、汇总方式和汇总项目，❷取消选中"替换当前分类汇总"复选框，❸单击"确定"按钮，如图13-81所示。

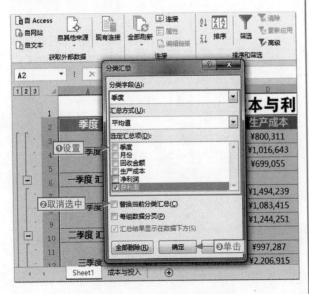

图13-81　设置分类汇总参数

步骤05 ❶在工作表中输入筛选条件，选择任一数据单元格，❷单击"高级"按钮打开"高级筛选"对话框，如图13-82所示。

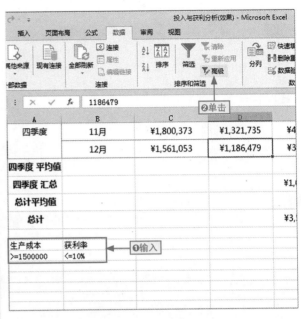

图13-82　设置筛选条件

步骤06 ❶选中"将筛选结果复制到其他位置"单选按钮，❷设置筛选参数，❸单击"确定"按钮确认，如图13-83所示。

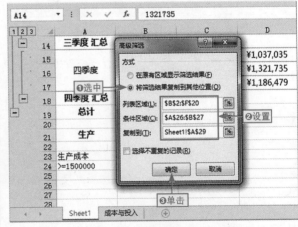

图13-83　设置高级筛选参数

13.2.3　案例制作总结

在本例中主要是制作和设置一个产品销量的分析数据图表。虽然用到Excel中的大部分知识，但这些知识都是非常实用和简单，不需要进行太多复杂的操作，用户只需在制作中保持操作的连贯性即可。

用户在制作本文档时，不一定要按照本书中的操作过程来操作，也可以根据自身的操作习惯和对知识的理解程度来进行实践。

13.2.4　案例制作答疑

在制作本案例的过程中，大家也许会遇到一些操作上的问题，下面就可能遇到的几个典型问题做简要解答，帮助用户更顺畅地完成制作。

下面就对本例中用户在操作中容易出现的常见问题进行解答。

?! 如何更加方便地选择数据系列

 元芳：在图表中若是数据系列数据相对较小，很不方便直接在图表中进行选择时，可通过怎样的方法将其选择？

 大人：可直接在"图表工具｜格式"选项卡的"当前所选内容"组中的下拉列表中进行选择。

?! 如何在创建图表时添加次要坐标轴

 元芳：在本例中创建图表后，然后通过对数据系列手动添加次要坐标轴的方式，才让图表更加完善，那么用户可不可以在开始创建图表时就为其添加次要坐标轴？

 大人：在开始创建图表时就添加次要坐标轴是可以的，只需在打开的"插入图表"对话框的"组合"选项卡中，选中相应数据系列后的"次要坐标轴"复选框，最后确定即可，如图13-84所示。

图13-84　创建图表时添加次要坐标轴

13.3　制作节日贺卡

无论是在商务办公中还是生活中，在节日互送贺卡可以增加双方的联系，增进双方的感情。为了让贺卡的展示效果更加丰富多彩，与众不同，可以使用PowerPoint制作一份电子贺卡，通过动态的方式展示不一样的节日祝福。本节将通过制作一份情人节贺卡为例，讲解制作的具体过程，最终效果如图13-85所示。

本节素材	DVD/素材/Chapter13/情人节贺卡.pptx
本节效果	DVD/效果/Chapter13/情人节贺卡.pptx
案例目标	巩固制作视听效果丰富的幻灯片并导出视频的知识
难度指数	★★★★

图13-85　情人节贺卡效果

13.3.1　制作思路

在制作情人节贺卡时，首先需要将贺卡中要显示的内容设置好，然后通过添加动画和背景音乐来完善幻灯片的展示效果，最后将其导出为视频文件，其具体流程如图13-86所示。

1 制作静态效果的贺卡

2 为对象添加相应的动画

3 为贺卡添加背景音乐

4 将演示文稿导出为视频文件

图13-86　案例制作流程

13.3.2　制作过程

1. 制作贺卡的静态效果

制作贺卡的静态效果是整个制作过程中的基础阶段，在这个过程中，主要是在幻灯片中添加文字、图片内容，其具体操方法如下。

步骤01 ❶新建"情人节贺卡"演示文稿，❷并将其幻灯片尺寸设置为标准型并删除演示文稿中的占位符文本框，如图13-87所示。

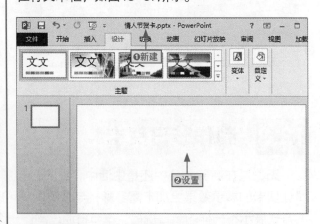

图13-87　新建"情人节贺卡"空白演示文稿

步骤02 ❶打开"设置背景格式"窗格，❷选中"图片或纹理填充"单选按钮，❸单击"文件"按钮，如图13-88所示。

图13-88　设置幻灯片的背景格式

步骤03 ❶在打开的对话框中找到需要的图片文件，❷单击"插入"按钮，在返回的窗格中单击"关闭"按钮关闭该窗格，如图13-89所示。

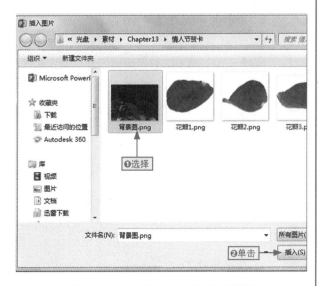

图13-89　为幻灯片添加背景图片

步骤04 ❶在幻灯片的左上角插入指定大小的"兔子"图片，❷在中间位置绘制一个横排文本框，并在其中添加指定格式的文本内容，如图13-90所示。

图13-90　在幻灯片中插入图片并添加内容

2. 为对象添加相应的动画

为了让贺卡的放映效果更精彩，可以对其中的图片对象和文本内容添加相应的进入动画、强调动画和动作路径动画，其具体操作方法如下。

步骤01 将素材文件中的"花瓣1"～"花瓣3"插入到幻灯片中，调整其大小并将其移动到幻灯片外，如图13-91所示。

图13-91　在指定位置插入花瓣图片

步骤02 ❶选择某个花瓣图片，❷在"动画"选项卡中选择"自定义路径"动作路径动画，如图13-92所示。

图13-92　为花瓣添加自定义动作路径动画

步骤03 ❶绘制动画路径，❷设置动画的开始为"与上一动画同时"，持续时间为8秒，延迟为3秒，❸单击"动画窗格"按钮，如图13-93所示。

图13-93　设置动作路径动画选项

步骤04 用相同的方法为其他两个花瓣图片添加动作路径动画，复制多个花瓣，分别设置不同的延迟，如图13-94所示。

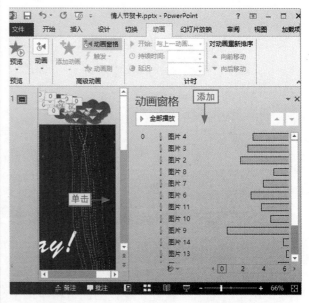

图13-94　复制多个花瓣并设置动画延迟

步骤05 ❶选择所有动画，❷打开动画的效果设置对话框，❸在"计时"选项卡的"重复"下拉列表框中选择"10"选项，❹单击"确定"按钮，如图13-95所示。

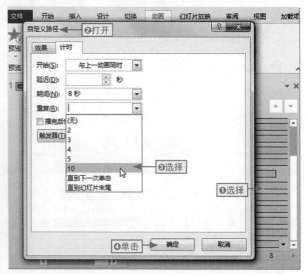

图13-95　设置动画重复放映

步骤06 ❶为文本框添加擦除进入动画，打开"擦除"对话框，❷选择方向为自左侧，❸并设置动画文本参数，如图13-96所示。

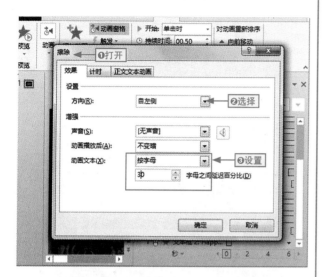

图13-96　设置擦除进入动画的效果

步骤07 ❶单击"计时"选项卡，❷设置开始、延迟和期间参数，❸单击"确定"按钮，如图13-97所示。

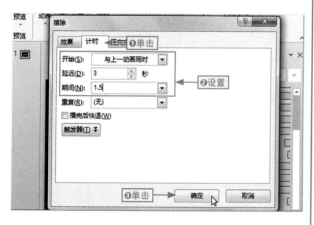

图13-97　设置擦除动画的计时参数

步骤08 ❶为文本框添加"字体颜色"强调动画，❷并为"兔子"图片添加指定效果的飞入进入动画，如图13-98所示。

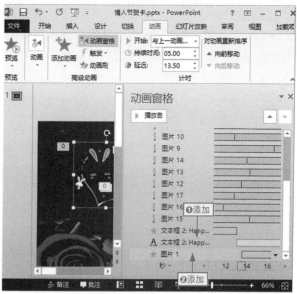

图13-98　对其他对象添加对应的动画效果

3. 为贺卡添加背景音乐

为了让贺卡具有优美的听觉效果，可以通过插入音频文件插入喜欢的背景音乐，让整个播放过程都伴随音乐，其具体操作方法如下。

步骤01 ❶单击"插入"选项卡，❷在"媒体"组中单击"音频"下拉按钮，❸选择"PC上的音频"命令，如图13-99所示。

图13-99　在本地电脑查找使用的音频文件

步骤02 ❶在打开的"插入音频"对话框中找到文件的保存位置，❷在中间的列表框中选择需要的音频文件，❸单击"插入"按钮将该文件插入到幻灯片中，如图13-100所示。

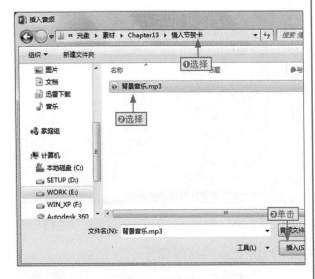

图13-100 为幻灯片插入背景音乐

步骤03 此时程序自动打开一个提示对话框，提示正在插入音频文件的信息，并在状态栏中可查看到插入音频文件的进度，如图13-101所示。

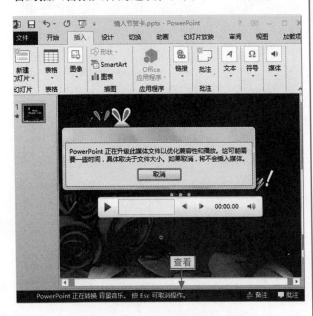

图13-101 正在插入音频文件

步骤04 ❶在"音频工具｜播放"选项卡中单击"开始"下拉列表框右侧的下拉按钮，❷选择"自动"选项，如图13-102所示。

图13-102 设置背景音乐的开始方式

步骤05 在"音频选项"组中选中"放映时隐藏"复选框，设置在放映过程中隐藏音频文件图标和控制栏，如图13-103所示。

图13-103 设置放映时隐藏播放图标和控制栏

步骤06 在"音频选项"组中选中"循环播放，直到停止"复选框，设置在放映过程中始终存在背景音乐，如图13-104所示。

图13-104 设置循环播放演示文稿

4. 将贺卡演示文稿转化为视频

在所有设置和效果都完成后，将贺卡演示文稿转化为视频文件，可以有效确保对方能正常观看贺卡内容，其具体操作方法如下。

步骤01 切换到"文件"选项卡，❶在其中单击"导出"选项卡，❷单击"创建视频"选项卡，如图13-105所示。

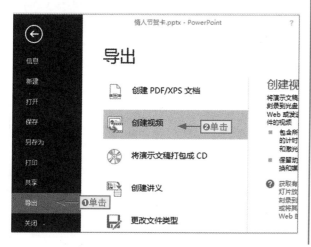

图13-105 切换选项卡

步骤02 在右侧窗格保持默认的参数设置，单击"创建视频"按钮开始创建视频，如图13-106所示。

图13-106 创建视频

步骤03 ❶在打开的"另存为"对话框中设置文件的保存路径，保持默认的文件名和mp4文件保存类型，❷单击"保存"按钮，如图13-107所示。

图13-107 设置保存位置、名称和保存类型

步骤04 程序自动开始转换演示文稿，并且在状态栏中还可以查看到视频文件的转化进度，如图13-108所示。

图13-108　转化演示文稿为视频文件

13.3.3　案例制作总结

对于贺卡的制作，最重要的就是效果的设计，但是对于不同场合应用的贺卡，以及不同节日的贺卡，其制作风格不尽相同，不是越华丽的效果，制作的贺卡就好。

如果是生活中好朋友相互之间的贺卡赠送，效果可以可爱一点、随意一点，但是如果是商务办公中的贺卡赠送，效果的设计就需要注意了，不能太随意，也不能太花哨，一定要体现高端、大气、专业的效果。

13.3.4　案例制作答疑

在制作本案例的过程中，大家也许会遇到一些操作上的问题，下面就可能遇到的几个典型问题做简要解答，以帮助用户更顺畅地完成制作。

下面就对本例中用户在操作中容易出现的常见问题进行解答。

怎么找不到字体颜色强调动画

元芳：在为对象添加动画时，为什么别人用的很多动画选项，在"动画库"列表框中都找不到呢？

大人：这是因为在动画库列表框中只列举了部分动画选项，如果要使用更多的动画，可以在动画库下拉列表中选择"更多进入动画"、"更多强调动画"、"更多退出动画"，或者"其他动作路径"命令，如图13-109所示，在打开的对话框中即可选择需要的动画选项。

★ 更多进入效果(E)...
★ 更多强调效果(M)...
★ 更多退出效果(X)...
☆ 其他动作路径(P)...
✕ OLE 操作动作(O)...

图13-109　动画库下的更多动画选项

在转化为视频文件时可设置大小吗

元芳：将演示文稿转化为视频文件时，其转化后的视频文件的大小可以在转化时设置吗？

大人：在PowerPoint 2013中，对于创建的视频，用户还可以根据视频播放的设备和用途的不同，选择合适的大小，其方法是：在"创建视频"选项卡右侧的第一个下拉列表框中选择需要的视频大小即可，如图13-110所示。

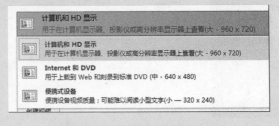

图13-110　设置创建视频的大小

习题答案

Chapter 01

【填空题】1. 在任务按钮的快捷菜单中选择"关闭所有窗口"命令；2. "撤销"，"恢复"，"保存"

【判断题】1. ×；2. ×

【操作题】

(1) 启动Word 2013后，在欢迎界面中直接输入搜索关键字"2014年日历"，或者在任意打开文档的"文件"选项卡中单击"新建"选项卡，然后设置关键字并搜索模板。
(2) 选择需要的模板后，进行下载。
(3) 打开"另存为"对话框，设置保存路径和名称，然后打开"常规选项"对话框。
(4) 在对话框中设置打开权限密码和修改权限密码，分别为"123456"和"456789"，确认后即可完成操作。

Chapter 02

【填空题】1. 为文档设置水印效果，为文档设置页面边框，为文档设置页面颜色；2. 符号，剪贴画，图片

【判断题】1. √；2. √

【操作题】

(1) 新建"搬迁邀请函"空白文档，在其中输入邀请函内容并设置字体和段落格式。自定义页面的大小和方向(具体尺寸用户可自行设置，也可以打开提供的效果文件进行参考) 。
(2) 通过"页面颜色"下拉菜单打开"填充效果"对话框。
(3) 通过"图片"选项卡打开"插入图片"对话框，设置"背景"关键字搜索剪贴画。并选择合适的背景图片将其插入到文档页面中。
(4) 为文档添加艺术型的边框，并设置艺术型边框的宽度为10磅完成整个操作。

Chapter 03

【填空题】1. 各种标注形状、文本框形状；2. 剪贴画与插入网络图片；3. 鼠标左键

【选择题】1. D；2. D

【判断题】1. ×；2. √；3. ×；4. √

【操作题】

(1) 打开素材文档，插入"背景. png"图片，并将其平铺到整个页面。
(2) 选择"热烈庆祝"文本，然后将其转化为"填充-白色，轮廓-着色1，发光-着色1"艺术字。
(3) 为艺术字设置黄色文本填充，并为其应用"桥形"转换路径。

Chapter 04

【填空题】1. "删除文档中的所有批注"；2. 批注、修订；3. Shift

【选择题】1. D；2. D

【判断题】1. ×；2. √；3. √

【操作题】

(1) 打开素材文档，在文档中根据相关内容创建"制度标题"、"制度要点"、"制度内容"和"明细内容"样式。
(2) 分别为文档中的其他内容应用对应的样式。
(3) 在文档中添加对应的批注。
(4) 将文档以PDF格式发布到指定位置进行保存，完成整个操作。

Chapter 05

【填空题】1. 行号边框和列标边框，"行高"和"列宽"；2. 下拉列表框，某个指定的数据范围内容

【选择题】1. B；2. D

【判断题】1. √；2. √；3. ×

【操作题】

(1) 打开素材文档，选择第3~18行，打开"行高"对话框，设置行高为"15"。
(2) 选择标题文本，套用"标题1"单元格样式，并修改字体为"方正大标宋简体，22"。
(3) 选择表头和表格内容区域，套用"表样式中等深浅9"样式。
(4) 在"表格工具 设计"选项卡中取消选中"筛选按钮"复选框，完成整个操作。

Chapter 06

【填空题】1. 相对引用；2. 等号，小括号；3. 名称管理器

【选择题】1. A；2. D

【判断题】1. √；2. ×；3. √

【操作题】

(1) 打开素材文件，结果单元格，打开"插入函数"对话框。
(2) 输入"求和"关键字搜索求和函数，找到SUMIF选项，单击"确定"按钮。
(3) 在"参数"对话框中分别设置Range参数为C列的部门数据，Criteria参数为"销售部"，Sum_range为K列的应发工资数据。
(4) 单击"确定"按钮结束设置，完成数据计算的整个操作。

Chapter 07

【填空题】1. 根据一个字段排序、根据多个字段排序及自定义排序；2. 两个条件同时满足，任意一个条件满足；3. "?"和"*"

【选择题】1. C；2. A

【判断题】1. ×；2. √；3. ×

【操作题】

(1) 打开素材文档，在"筛选结果"工作表中打开"高级筛选"对话框。
(2) 设置筛选区域、筛选条件和保存位置后单击"确定"按钮。

(3) 调整表格列宽后打开"排序"对话框，设置主要关键字的排序依据为总分的降序顺序，设置次要关键字的排序依据为面试成绩的降序顺序。
(4) 单击"确定"按钮按指定排序依据排序，完成整个操作。

Chapter 08

【填空题】1. 单击任意数据系列，两次单击任意数据系列；2. 按住Ctrl键或Shift键

【选择题】1. A；2. B

【判断题】1. ×；2. √；3. √

【操作题】

(1) 打开素材文档，选择图表，应用"彩色填充-黑色，深色1"形状样式，并调整图表中的字体格式。
(2) 取消显示网格线，将图例的位置移动到顶部。
(3) 选择任意数据系列，打开"设置数据系列格式"窗格，设置数据系列重叠。
(4) 选择"目标任务"数据系列，调整其轮廓粗细为6磅，完成整个操作。

Chapter 09

【填空题】1. 1个，11个；2. 33. 867厘米，19.05厘米，横向

【选择题】1. D；2. D

【判断题】1. ×；2. √；3. ×

【操作题】

(1) 打开素材文件，进入幻灯片母版视图，选择主母版，设置标题占位符的字体格式为方正大黑简体、32。
(2) 设置正文占位符的字体为微软雅黑，并加粗一级正文。
(3) 将"背景1"图片设置为主母版的背景格式，将"背景2"图片设置为标题母版的背景格式，退出幻灯片母版视图，完成整个操作。

Chapter 10

【填空题】1. 细微型、华丽型和动态型，"切

换"；2．添加超链接和动作；3．动作

【选择题】1．D；2．C

【判断题】1．√；2．×

【操作题】

(1) 打开素材文档，为幻灯片添加淡出进入动画。

(2) 选择所有文本，添加擦除进入动画，设置效果选项为"自左侧"，开始为"上一动画之后"，持续时间为0．8秒。

(3) 打开动画窗格，再打开"擦除"选项对话框。

(4) 在"效果"选项卡中设置声音为"打字机"，设置动画文本为"按文本"，字母延迟百分比为50，完成整个操作。

Chapter 11

【填空题】1．排练计时；2．演讲者放映、观众自行浏览和在展台浏览；

【选择题】1．C；2．A

【判断题】1．√；2．×

【操作题】

(1) 打开素材文档，单击"幻灯片放映"选项卡中的"排练计时"按钮开始为幻灯片设置播放时间。

(2) 逐个播放每张幻灯片，为整个演示文稿中所有幻灯片的设置播放时间，并保存设置的排练计时。

(3) 切换到"文件"选项卡，在"导出"选项卡中设置按排练计时创建视频。

(4) 设置创建视频的保存位置，程序自动开始转换视频，稍后关闭演示文稿即可完成整个操作。

Chapter 12

【填空题】1．链接粘贴Excel对象；2．html网页；3．插入对象

【判断题】1．×；2．×；3．√；4．√

【操作题】

(1) 在Word中插入Excel数据前，先要对Excel中数据区域进行选择复制。

(2) 在Word中插入的PPT演示文档对象时，一定要选中的链接文件复选框，这样才能保持数据的最新。